图解微表情心理学

全新升级版

邢思存 / 编著

北京工艺美术出版社

图书在版编目（CIP）数据

图解微表情心理学/邢思存编著. —— 北京：北京工艺美术出版社，2017.6（2021.6重印）
（第一阅读系列）
ISBN 978-7-5140-1100-5

Ⅰ.①图… Ⅱ.①邢… Ⅲ.①表情-心理学-通俗读物 Ⅳ.①B842.6-49

中国版本图书馆CIP数据核字（2017）第051347号

出 版 人：陈高潮　　　　封面设计：青蓝工作室
责任编辑：贾德江　　　　责任印制：高　岩

法律顾问：北京恒理律师事务所　丁　玲　肖灵利

图解微表情心理学

邢思存　编著

出	版	北京工艺美术出版社
发	行	北京美联京工图书有限公司
地	址	北京市朝阳区焦化路甲18号
		中国北京出版创意产业基地先导区
邮	编	100124
电	话	（010）84255105（总编室）
		（010）64283627（编辑室）
		（010）64280045（发　行）
传	真	（010）64280045/84255105
网	址	www.gmcbs.cn
经	销	全国新华书店
印	刷	金世嘉元（唐山）印务有限公司
开	本	720毫米×1020毫米　1/16
印	张	24
版	次	2017年6月第1版
印	次	2021年6月第2次印刷
印	数	5001～55000
书	号	ISBN 978-7-5140-1100-5
定	价	59.00元

前　言

　　人生就像是一场化妆舞会，每个人都用面具挡住自己的真实表情。站在你面前的他（她），是言为心声，还是口是心非？摘下他们的面具，了解他们的心声，一切秘密将尽收眼底。家人、朋友、同事、领导、客户，你觉得你很了解他们？不，那只是你的错觉！你若想真正地了解他们，那就要从看懂他们的微表情开始。

　　微表情可以反映出一个人内心的真情实感。人们通过做一些表情把内心感受表达给对方看，在人们做的不同表情之间或是某个表情里，脸部会"泄露"出其他的信息。虽然一个下意识的表情只持续一瞬间，但这种特性很容易暴露情绪。当面部在做某个表情时，这些持续时间极短的表情会突然一闪而过，而且有时会表达相反的情绪。

　　与一般的面部表情不同，微表情是无法伪装的。一个人，可能因知识、阅历、能力等原因，能够在内心波涛汹涌的时候做到面不改色，明明很讨厌别人却可以表现出很喜欢。他（她）也许会演戏、会掩盖、会"装"，但是他（她）无法控制自己的微表情。因为微表情是人类作为一种生物，经过长期进化而遗传、继承下来的，是人类实现生存和繁衍的本能反应。微表情不受个人思想的控制，因此它最能够体现人内心的真实想法。如果你观察到了真实的微表情，接着又看到了试图掩饰和造作的表演，那么真相已经摆在你的面前。

　　微表情是人们内心情绪的"阅读放大器"，一张陌生的面孔下有什么样的心理活动内容、情感表达，都可以通过微表情尽收眼底。据生物学家和心理学家研究发现，人类的肉体和思想在生理上和心理上都是紧密联系在一起的，身体和精神就像是一个硬币的两面，互相影响、互为因果。所以，一个人的外表、姿势、动作和说话的语气，甚至是一个眼神、一个习惯，都在传达其内心的所思所想。正如古希腊哲学家苏格拉底所说："高贵和尊严、自卑和好强、精明和机敏、傲慢和粗俗，都能从静止或者运动的面部表情和身体姿势中反映出来。"因此，面试官可以通过微表情识别应聘者的职业素养，下属可以通过微表情了解领导的真实意图，推销员可以通过微表情洞察客户的心理活动……借由观察并解读他人的微表情，不仅能掌握他人当下的情绪与想法，对于其性格与行事风格也能推断一二。

　　在日常生活中，微表情对我们非常重要。如果我们错误地理解了微表情的含义，会让我们对交流对象形成错误的判断，这无疑增加了人们之间的隔阂；如果正确理解了微表情，我们就能够从他人一闪而过的表情信号里发现有价值的信息，以此来准确地识别他人。

　　人生就是一场博弈，生活就是一场较量。在这个纷繁复杂、瞬息万变的现代社会中，我们时刻都要与他人进行沟通和交往。而在这个过程中，我们必须要面对人生的各种挑战。为了让读者能够正确理解微表情，通过识别他人的微表情在人际交往中始终立于不败之地，我们编写了这本《图解微表情心理学》。本书列举了各种微表情，并结合实际情况加以说明，教你从人的面部表情、行为举止、言谈之间、日常习惯、兴趣爱好等方面捕捉、分析、判断人的微表情，交给你一个"阅读放大器"。通过本书，你将得到一双识人的慧眼、一把度人的尺。当你学会灵活地运用微表情心理学时，你便能够从体态上辨识人的性格，从谈吐中推断人的修养，从习惯中观察人的性格，从细微处洞悉人的气质，进而让你在职场、商场等各种场合中左右逢源、运筹帷幄，从而掌握人生的主动权！

目 录

第一章

微表情是我们掩饰不了的"真相"

第一节　观察面部表情，可预见对方的情感

无意识的表情是探测真情实感的线索 2

轻微表情、局部表情与微表情 3

6种全球通用的表情模式 4

情感的产生来源于人类逃离威胁的生存本能 5

人都具有同样的基本情感并因为同样的事物受到触动 7

颜色的巧妙运用能改变人的情感 9

天气也会触发人不同的情感 11

第二节　观察身体反应，可了解心理活动

每一个想法都会引发一连串的生理反应 13

任何发生在人们身上的事情都会影响精神活动 14

激活与某种情感相联系的肌肉就会激活相应的情感 15

面对面沟通，信息所产生的影响力中仅有7%来自说话内容 16

人们的态度由讲话的声音中表现出来 17

第三节　读懂微表情，才能更好地掌握主动

读懂人心才不会雾里看花 19

解读表情的能力是人际和睦的关键 19

别人待你的方式，就是他希望你待他的方式 20

每个人都喜欢与自己相似的人 21

模拟对方的表达方式，用语言提升亲密度 22

调整你的声音，用声音建立一致性 22

适当重复对方的话，以获得好感 23
　　配合对方的精神状态，沟通效率倍增 24

第二章

你的表情会"出卖"你的心

第一节　常见的面部表情和姿势
　　快乐和悲伤 26
　　惊奇和恐惧 27
　　生气和厌恶 27
　　巧握 28
　　有力的捏握 29
　　象征性的击打 30
　　展开双手做出的手势 31

第二节　见面和告别
　　第一印象 32
　　普遍的问候方式 34
　　握手方式 35
　　告别时的挥手方式 36

第三节　积极肯定与消极否定
　　同意 37
　　树立信心 38
　　欣赏 39
　　无意识地表现出感兴趣 40
　　表示"不"的姿势 42
　　无聊和厌倦 43
　　不耐烦 44
　　不相信 44
　　共享负面信息 45

第四节　冲突与防御
　　隐藏式表示不赞成 46
　　开放式表示不赞成 47
　　羞辱性的姿势 47

表示敌意的姿势 48
　　突然停止打斗 49
　　无意识的防御性动作 50
　　有意识的防御性动作 52

第三章
会说话的脸泄露了你的真情实感

第一节　眼睛：展示心灵的窗口
　　从眼睛透视对方的心灵 54
　　从眼神窥视对方的情绪 55
　　瞳孔中的秘密 56
　　表示心虚的视线转移 57
　　高傲的眼神 58
　　眼睛斜视的意义 59
　　留心他人延长眨眼的时间 60
　　3种常见凝视对方的方式 60
　　具有威慑力的直盯对方的方式 62
　　男女眼神的差异 62

第二节　眉、鼻、口：人性情的象征
　　从眉毛观察对手 67
　　读懂对方鼻子的语言 69
　　从嘴巴动作观察人的性格 71

第四章
行为举止会暴露你的真实想法

第一节　坐姿：透露出人的心理动向
　　坐姿与心理反映 74
　　其他类型人的坐姿 76
　　"数字4"型坐姿 78
　　锁腿和锁脚 78
　　交叉腿姿势 79
　　坐着时动作的变化 80

第二节　站姿：透视人的个性

腿的作用 ... 81

站姿与心理反映 ... 82

4种主要的站立姿势 ... 84

不同类型人的站姿 ... 86

第三节　走姿：脚下流露的言语

不同的人有不同的走路姿势 ... 87

走姿与心理反映 ... 89

其他的走姿者 ... 91

第四节　手势：解读心灵的无语声音

信息随手势传递 ... 93

掌心的方向——翻手为云，覆手为雨 ... 95

摩拳擦掌——跃跃欲试 ... 96

紧握双手——挫败感的标志 ... 97

十指交叉的双手 ... 98

托盘式手势——表达倾慕之情 ... 99

手撑着脑袋 ... 99

高度自信的尖塔式手势 ... 100

抚摩下巴 ... 102

抓头和拍头的姿势 ... 103

摸耳朵——反感信号 ... 104

遮蔽动作——逃避现实 ... 104

自我抚摩——寻求安慰 ... 105

表示自我的拇指 ... 106

不要轻易伸出你的手指 ... 108

巧借对方的手势获得赞同 ... 110

手势有助于改善记忆 ... 112

你的手会"说话" ... 112

第五节　睡姿与笑姿：无从遮蔽的信息透露

睡姿，潜意识透露出的肢体语言 ... 114

笑居然源于进攻姿态 ... 116

常见的几种类型的笑 ... 116

由谈话间的笑来了解对方 ... 117

愤怒、悲伤的人也会笑 119
内向人与外向人的笑 120

第五章

言谈之间让你的内心一览无余

第一节　说话的声音：反映人心的韵律

语速传递着人的心理 122
从声调探知人心的深度 123
说话的韵律反映人的性格 125

第二节　说话的方式：道出人的个性

从说话特点看对方性格 126
从幽默识别对方的性情 127
口头禅后面的真实世界 127

第三节　说话的内容：亮出自己的底牌

从话题洞察对方 129
言辞过恭必怀戒心 130
9种言谈各有千秋 130

第四节　说话的动作：难以遮掩的心理平台

说话不停点头和摇头的人 132
交谈时不断摸头发的人 132
说话时喜欢抖动腿的人 133
说话时盯住别人的人 133

第五节　说话的习惯：揭开心灵的密码

常说错话的人表里不一 134
得理不饶人的人 134
从打招呼的习惯用语中观察对方 135
从聊天场合的选择上观察对方 136
说粗话的心理意义 137
从接受表扬的态度了解对方 138
从回答时间的习惯上了解对方 140

第六章

百相装扮彰显你的真实本性

第一节 服装：心灵自我显露的平台

衣着与人的心理的关系 142
从衣服的选择判断人的性格 144
从服装颜色的选择上了解对方 145
从T恤的选择了解对方 146
从女人对内衣的喜好了解她 148
通过鞋子观察对方的性格 149

第二节 化妆：无法掩饰所有的真相

不同的装扮，折射出不同的心理 151
淡妆与浓妆，表现不同的欲望 152
自然与时尚，个性的保守与开放 152
从发型观察对方 153
口红显示女性的性格和职业 154

第三节 饰品：心灵文化的显示

帽子：盖不住思维的大脑 156
眼镜：心灵窗户的另一种显示 157
领带：男人个性的表现 158
手表：对待时间的态度 160
戒指：展示自己的内心世界 162
手提包：身份的见证物 163
手机：心灵交流的桥梁 166
耳环：透视性格的物品 167

第七章

日常习惯让你的内心不再隐秘

第一节 行为习惯：刻在心灵上的烙印

从签名习惯了解人的性格 170
从打电话的方式分析不同的性格 171
贪吃贪喝的人害怕孤独 174

从阅读习惯了解对方 174
　　从付款方式看人 175

第二节　生活习惯：掌握人内心活动的捷径
　　从吃饭的习惯识别对方 176
　　从睡床看人 179
　　从洗澡方式看人 180
　　从放手机的位置识别对方 181
　　从烹饪方式了解对方 182
　　从吃鸡蛋的方式考察对方 184
　　从喝咖啡的方式考察人的习性 185
　　从个人嗜好识别对方 186

第三节　消费习惯：看出你的人生态度
　　只在别人看得到的地方花钱，是想买物质以外的东西 189
　　讨厌折扣促销的人最害怕和别人一样 190
　　掏钱速度快的人，最怕被人看不起 191
　　"列出清单"的理性派和"随心所欲"的感性派 193
　　老是拿大钞付账的人，有些胆怯 194
　　喜欢把钱存定期的人，比较稳重 195
　　喜欢买保值物品的人，比较有远见 196
　　喜欢全家一起购物的人，重情重义 198
　　常做财务计划的人，大多有远见 199
　　花钱时犹豫不决的人，多优柔寡断 201

第四节　习惯动作：细节表现人心
　　下意识动作和他的真实想法 202
　　潜意识中的遗忘 203
　　走在左边还是右边 204
　　喝酒的习惯动作 205
　　吸烟的习惯动作 207
　　戴眼镜和化妆的习惯动作 214

第八章

兴趣爱好会让人读懂你的心

第一节　休闲娱乐：表现人心的显示场

从音乐的爱好得出人的性格规律 218
对爱好舞蹈的人的性格分析 220
从旅游偏好窥探人的性格 222
从读书看人的性格特征 223
从益智游戏来观察对方 225

第二节　运动方式：不同的思维定式

酷爱不同球类运动的人 227
喜欢冬泳的人 228
喜欢步行运动的人 228
喜欢器械运动者 228

第三节　兴趣偏好：判别他人的性格及品位

从喜欢的宠物看人的心理 229
从对水果的喜好看对方 230
从喜欢的汽车观察对方 231

第九章

女人的心思不难猜

第一节　女人的相貌：读懂女人的前提

从女人的眼睛观察她 234
从女人的手探视对方 235
从女人的腰了解对方 236
从女人的腿了解她 237
从女人的微笑分析她的性格 237
从女人的发型和拨弄头发的动作观察她 238

第二节　女人的行为：折射她性格的镜子

从戴戒指判断女人对爱情的态度 240
从吸烟姿势看女人的性格 241
从约会的动作判断女孩的心理信息 242

从搭车看女孩爱你的程度 244
　　从女友与陌生人说话推知她的专一度 245
第三节　其他细节：展现心灵的世界
　　一眼看出她是否有外遇 246
　　从表情与动作推断她是否爱上了你 247
　　了解女人的内心 249
　　从服装款式看职业女性 249
　　各种性格的女人 250
　　从心理揣摩女人 252

第十章

一眼洞穿男人心

第一节　男人的外貌：透露心理的外观
　　认清男人的众生相 254
　　从男人的体形看性格 255
　　从男人的走姿了解他的性情 257
第二节　男人的行为：诠释心灵的语言
　　从情人节的礼物判断他真实的想法 259
　　从男友喜欢的手指看他爱你有多深 261
　　从他对家人的爱观察他 262
第三节　其他细节：点点滴滴流露他的心
　　从花钱方式看男人 263
　　沉默的男人 264
　　喜欢逞威风的男人 265
　　奉行大男子主义的男人 266

第十一章

一眼读懂老板

第一节　老板的外观：洞悉心理的显示面
　　老板的手势有何含义 268
　　老板身体语言中的不寻常 269

从眼神判断老板的心理 271
从办公桌的状态看老板 272
从气色上洞察老板的心理 274

第二节　老板的性格：找到他心灵的窗口

态度专横的老板 275
摆架子的老板 276
勿闯老板的禁区 277

第三节　剖析老板：发现他的心理奥秘

从工作的习惯观察你的老板 279
从老板的个人素质识别他的领导能力 280
从主持会议的风格看你的老板 281
从老板的领导方式看他 282
好人缘成就好老板 284

第十二章

一眼识别谎言

第一节　身体语言泄露谎言

欺骗的信号 286
对说谎的研究 287
脸部表情是怎样揭露事实的 287
女性更擅长说谎 288
为什么说谎很难 288

第二节　通过姿势看破谎言

7种最常见的说谎姿势 289
拖延、敷衍的姿势 292
在做估量时的姿势 293
挠头和拍打的姿势 294
姿势透露男人是否在撒谎 295

第三节　从面部表情识别紧张情绪

眼睛向右上方看，大脑正在制造想象 296
对方直视你的眼睛，也未必在说真话 297
假表情总是慢半拍、持续时间长 297

突然放大的瞳孔揭示隐藏的情感 299
　　硬挤出来的笑容嘴巴紧闭 300

第四节　不经意的小动作会泄露真相
　　动作和语言不一致，嘴上说的不能信 302
　　不安的双脚泄露紧张情绪 303
　　把头撇开是因为想要逃避话题 304

第五节　从说话方式发现撒谎的线索
　　说谎者无法倒着叙述事情 305
　　说谎大王都是"记忆专家" 306
　　用暗示的方法回应，不做正面回答 307
　　说话声音高而缺乏变化，是明显紧张的表现 309
　　谎言往往这样开始 310

第十三章

猜度心思，赢在职场

第一节　合理利用微表情，勇闯职场第一关
　　面试不同阶段的身体语言 312
　　眼睛往哪儿看 313
　　不同座位方式的应对策略 314
　　面试官的暗示你懂吗 317
　　决定结果的是你做了什么而非说了什么 318

第二节　读懂微表情，掌握职场风向
　　准确领会上司的意图 320
　　处理好和上司的关系 321
　　适时退让一步 322
　　要懂得分寸 323
　　了解不同类型的领导 324
　　从对待工作的态度看人 325
　　从面部表情识别同事的心理 326
　　从同事的行为解读他的思想 327
　　从同事的言谈倾听他人的心声 328
　　与同事搞好关系 329
　　如何赢得同事的好感 330

怎样转移桌子上的个人领域 331
就座时身体所指的方向 332
怎样重新安排办公室的摆设 333

第三节　了解谈判对手，把握谈判方向

运用身体语言协助谈判 334
用道具支持你 335
巧用眼神取得意想不到的好效果 336
洞察对手心理的3种方法 337
利用身体语言，识别谈判心理 338
口舌之战 VS 心理之战 340
他在想什么？手足告诉你 341
从茶杯的位置预知对方的意向 343
小动作，泄露其下一步行动 343
懈怠的身体，无声的拒绝 344
上半身给你的提示 345
少用"但是"转折，多用"所以"顺承 346
应对对手的10个妙招 347

第十四章

关心朋友，赢得友谊

第一节　如何让朋友离不开你

交友之道——礼尚往来 350
给友情保温 351
该拒绝的就要拒绝 352
真诚是待友的第一要务 353
记住有关对方的小事，让他感觉被重视 354
和朋友说话也要有分寸，玩笑不可太过分 355

第二节　如何把陌生人变成朋友

善待陌生人 357
从打招呼开始 358
第一个5分钟的攀谈法 360
没话时也要找话 361
消除陌生感 363

第一章
微表情是我们掩饰不了的"真相"

·第一节·
观察面部表情，可预见对方的情感

无意识的表情是探测真情实感的线索

从小就有人告诉我们，当你想知道对方心里所想的时候，盯着对方的眼睛看就能做到，真的是这样吗？其实，与其看着对方的眼睛，不如看看他整个脸部。人的脸上有40多块肌肉，它们当中的大部分我们都无法有意识地掌控，这就是说，你的面部表情会无意识地流露出许多信息，但是，许多人却无法对这些流露出的信息进行正确地分析。

我们每个人都有察觉他人表情的能力，事实上，观察一个人无意识的表情，不仅能够知道他此时此刻的情感，还能够知道他即将产生的情感。这是因为，肌肉的反应比思维的反应更快，利用这一点，你可以在对方尚未显露情感时先他一步采取应对措施，比如当你发现一个人即将发怒的时候，你可以帮助他控制愤怒情感的爆发，这比在他发怒后你手足无措去面对要好得多吧！

综上所述，我们在与人交往的过程中要了解对方的感情，无意识的表情是我们可以参考的一项重要指标。在你通过他人的面部表情了解他内心的时候，最好想清楚下一步以什么样的方式来和他沟通。

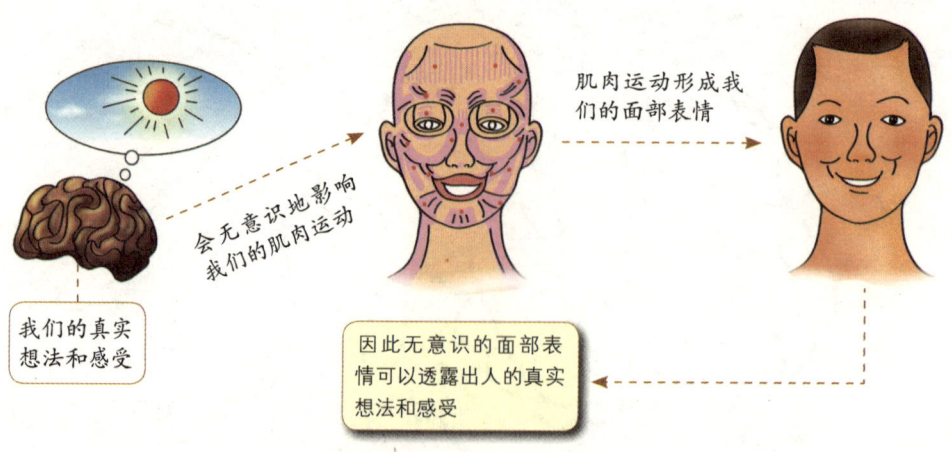

⊙无意识的表情最能反映一个人的真情实感⊙

轻微表情、局部表情与微表情

一个人的面部表情主要包括3种：轻微表情、局部表情与微表情，下面就让我们来逐个认识这3种表情。

1. 轻微表情

轻微表情（如下图1）是指所有面部肌肉都轻微地、强度不大地参与整个面部表情的构成中。每一块肌肉都形成了你表情的一部分，但是每一块肌肉的变化都不是很明显。轻微的表情说明情感较弱，比如，有的情感本身比较强烈，但是当这种情感刚刚开始的时候，它可能比较弱。轻微表情还有另外一种情况，就是当一个人极力掩盖某种强烈感情时留下来的痕迹，比如，在一些选秀节目中，被淘汰的选手面对镜头时会努力掩饰自己失落的情绪。

2. 局部表情

局部表情（如下图2）是指只运用一两块肌肉来构成表情。在大多数时候局部表情是轻微的，这意味着也许感情本身并不强烈，也许感情正处在削弱期，也许没能隐藏好某种强烈的情感。在某些情况下，局部表情也会较为强烈。

3. 微表情

微表情（如下图3）是一种稍纵即逝但是能够很明了地表现出一个人的感情的表情。通常，微表情持续的时间很短，可能只有半秒就消失不见了，而且，很少人能捕捉到一个人的微表情。我们常常会打断自己的微表情，比如，当我们感到害怕的时候，会用别的表情来代替自己一晃而过的微表情。想通过微表情来看穿对方的心思其实并不是难事，一个人只要稍加训练就能捕捉到微表情。

图1

图2

图3

以上就是面部表情的3个种类，在你与人交往的过程中，不妨有意识地留心他人的这3种面部表情，就有可能了解他的内心。

6种全球通用的表情模式

我们每个人都有察觉他人表情的能力，能分辨出别人是高兴还是生气，但是，我们又常常忽视了一些信息，有些时候直到别人把心中的怒火发泄、爆发出来后才明白了他原来是多么愤怒！而有些时候，我们又会混淆一些面部表情。

美国著名心理专家保罗·艾克曼研究了不同的精神状态对人们的影响，以及这种精神状态是怎样反映到人的身体和脸上，他发现有6种基本情感的表达方式是全球通用的。这6种情感表达方式是惊讶、悲伤、厌恶、恐惧、快乐、愤怒。

1. 惊讶

惊讶是一个人持续时间最短的表情。人在吃惊或有防备的时候，会把眼睛睁得特别大，再加上一些面部表情，例如，眉毛会抬起，且向上弯曲，而下颌下垂，双唇分开，年纪大的人的前额还会出现许多皱纹。在你看到这些现象后，就可以完全肯定这个人正处在震惊中。

2. 悲伤

和惊讶相反，悲伤是一个人持续时间最长的感情，很多事情都可以让我们感到悲伤，当我们因为种种原因要和心爱的人分别的时候，当你因为自己的失误而丢掉了一份宝贵的工作的时候，都会有悲伤的感情。悲伤还具有社会功能，当你的面部表情表现出悲伤的时候，你会得到别人的安慰、帮助、鼓励等。巨大的压力让男人不敢轻易表现自己的悲伤，他们总是强颜欢笑，但是表情不会骗人，用强颜欢笑是很难掩盖的。悲伤的一大特点是脸部肌肉松弛，并且，眉毛里端收缩或扬起，眉毛之间产生垂直的皱纹，上眼皮里端抬起，形成三角形，下眼皮也可能会受到影响，变得紧张，嘴角会向下撇。

3. 厌恶

你知道厌恶的表情是什么样子的吗？不妨开始这样想象：你需要准备两样东西，一个玻璃杯、一口口水，现在想象你吐一口口水到玻璃杯里面，然后喝下去。这样的想象很可能会让你出现厌恶的表情。厌恶是一种非常强烈的情感，会呈现一种非常明显的表情，厌恶的表情很少会体现在眉毛和前额上，大多体现于脸的下半部分，所以厌恶也是一种很容易假装的表情。判断一个人的厌恶是真是假，可以通过观察他的鼻子，如果鼻梁上出现了皱纹，就表示他真的产生了厌恶之情。

4. 恐惧

对我们身心产生伤害的事情都会让我们产生恐惧的情感。这种状态下，发出动作者的下眼皮很紧张，但同吃惊的情绪不同的是，感到恐惧的人的面部表情很不一样，他们的眉毛抬起并锁在一起，呈现直线形态，嘴巴是紧张而且向回收缩的。

5. 快乐

什么会让我们感受到快乐呢？美丽的鸟儿、孩子的笑声、花朵的芳香都会让快乐之感油然而生，而人们似乎把快乐更多地表现在声音之中，比如快乐地大叫、快乐地笑，脸部变化则不那么明显。

6. 愤怒

我们愤怒常常是因为某件事或者某个人阻止了我们想做某件事的想法，有时候我们也会对自己生气，在别人不赞成我们的想法时我们也会愤怒。愤怒是一种危险的感情，常常伴随着想要伤害别人的冲动。当然，愤怒也有一定的好处，它可以成为我们改变某件事情的动力。当一个人愤怒的时候，他的眉毛会收缩或者下垂，两眉间有皱纹，但是前额不会有皱纹，从嘴巴上来看，双唇紧闭也是愤怒的一个信号。当某个人因为愤怒而直接盯着另一个人，显示出紧张的脸部状态时，他的上下眼皮也会很紧张，眼睛眯成一条缝。他用眼睛盯着别人，用以宣泄内心的感受，甚至达到吓唬对方或威胁对方的目的。

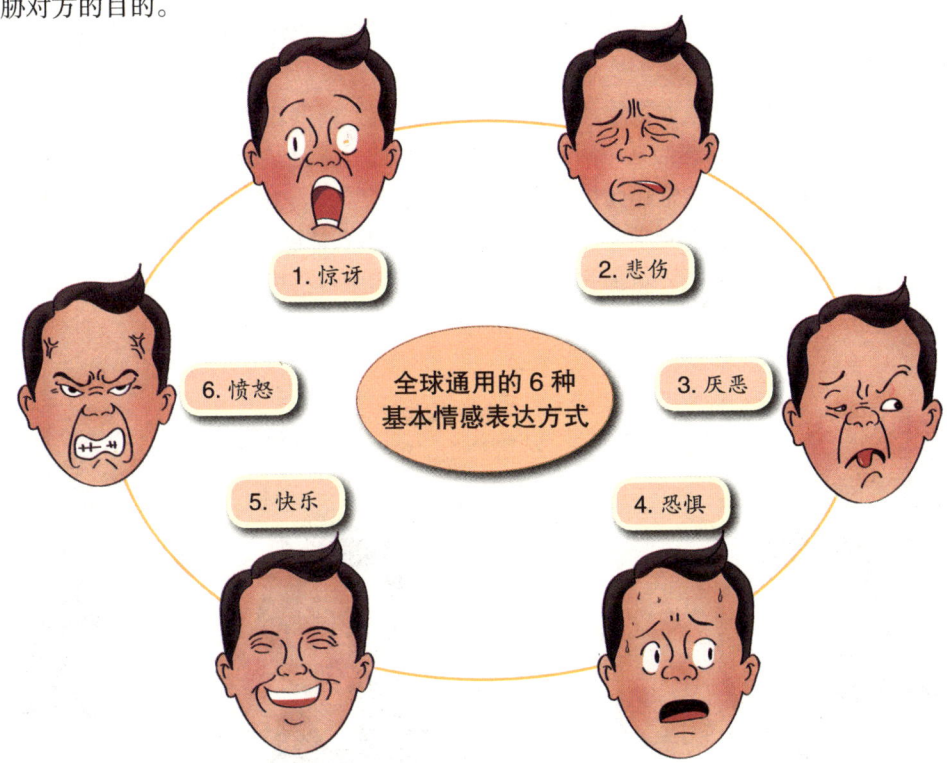

情感的产生来源于人类逃离威胁的生存本能

情感是人类性格的重要组成部分，我们所做的事情中有很大一部分是受到情感的驱使，也就是说，情感会控制我们的决定和行为。甚至有些时候我们并不能意识到自己正处在什么样的情感状态之中。

如果我们想要了解他人的内心活动，那么了解什么是情感是十分必要的。情感究竟是什么，情感又是怎样产生的呢？很多关于情感的理论都直指一个事实：所有人都具有同样的基本情感，并因为同样的事物受到触动。

当我们感到自己受到了威胁，无论轻微还是严重，都会触发情感的产生，所以有一个这样的理论：情感的起源是像生存机制一样的生物机制，当危险发生时，他是超越理性的最佳应急机制。比如，当一辆汽车向你飞驰而来，假如你还要分析汽车的时速，那么恐怕你早就丧命于车轮下了。实际上，我们总是在无意中就接受和探测了周围的这种信号，当信息被传递到自主神经系统，就会激活相应的过程，同一时间内，信息也会被传达给意识，来告诉我们大脑将要做什么。

当某个信号飞速地冲向我们，就会形成触发恐惧情感的一种刺激，这种恐惧反应在身体上就会出现脉搏跳动加快、血液更多地涌向腿部肌肉种种现象，以便及时帮助我们逃跑，如此一来，身体比头脑先感觉到了危险，所以你的身体会下意识地快速逃离危险。当你成功地脱离危险后，你的身体恢复到正常状态所需的时间，比你的头脑意识到危险已过去的时间更长，这也就能说明，为什么危险已去你仍然会心有余悸。

也就是说，情感最初是作为一种自动化系统来帮助我们逃离威胁的。情感会让我们大脑的不同区域产生及时的变化，影响我们的自主神经系统，从而产生呼吸、出汗、心跳等身体功能的变化，而情感还会改变我们的声音、面部表情和肢体语言。

很多人认为情绪和感情是一回事，其实并非如此。情绪是激烈的、短暂的，而感情可以是持久的，感情常常作为情绪产生的"背景"。

当然，并不是每次都是为了生存的原因才能感受到情感，随着人类的进化发展，我们的感情变得更加复杂、更加多元，在下面的内容中我们就来看一看触发情感的常见方式。

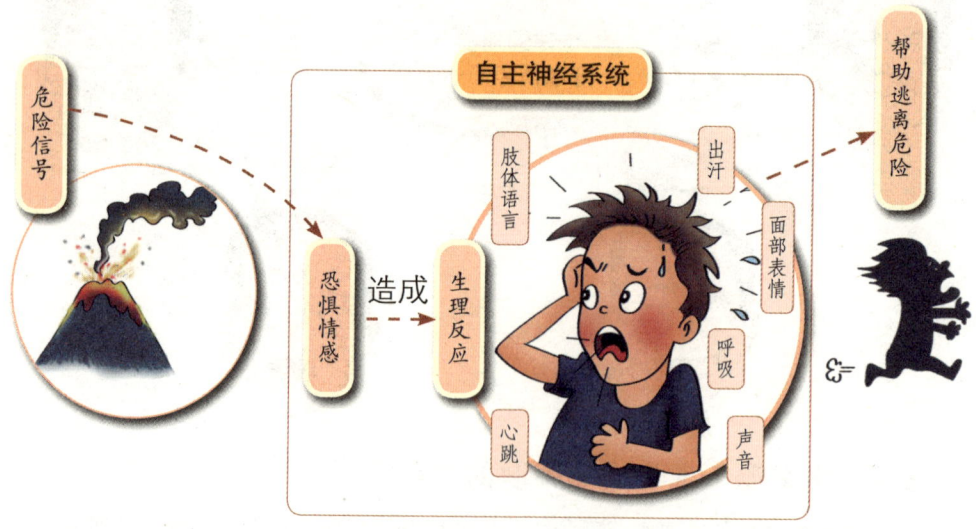

——⊙情感是帮助我们逃离威胁的自动化系统⊙——

人都具有同样的基本情感并因为同样的事物受到触动

正是我们的情感把我们同外在的事物联系在一起,情感在我们的生活中占有重要的位置,触发情感的因素也是多种多样的,下面就看一些比较普遍的形式。

1. 前面有一条恶狼

突然从周围环境中探测到一个正确的信号是触发感情的最常见方式,我们没有充足的时间来思考目前的情感反应是否合适,也许我们是错的,也许所谓的恶狼只不过是一块石头,但也会让我们使出全身的力气来抛出最锋利的武器。

2. 这到底是为什么

思考正在发生的事情能够触发我们的情感。当我们试图弄明白一件事的时候,情感就会被启动。

3. 想想你和她接吻时候的情景

通过回忆具有强烈情感的事件也是触发感情的方式之一,我们既可以回忆过去的感情,也可以对过去的感情产生新的感情。

4. 如果我能飞到月球上,那该多好啊

当我们开始让想象力在脑海中徜徉的时候,能唤醒我们内心的情感。比如,你可以幻想你登上了月球,在月球上体会失重的快感,怎么样,不如试一把吧!

5. 别再提这个了,我会再一次感到不安

谈论过去的情感经历会把那些情感带回给你,即使你并不想要它们。有些时候,只要你和别人谈谈上一次是什么惹怒你的,就足以让你再一次发怒。

6. 哈哈

我们可以通过同情触发情感,也就是说,当我们看到别人正在经历某种情感时,那种情感也会传染给我们,使我们有相同的感受。

7. 嗨,调皮鬼!离电源远一些,别碰它

童年的时候,父母和其他大人告诫我们要远离危险的事物,会在我们长大以后使我们产生同样的反应。

8. 那个人,说你呢!你怎么插队呀

违反社会规则的人会让我们产生强烈的情感。当然,不同文化中的社会规则也不尽相同,但相同的是,违反社会规则会引起厌恶、鄙视、愤怒等各种反应。

9. 咬住你的下嘴唇

我们可以通过有意识的身体动作、肌肉反应来引发相应的情感。当你变得生气的时候,不妨紧咬你的下嘴唇,看看愤怒的感情是不是已经在心中酝酿了?

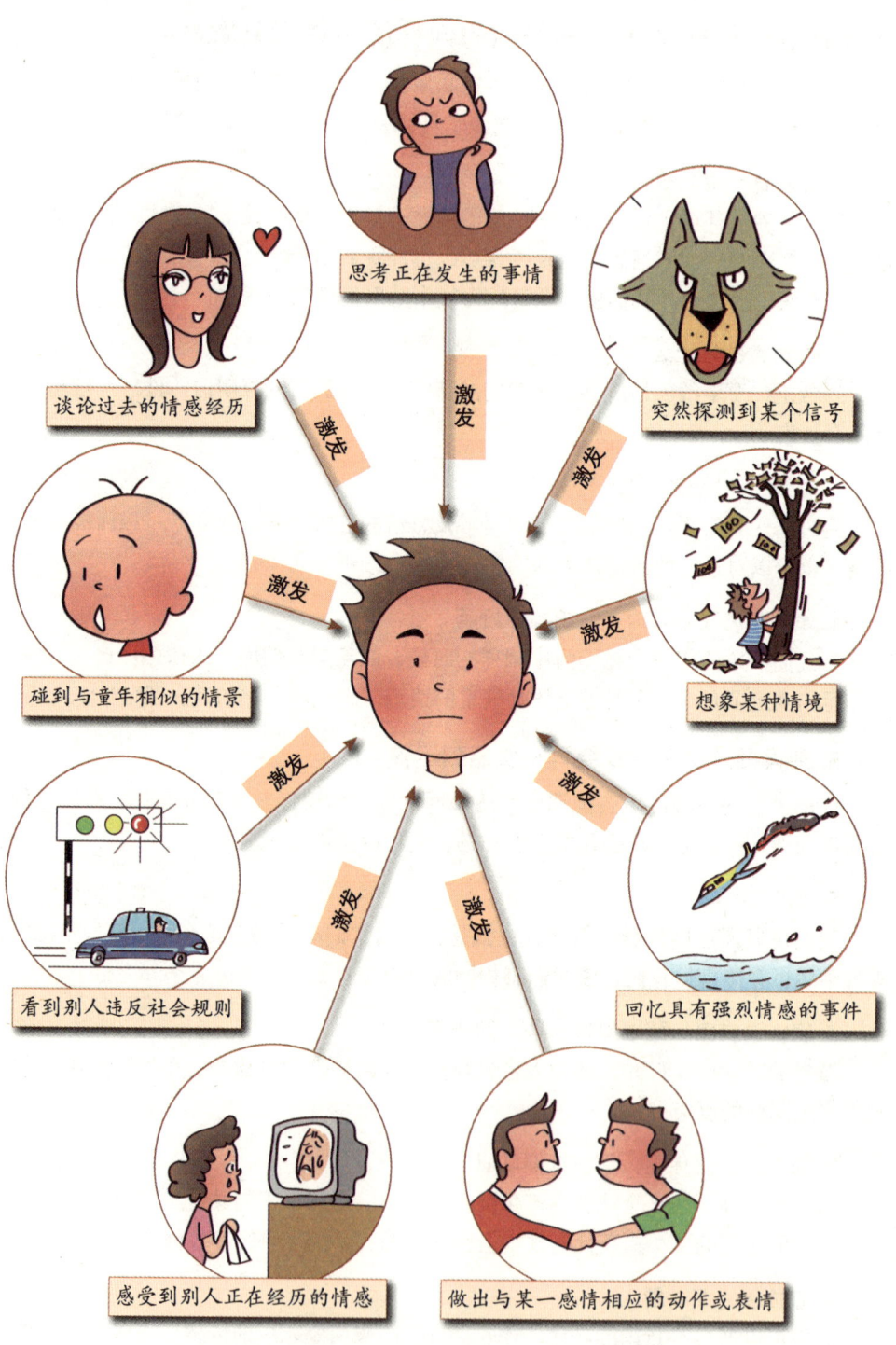

———⊙ 所有人共有的基本情感激发方式 ⊙———

颜色的巧妙运用能改变人的情感

有人开了一家旅馆，但是由于经营不善，面临倒闭。正好此时碰上一名智者经过这里，就向旅馆老板献策：将旅馆进行重新装饰。到了夏季，将旅馆墙面涂成绿色；到了冬日，再将墙面刷成粉红色。旅馆老板按照智者所说的做了之后，旅馆果然很吸引顾客，生意渐渐兴隆起来。

为什么粉刷墙壁就能改善旅馆的经营状况，使之扭亏为盈呢？其中的奥秘在哪儿呢？原来智者巧妙地利用了人的联觉心理。

联觉是一种感觉引起另一种感觉的现象，这种心理现象实际上是感觉相互作用的结果。上述事例就是通过改变颜色，使不同颜色产生不同的情感效果，从而起到吸引顾客的作用。

不同的颜色会给我们不同的情感，这是每个人都能体会到的。比如我们会根据不同的心情和个性选择不同颜色的衣服，颜色对人的心理影响是很大的；不同色调的画作和摄影作品，会使我们感受到不同的情感；房间里墙壁刷上不同的颜色，也让我们感觉不同。

上面这些例子说明，颜色会影响人们的情感。有的时候，这种影响是至关重要的。

某地有一座黑色的桥梁，每年都有很多人在那里自杀。后来有人提议把桥涂成天蓝色，结果在那儿自杀的人明显减少了。后来人们又把桥涂成了粉红色，结果，再也没有人在这里自杀了。从心理学的角度分析，黑色显得阴沉，会加重人痛苦和绝望的情感，容易把本来心情绝望、濒临死亡的人，向死亡更推进一步。而天蓝色和粉红色则容易使人感到愉快开朗，充满希望，所以不容易让人产生绝望的情感。

心理学家对颜色与人的心理健康进行了研究。研究表明在一般情况下，红色表示快乐、热情，它使人情感热烈、饱满，激发出爱的情感；黄色表示快乐、明亮，使人兴高采烈，充满喜悦；绿色表示和平，使人的心里有安定、恬静、温和之感；蓝色给人以安静、凉爽、舒适之感，使人心情开朗；灰色使人感到郁闷、空虚；黑色使人感到庄严、沮丧和悲哀；白色使人有素雅、纯洁、轻快之感。

研究指出，颜色还能影响人的食欲。橙黄色可以促进食欲，黑白色则会降低食欲。适宜的颜色不仅影响食欲，而且可以增进健康。人们通常习惯于把医院和诊所的墙壁刷成白色就是这个道理。因为白色给人清洁的印象，也可使痛苦的病人安静下来，这样有利于治疗、恢复健康。德国慕尼黑市的医院通过实验还发现，浅蓝色的墙有帮助高烧病人退烧的作用，紫色会使孕妇安静，赭色有助于升高低血压病人的血压。

颜色与工作效率也有关系。某企业有过这样有趣的事例：许多搬运黑色和深灰色部件的工人感到这些部件特别沉重。在心理顾问的指导下，管理部门把这些部件漆成浅黄色后，工人感到比以前轻松多了。专家们还发现，黄色、橙色和红色能激发人们的热情，提高人们的积极性。运动场上总是红旗招展，现在新型的塑胶跑道上也画出了色彩鲜艳的跑道线,其目的亦在于促使运动员神经兴奋,使他们进入良好的竞技状态。相反,蓝色和紫色等属于消极色,会减慢人们的工作节奏。

不同的颜色使人产生不同的情绪、情感。长期住在红房子里,情绪会兴奋;如果住在苹果绿的屋里,心情会平静下来。经常接触阳光和灯光,因而对红、橙等色产生幸福温暖之感;经常接触树木、禾苗,因而对绿色产生生长、希望之感;经常接触即将收割的稻、麦等,就会对黄色产生成熟、务实之感;经常接触泥土、重金属,则会对黑色和棕色产生沉重、艰辛、凝重之感。

在临床实践中,学者们对颜色治病也进行了研究,效果是很好的。高血压病人戴上烟色眼镜可使血压下降;红色和蓝色可使血液循环加快;病人如果住在涂有白色、淡蓝色、淡绿色、淡黄色墙壁的房间里,心情会很安定、舒适,有助于健康的恢复。

由此可见,颜色不但可以影响人的情感,而且还会对人的健康产生影响。颜色的作用不容小视呀!

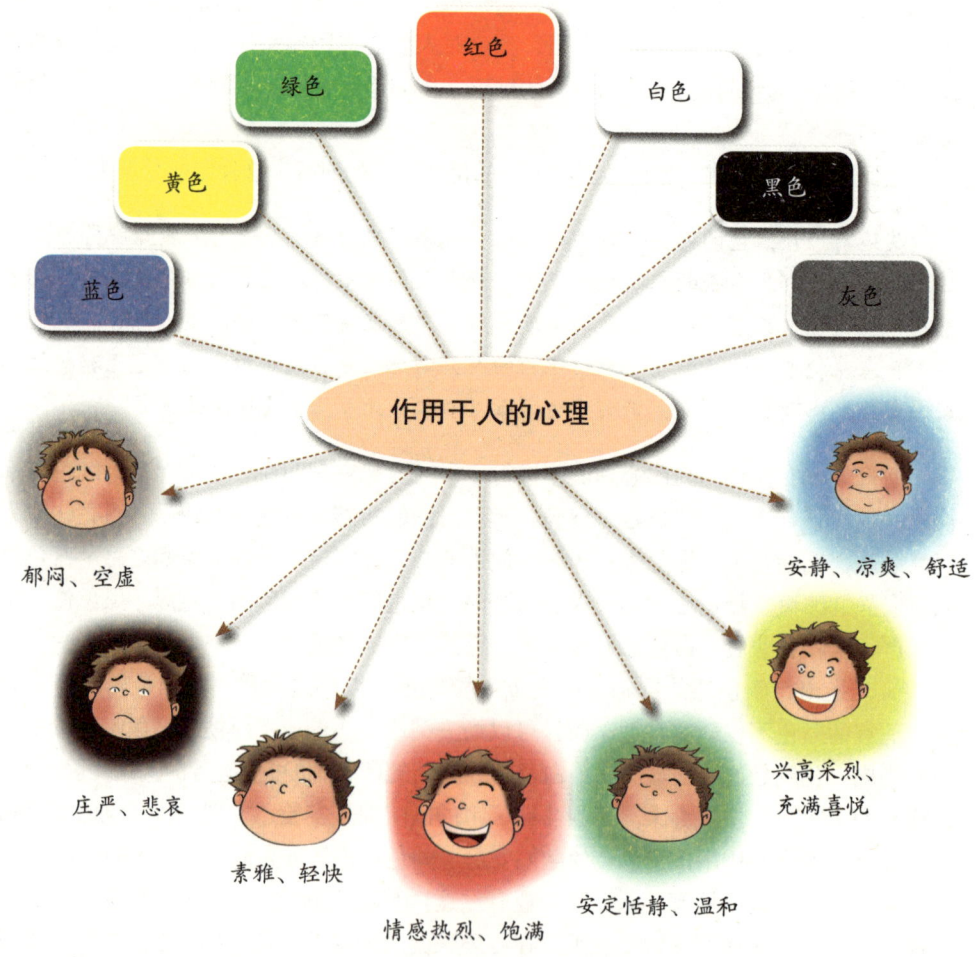

——◦不同的颜色会给我们不同的情感◦——

天气也会触发人不同的情感

生活中,你是否有过这样的体验?如果天气晴朗、阳光灿烂、微风和煦,你会觉得神清气爽、精神振奋、心情舒畅。如果一连几天阴雨绵绵,你会经常感到莫名其妙的烦躁不安、心情低落、郁郁寡欢。

对于这种由于天气变化带来的情感变化,我们不能简单地归结为多愁善感。因为科学家已发现,气候特别寒冷的地带,在冬天人们会明显地感到情绪忧郁、低落。而导致人们情绪低落的主要原因就是缺少阳光。此外,人们还会出现容易疲劳、嗜睡、喜欢吃大量含碳水化合物的食物等现象。

精神治疗专家发现,人的情感确实或多或少地会受到天气的影响。人们对天气变化,特别是坏天气的刺激反应强烈,会表现出种种不适症状:疲倦、虚弱、健忘、眼冒金星、神经过敏、精神不振、情绪低落、工作提不起精神、睡眠不好、偏头痛、注意力不集中、恐惧、冒汗、没有食欲、肠胃功能紊乱、神经质、易激动,等等。

由此可见,天气对人的情感有很大的影响,而且,一个地区的气候与人的性格形成也有很大的关联。

不同的天气对人的情感会造成不同的影响,这种影响持续下去,就会使人形成不同的性格。

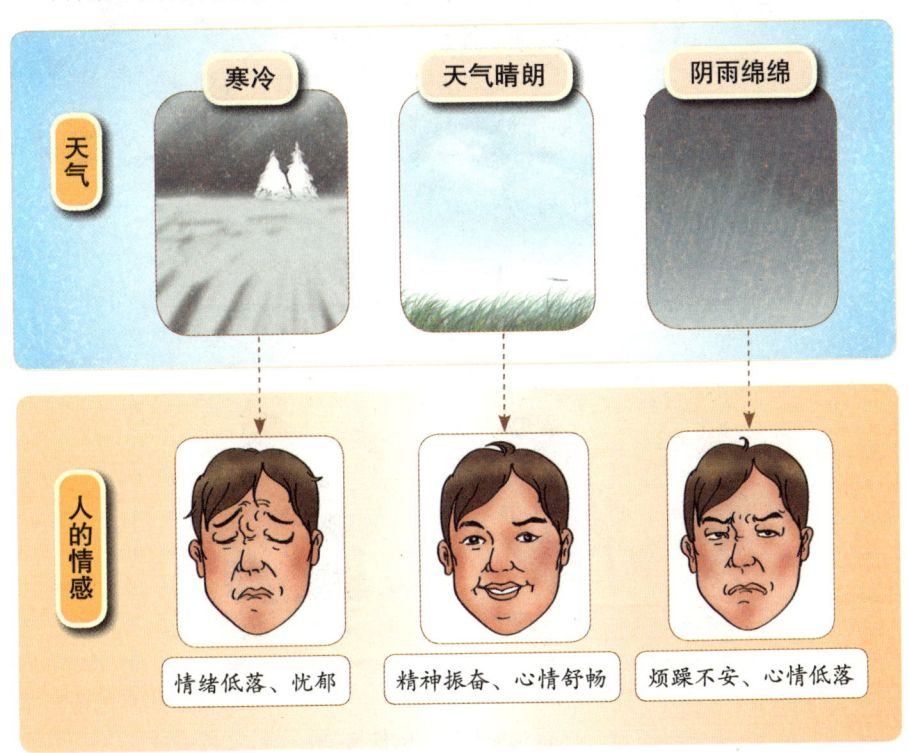

——⊙ 天气对人的情感影响 ⊙——

1982年至1983年的厄尔尼诺现象，曾经使全球大约10万人患上了抑郁症，而且精神病的发病率也上升了38%，交通事故也至少增加了5000次。原因就是，全球气候异常影响到了人们的身心健康。环境心理学的研究指出，温度与暴力行为有关，夏日的高温可引起暴力行为增加。在高温室内的人，比在常温室内的被试者更容易对他人做出不友好的评价。

长时间的天气特征会形成气候。研究发现，一个人所生活地区的气候与他的性格的形成有直接的关系。所谓"一方水土养一方人"，任何人都无法完全摆脱环境的影响。虽然天气、气候不是人所能控制的，但你若想拥有好的心情、良好的性格，能改变的唯有你自己。

—⊙气候也会影响人的性格⊙—

·第二节·
观察身体反应，可了解心理活动

每一个想法都会引发一连串的生理反应

当你思考时，大脑会发生电气化学反应。为了让你产生一个想法，很多脑细胞必须根据相应的模式互相传递信息。大脑中的模式不仅会让你产生想法，同样会影响你的肉体，改变你体内荷尔蒙（如内啡肽）的分泌，引起自主神经系统的变化，例如呼吸急促、血压升高、出汗、脸红，等等。

大脑中的每一个想法都以这样或那样的方式影响你的身体。例如，当你感到恐惧时，你的嘴唇会发干，涌到大腿的血液会增加。有时候，身体所起的变化很细微，难以被察觉到，但是它们的确存在。例如，当你撒谎时，你可以尽量让自己保持"脸不红，心不跳"的状态，但是你还是会不敢直视对方的眼睛。

那大脑中的想法是如何引发一连串的生理反应的呢？这与我们大脑的边缘系统大有关系。大脑边缘系统对我们周围世界的反应是条件式的，是不加考虑的。它对来自环境中的信息所做出的反应也是最真实的。边缘系统是唯一一个负责我们生存的大脑部位，它从不休息，一直处于"运行"状态。另外，边缘系统也是我们的情感中心。各种信号从这里出发，前往大脑的其他部位，而这些部位各自管理着我们的行为，有的与情感有关，有的则与我们的生死有关。

这些边缘的生存反应是我们神经系统中的硬件，很难伪装或剔除。边缘行为是诚实可信的行为，这些行为是人类的思想、感觉和意图的真实反映。

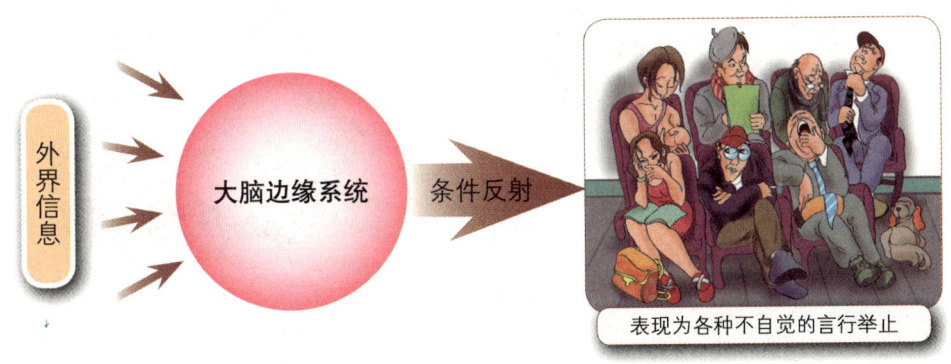

——◎无法伪装的思想活动与内在情感◎——

1999年12月，美国海关截获了一名被称作"千年轰炸者"的恐怖分子。入境检查时，海关人员发现这名叫阿默德的人神色紧张且汗流不止，于是勒令他下车接受进一步询问。那一刻，阿默德试图逃跑，但是很快就被抓住了。海关人员从他的车里搜出了炸药和定时装置，阿默德最终供认了他要炸毁洛杉矶机场的阴谋。

神色紧张和流汗正是大脑对巨大压力固有的反应方式，由于这种边缘行为是最真实的，海关人员才能毫无顾虑地逮捕阿默德。这件事情说明，一个人的心理状态会反映在身体语言上。

一般来说，当边缘系统感到舒适时，这种精神或心理上的幸福就会反映在非语言行为上，具体表现为满足和高度自信。然而，当边缘系统感到不适时，相应的身体语言就会表现出压力或极度不自信。这些身体语言将帮助你了解社交对象和工作对象的所思所想。

所以，人不可能在思考的同时不发生任何生理反应，人的大脑边缘系统会将我们的想法以身体语言的形式"泄露"给其他人。这意味着，只要观察一个人发生了哪些生理反应，就能知道那个人的感觉、情感和想法是什么。

任何发生在人们身上的事情都会影响精神活动

我们一生中有过很多经历，这些经历会留在我们的脑海中，这往往和强烈的情感状态有关，比如快乐、憎恨、爱、欢喜、愤怒、紧张，等等。当我们回想起以往的这些经历时，当时的感受也记忆犹新。因为偶然看到某些事物而引发回忆中的情感反应，被称为心锚。

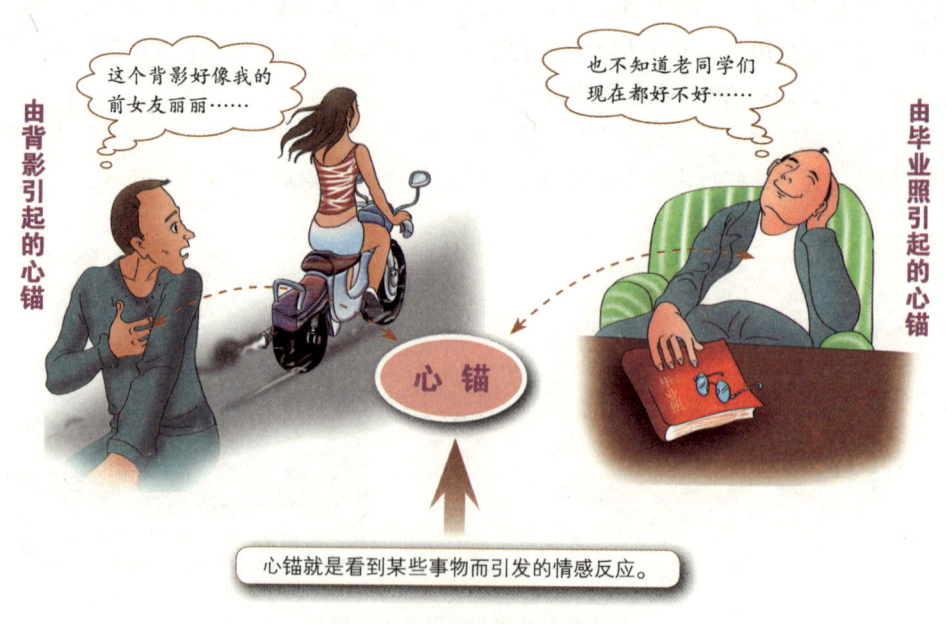

——◎ 什么是心锚 ◎——

心锚不仅会让我们想起特定的记忆，也会与强烈的情感联系起来。在这里，我们感兴趣的心锚不是那种引发回忆的心锚，而是可以触发人们不同情感状态的心锚。你如果知道别人无意识中隐藏着什么样的心锚，你只需要去引发它们，就能影响对方的情感。当然，你不能怀有恶意地去触动别人的心锚，故意揭别人的伤疤，或者有意地让别人难堪。

我们不妨在别人身上创造出新的心锚，让他一想起你就有快乐舒服的情感。你可以在与对方聊天的时候，保持快乐阳光的状态，说一些让大家快乐高兴的话题，再附上一则笑话，让对方在交谈中感到快乐和轻松。那么，以后每当他看到你的时候，都会有一种高兴的心理，因此对你有比较好的印象，以后打交道也就容易多了。

总之，发生在人身上的事情都会影响他的精神活动，你要想了解或者掌控对方的心理或是情感，可以从那些发生以及即将发生在他身上的事情着手，这是心理学的一大准确信息来源。

激活与某种情感相联系的肌肉就会激活相应的情感

不仅我们的身体语言会反映出我们的思想，反过来也是一样，我们的身体也会影响我们的精神活动。如果你激活了与某种情感相联系的肌肉，你也会激活并经历相应的情感，甚至是相应的精神活动，而这些又会反过来再次影响你的身体。

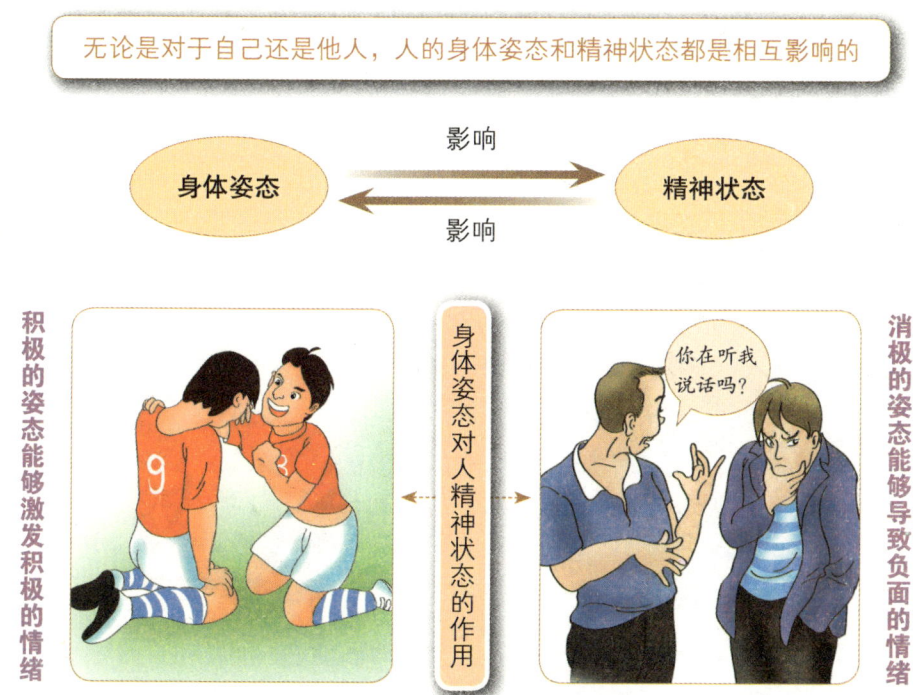

——○ 身体姿态对人精神状态的作用 ○——

你的身体语言可以影响他人的思想和情感，所以，在与别人交流时，你一定要注意自己的身体语言，不要给别人带来不良的影响，而致使交流受阻。

在与人交流的过程中，你一定要谨慎使用自己的身体语言，让自己正确适当的身体语言引发对方的适当情感，在其脑海中留下你的情感的烙印，加强对方的情感体验，随后就能准确而快速地进入你想要的情感状态了。另外，身体语言的使用也要有度，不是任何消极情绪都是你能用身体语言去影响和改变的。

面对面沟通，信息所产生的影响力中仅有7%来自说话内容

美国心理学家艾伯特·梅拉比安曾提出"7% — 38% — 55%定律"。当人们进行面对面沟通的时候，会使用到3个主要的沟通元素——用词、声调，还有肢体语言，所谓"7% — 38% — 55%定律"，指的就是这3项元素在沟通中所担任的影响比重，用词占7%，声调占38%，肢体语言占得最重，是55%。从这个定律中，我们至少可以明白这样一个道理，在面对面的沟通中，说话内容是最不重要的，而身体语言在信息交流中的重要性可见一斑。

美国行为学家斯泰恩将非言语沟通中的显性行为称为身体语言，亦称体语。主要包括眼神、手势、语调、触摸、肢体动作和面部表情这类显性行为。

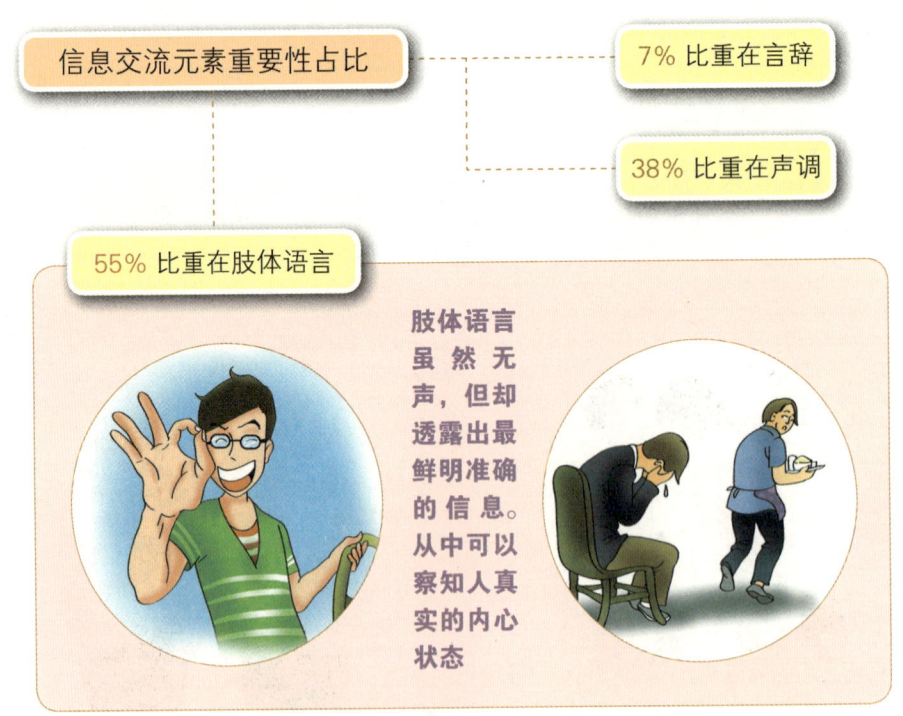

—⊙最真实的内心世界反映——肢体语言⊙—

在与人面对面交流沟通时,即使不说话,我们也可以凭借对方的身体语言来探索他内心的秘密,对方也同样可以通过身体语言了解到我们的真实想法。所以,开始注意去探究身体语言的密码!那些曾经被你忽视的非语言信息才是读懂对方心思的最可靠的资源。

人们的态度由讲话的声音中表现出来

谈话实际上会有两种对话产生:一种是使用文字,一种是使用声调。有时候这两者相互契合,但通常并非如此。当你问对方:"你觉得怎么样?"得到的回答是:"挺好的。"你通常不会凭借这句"挺好的"来判断他的感受,而会凭他的音调来判断他是否真的觉得很好,还是觉得一般或者不好。怎么样说话比说什么样的话更重要,因为我们的态度不是经由文字,而是经由讲话的声音表现出来。

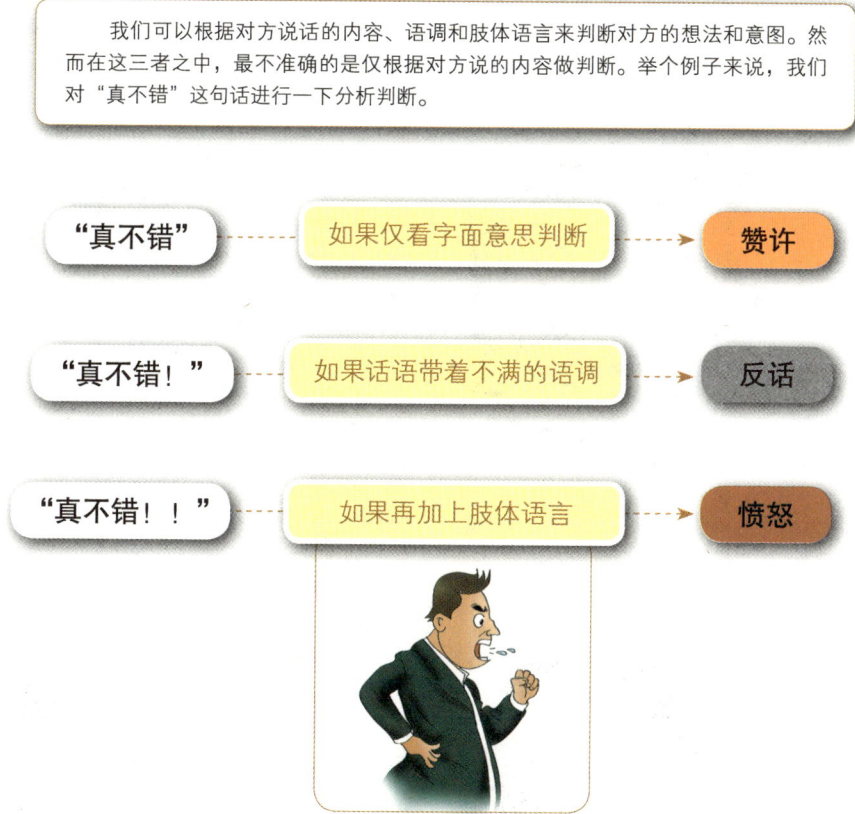

话语内容配合语调,再配合肢体语言,通过对这三方面的观察,就能分析出对方的真实想法和情感。

——⊙对他人真实想法的分析判断依据⊙——

□ 图解微表情心理学

声音大小、语调、语气、语速的重要性远远超过了言词内容本身，在对方说话时，只有注意到这些方面，才能准确把握对方的意思。

一个放大说话音量的人

通常有控制环境的目的。说话大声是独断、强制且具威胁性的行为，所以想支配或控制他人的人，讲话通常很大声。大部分人认为说话大声、低沉是自信的表现，但有些人大吼大叫，是因为害怕如果轻声细语，没有人会听得见。

说话小声的人

一开始可能会被认为缺乏信心或优柔寡断，但是小心别上当。轻柔的声音可能反映出平静的自信，说话者认为没有必要支配谈话。要是对方说话总是轻声细语，请注意抑扬顿挫之处是否适当。当在场的人听不清楚的时候，他是否努力放大音量。如果不是，也许他不够细心，不能体贴别人，或者骄傲自大。如果持续轻声细语伴随着不舒服的肢体语言，象征自信心的缺乏。

说话一向很快的人

对于事情的评估和判断通常也很快，因此他们常常不假思索就做出判断。有些人说话快则是为了掩饰内心的不安全感，这种人会有自卑的反应，像是紧张兮兮，或是刻意引起别人的注意。也有一些人在以一般速度闲聊一阵子之后，发现谎言很难再编下去，于是说话就越来越快，企图对谎言加以解释。

说话一直都很慢的人

也许是身体或心理有障碍，如果对方是因为心理有障碍而说话慢，会伴随着无法表达意见的反应。而要是因为身体障碍而说话慢，你只要和对方谈上几分钟，就能看出来。教师、演讲者以及经常要对大众说话的人，有时会故意放慢说话速度，让每个听众都听到他们的话，了解他们的意思。

说话结巴的人

如果不是由于先天身体障碍造成的话，通常是缺乏安全感、紧张或困惑所造成。但也有可能是说话者想准确表达自己的意思，而绞尽脑汁搜寻正确的字眼，或者对方有意暂停，好让你有机会插话。

谄上傲下的音调或其他假装的语调

有些人用谄上傲下的音调或其他假装的语调来呈现成功、老练、聪明、富有的形象。然而这些特性也许并非他们主要的人格特质，相反地，这只是没有安全感、企图寻求赞美与认可的表现而已。

·第三节·
读懂微表情，才能更好地掌握主动

读懂人心才不会雾里看花

人的复杂性不仅仅是生理构造上表现出的复杂性，还在于心理上表现出的复杂性。因此，当你不了解某人时，最好不要轻易地被他的表象所左右，因为这种表象很可能是一种假象。

美国心理学者奥古斯特·伯伊亚曾经做过一个实验，让几个人用表情表现愤怒、恐怖、诱惑、漠不关心、幸福、悲哀，并用录像机录下来，然后，让人们猜哪种表情表现哪种感情。结果，每人平均只有两种判断是正确的。当表现者做出的是愤怒的表情时，看的人却认为是悲哀的表情。

人是一个矛盾的综合体。人的喜怒哀乐，远非自身所表现出来的那么简单。欢笑并不一定代表高兴，流泪并不一定代表伤心，鞠躬并不一定代表感谢，拍手并不一定代表赞赏……

要想与他人建立亲善关系，必须善于揣摩他人的心理。你只有读懂他人心理，才不会雾里看花，才能替他人遮掩难言之隐。

读懂他人的心理，准确领会其意图，并非一日之功，需要平时的细心留意，学会观察生活。

解读表情的能力是人际和睦的关键

俗话说："出门看天色，进门看脸色。"无论做什么事，对什么人，只有读懂对方的表情，摸清对方的心思后，再付诸行动，才能做到得心应手，万无一失。

中国民间就有这样的说法，老人总是告诫小孩子要学会"看脸色"，也就是从对方的神态表情和其他身体语言中探知对方的心，从而做出一些顺从对方的事情，或者避免做出一些让对方不满意的事情。

关于"看人脸色"，还有一个关于康熙皇帝的故事。

据说康熙皇帝到了晚年，由于年纪大了，产生了一个怪脾气——忌讳人家说老。如果有谁说他老，他轻则不高兴，重则要让对方触霉头。所以，左右的臣子们都知道他这个心思，一般情况下都尽量回避说他老。

有一次，康熙率领一群皇妃去湖中垂钓，不一会儿，渔竿一动，他连忙举起钓竿，只见钩上钓着一只老鳖，心中好不喜欢。谁知刚刚拉出水面，只听"扑通"一声，鳖却脱钩掉到水里又跑掉了。康熙长吁短叹，连叫可惜，在康熙身旁陪同的皇后见状连忙安慰说："看样子这是只老鳖，老得没牙了，所以衔不住钩子了。"

话没落音，旁边另一个年轻的妃子却忍不住大笑起来，而且一边笑一边不住地拿眼睛看着康熙。康熙见了不由得龙颜大怒，他认为皇后是言者无心，而那妃子则是笑者有意，是含沙射影，笑他没有牙齿，老而无用了。于是将那妃子打入冷宫，终生不得复出。

为什么皇后在说话时明显说到"老"字，康熙并没有怪罪她，而妃子只是笑了一笑，康熙却怪罪她呢？首先是康熙的忌讳心理，他不服老，忌讳别人说他老，一旦有人涉及这个话题，心理上就承受不了。再者由于皇后与妃子同康熙的感情距离不同。皇后说的话，仔细推敲一下，有显义和隐义两个意义，显义是字面上的意义，因为康熙与皇后的感情距离较近，他产生的是积极联想，所以他只是从字面上去理解，知道皇后是一片好心的安慰。妃子虽然没有说话，只是笑了一笑，但她是在皇后的基础上故意引申的，是把那只逃掉的老鳖比作皇上，是对皇上的大不敬。

所以，同样的问题，同样的环境，由于不同人物的不同理解，便引出不同的结果来。正所谓"说者无心，听者有意"，实际上究其原因，还是那个妃子没有用心观察别人脸色，不能读懂皇帝心思的缘故。

生活中，与人交往如果不用心，就会遇到许多想象不到的问题，因为你并不知道自己什么时候就把别人给得罪了。所以要想与人建立亲善关系，一定要学会解读对方的表情，学会用心，否则你就会面临一道道难以预测的障碍。

别人待你的方式，就是他希望你待他的方式

生活中，我们常常会听到这样的抱怨："我待他那么好，他却这样待我！""他没有理由对我这样啊，因为我对他很好啊！""他向我借东西的时候，我什么都没问就很爽快地借给他了！现在我向他借东西，他却支支吾吾的！真小气！"

这样的声音在我们的生活中每天都可以听到很多，那么为什么人们会有这样的抱怨呢？这是因为人都有一种这样的心理：我们怎么对待别人，我们应该从对方那里得到"等价对待"，即我怎么对待别人，别人也应该如此对待我。如果我没有受到至少是同等的对待，那么我们就会认为这是不应该的事。这种心理被称为"应该效应"。

"应该效应"给我们的启示是，别人对待你的方式就是他们期望你对待他们的方式。比如，如果你知道某个人很喜欢送花，那么十有八九这个人也喜欢收到花；如果某个人在谈话的最后喜欢加上"我爱你"，那么这个人会希望听到你也这样说；如果某个人在你急需用钱的时候，虽然自己手上也不宽裕，但还是毫不犹豫地把钱借给了你，那么，当他向你借钱的时候，他也希望你不假思索地就把钱借给他。一旦你的行为和他对待你的方式有偏差，随之而来的即是人际关系的受损，甚至是大矛盾或者双

方言语相伤。

所以在人际交往中，我们一定要清楚对方的这种"应该心理"，并采取相应措施及时满足对方的这种心理，即使一时满足不了，也应该尽可能采取补救措施，避免让对方从心理上产生"不平衡感"。如果我们能做到这一点，就可以轻松应对人际交往中很多无中生有的误会，处理起人际矛盾也会得心应手多了。

每个人都喜欢与自己相似的人

中国有句古话是"物以类聚，人以群分"，说的是人们对和自己相似的人看着比较顺眼，相似的两个人容易成为朋友。

走在街上你会发现，浓妆艳抹的美女总是和同样打扮前卫的女人并肩而行；素面朝天的女生身边也总有一个同样打扮简单的女生。从外表上看就验证了那句"物以类聚，人以群分"的老话。从深层次来看，浓妆艳抹的女人可能都对美容、服饰这些东西感兴趣，而素面朝天的女生则可能喜欢看书、看电影。

由此可见，通常情况下，人们喜欢那些在各方面与自己存在某种程度相似的人。科学家曾人为地将某大学的学生宿舍进行了安排，他们先以测验和问卷的形式了解了部分学生的性情、态度、信念、兴趣、爱好和价值观等，然后把这些学生分为志趣相似和相异的，把志趣相似的学生安排在同一房间，再把志趣相异的也安排在另外同一房间，就不再干扰他们的生活和学习。过了一段时间，对这些学生进行调查，发现志趣相似的同屋人一般都成了朋友，而那些志趣相异的则未能成为朋友。

有相似性情的人容易组成一个群体，以增强对外界反应的能力。人在一个与自己相似的团体中活动，阻力会比较小，活动更容易进行。

所以，每个人都喜欢与自己相似的人。如果你想与他人建立亲善关系，不妨把自己"变成"他人，让你们拥有相似的地方，这样就能迅速拉近距离，增进感情。

——为什么人喜欢和与自己相似的人交往——

模拟对方的表达方式，用语言提升亲密度

不知道在生活中你有没有遇到过这样的情况：当你挂断电话时，和你待在一起的人不用你说就会知道你刚才和谁通话了。他们是如何知道的呢？正是从你说话的方式中听出来的。因为在你和电话那头的人通话时，你不自觉地调整了自己的表达方式，使自己听起来更像是电话那头的人。而你之所以会这么做，是因为这样更容易提升彼此的亲密度。因此，我们如若想拉近与他人的距离，建立良好的亲善关系，一个很好的方法就是模拟对方的表达方式。

1. 个人表达

我们每个人都有各自的表达方式。我们常常喜欢在句子中添加一些多余的、不必要的词汇，尤其是在句子结尾的时候，或者在句子一开始就使用一个从句。如果你听到对方使用这样的表达方式，那你就和他做一样的吧！

2. 口头禅

几乎每个人都有自己的口头禅，所以，和他人建立亲善关系的一条捷径就是注意观察他使用的口头禅，即他讲话时经常使用的词句，然后你自己跟着他说一样的。

3. 行话

一般在谈某些特定的主题时，行话使用率比较频繁。比如，当你谈论打高尔夫球时，有关高尔夫球的一些术语就可能被用到。使用行话，就等于向对方表示你对话题的了解程度和他一样，容易找到共通点，拉近彼此的距离。

调整你的声音，用声音建立一致性

有这样一个实验：

一个电话推销公司为了让更多的人订阅杂志，他们让销售人员给每个潜在客户打1~2次电话进行推销。所有的销售人员被分成了两组，第一组沿用老一套的方式进行电话销售，第二组则得到了一个额外的指示：在给客户打电话时，尽量模仿对方的语

速。只是这么一个小小的差异,结果却大不同:第二组销售人员的业绩比以往提高了30%,而第一组销售人员的业绩则看不出有明显的改善。

除了配合对方的语速外,我们还可以配合对方的语调和音量等。这些都是声音里的某一个元素。声音是建立亲善关系的另一个强有力的工具,我们可以通过调整自己的声音,使之与对方一致来获得对方的好感。我们需要根据自己的判断逐渐地调整声音,但是大可不必精准地模仿对方的声音,这样不仅很难做到,而且会显得很奇怪。为了使我们的声音模仿得和对方相近,需要体会对方是怎样运用以下这些元素的:

——如何从声音上建立与对方的一致性——

适当重复对方的话,以获得好感

很多人都有这样的错误认识,总是重复对方的话好像显得自己比较啰唆,容易引发他人的不满,其实实际情况并非如此。的确,过多的重复容易给人造成一种错觉,然而要是重复得恰到好处,适当地重复对方说话的重点,那么对方便认为你很重视这次谈话,能够抓住谈话的重点,那样,效果就不一样了。

在与人交谈的过程中,适当重复对方的话,既可以增强自己的理解程度,体现出对对方的尊重,还可以对问题和结果进行强化,激发对方对谈话的兴趣。朋友之间的交往,必须给人以信任感,这是不言而喻的。那么,怎样才能让朋友对你产生信任感呢?其实很简单——沟通的过程是最容易获得朋友信任的,而沟通过程中能否适当地重复对方的话尤为重要。

在恰当的时候重复对方说话的重点,这是一种加深他人对我们印象的一种最简单有效的方法。这是因为,大部分的人都对自己的语言有一种特殊的感情,尤其是在某些情况下经过深思熟虑之后的发言,这类发言对于他们的自我满足感来说相当重要,这个时候一旦我们对他人的话不以为意或者不加重视,那么很难让他人对我们有什么深刻的好印象,相反还会把我们纳入一种不是"志同道合"的陌生人的范畴,那样我们就无法和这样的人接触、获得他的好感了。其实，在这个过程中，我们只要以同样的心情了解对方的烦恼与要求，满足一下他们内心的需求，就很容易收到良好的效果。

因此，当我们与他人交谈时，听取了他人的某种意见后，一面要点头表示自己同意，一面要适当重复对方的话，这样就能让对方感觉受到了重视，从而拉近你们的距离，不由自主地将心里话说给你，将你当作好朋友来看待。

配合对方的精神状态，沟通效率倍增

要想建立与对方的亲善关系，配合对方的精神状态也是很重要的。

要做到这一点，你必须要注意到对方的情绪状态和精力值。也许你正精力充沛、兴致勃勃，但是你的工作计划需要得到一个昏昏欲睡、性格内向同事的支持与合作，这时候，你最好稍稍地放慢脚步，不能一开始就试着让你们两个人都充满热情。相反，如果你是那种行动迟缓、处处谨小慎微的人，而你恰好又需要与那些精力充沛、行动果断的人合作，那么你就必须想办法点燃自己的激情。

有生理学家指出，每90~120分钟，我们的身体会经历一个从精力充沛到精力衰竭的周期。在精力衰竭的时期，我们会觉得注意力分散、坐立不安、打瞌睡和感到饥饿。这个时候，我们的身体会需要一段时间来恢复。如果你恰恰在对方进入精力衰竭时和对方说话或者求对方办事，那么你碰壁的可能性会大大提高。

你要记住，有时候你被对方拒绝，并不是因为你的创意不够好，而是因为你的情绪状态和精力值与对方不匹配。所以，如果知道对方在午饭过后更容易接受意见时，就要把会谈约在午饭后，尽量调整自己，使自己配合对方的感受，这样沟通的效率也会大大提高。

——最佳沟通效果，重在配合对方的精神状态——

第二章
你的表情会"出卖"你的心

·第一节·
常见的面部表情和姿势

快乐和悲伤

1. 快乐（参见图1）

尽管微笑并不是表现快乐独一无二的信号，但微笑确实是这种情绪最显而易见的标志。微笑对面部产生影响的部位主要涉及眼睛、嘴和脸颊。

（1）眼睛

下眼睑微微上扬，在下眼睑下面会出现皱纹。鱼尾纹可能会分布在眼角外围。

（2）嘴

当唇角向外和向上运动的时候，嘴巴就会变长。你的双唇可能会分开，并露出牙齿（通常露出上面的牙齿）。大笑也可能会产生两条笑纹，从唇角的外部一直向上延伸至鼻翼。

（3）脸颊

你的脸颊会上升，鼓胀起来，有可能高到让你的双眼看起来变窄变细的程度，这样会更加凸显出嘴到鼻子之间的笑纹。

2. 悲伤（参见图2）

（1）嘴

从整体上来说，嘴最能表露出人的悲伤情绪。悲伤的时候，嘴角下垂，会凸显出整个面部的颤抖。

（2）眉毛和额头

眉端上扬，因此，双眉之间的空间、鼻子根部，以及两只眼睛会呈现出一个三角形。在这个三角形的上方，额头可能会出现皱纹。

（3）眼睛

噙在眼睛里的泪水会闪闪发光。

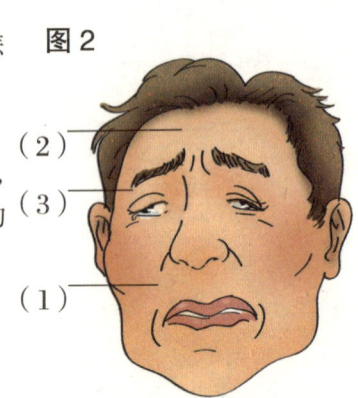

惊奇和恐惧

1. 惊奇（参见图3）

（1）额头和眉毛

当你感到惊奇的时候，眉毛会向上翘。额头的皱纹会形成波状，横向分布在额头上。

（2）眼睛

当双眼睁得很大的时候，会露出更多的眼白。

（3）嘴

你的下颌下垂，嘴微微张开。

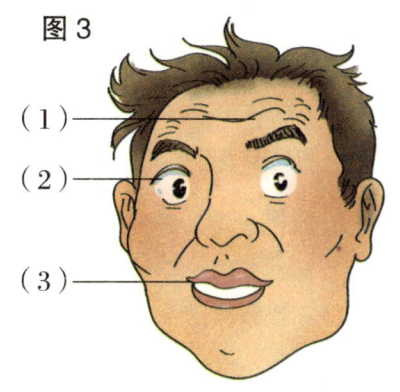

图3

2. 恐惧（参见图4）

当你受到惊吓或感到害怕的时候，你面部的各个部位做出的反应会非常多，同时还存在着细微的差别。

（1）眉毛和额头

感到恐惧的时候，你的眉毛会上扬，并皱缩在一起。相比在惊奇中的表情，眉毛看上去没有那么弯曲，你的额头也会出现皱纹，但是，这次并不完全是横向分布，而是眉间往往会出现纵向的皱纹。

（2）眼睛

你会抬起上眼睑，露出眼白。下眼睑会变得紧绷，并且上扬。

（3）嘴

你的嘴会张开，双唇会紧紧地向后拉伸。

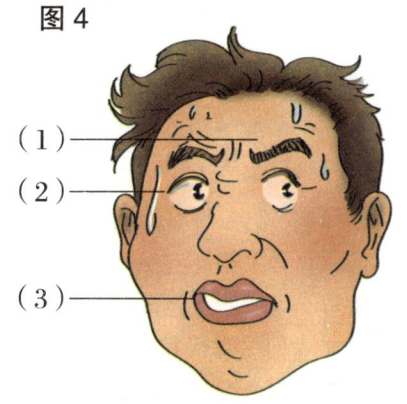

图4

生气和厌恶

1. 生气（参见图5）

（1）眉毛

当你感到生气和愤怒的时候，肌肉会将你的眉毛往下拉，并向内紧缩。眉头紧锁，会让两眉之间出现纵向的皱纹。

（2）眼睛

当你的上眼睑和下眼睑向着彼此移动得越来越近的时候，双眼会变得窄而细。你的眼神看起来严厉而冷酷，像是凝视他人的样子，甚至眼睛

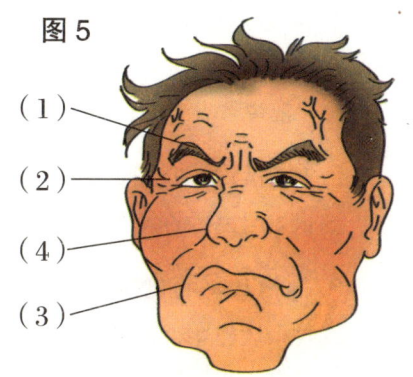

图5

看起来像要凸出来一样。

（3）嘴

双唇很有可能紧闭，形成一条线，嘴角向下，或者嘴巴张开，双唇紧张，就像要爆发出大声的喊叫一样。

（4）鼻子

一些处于盛怒中的人会皱起鼻子，或者张开鼻孔。

2. 厌恶（参见图6）

当某些事物让你感到讨厌或憎恶的时候，这种情绪主要会反映在你的眼睛里面以及面部的下部分。

图6

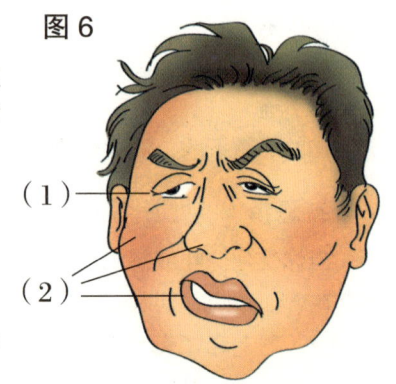

（1）眼睛

下眼睑上扬，在眼睑下方会出现一些皱纹。

（2）嘴、鼻子和脸颊

你会皱起鼻子，脸颊上移，双唇可能会上扬，或者仅仅只是向上牵动上嘴唇，嘴巴微微翘起。

巧握

除了面部之外，最能形象直观地表达说话者情绪的部位就是手。手部姿势和动作可以在不知不觉中增强说话者要表达的意思。手部动作以两种形式为基础，一种是有力的捏握，另一种是拇指与其他手指接触的巧握。它们是我们所拥有的抓握物体的基本方式。做手势还包括模拟敲击、砍劈、请求以及其他动作。这里收集了一系列敲击的手势，说话的人经常用这些手部姿势和动作来强调自己不同的意图。

当我们用拇指和其他手指握住一些小东西的时候（比如，钢笔或针），我们使用的就是巧握。这种方式能够让我们精巧地掌控需要抓握的东西。在说话的过程中，当我们想要精确地表达一个观点的时候，我们可能会表现出巧握的手势和动作——手上却空无一物。做出这个动作的时候，手掌心往往面向着说话者的身体。

1. 拇指与食指接触（参见下页图7）

说话者用这个手势和动作模拟出巧匠或工艺师们在娴熟地运用精细的工具。在这幅图中，演说者看起来正在用这种精巧的手指相接触和巧握动作来强调他的观点。

2. 拇指与其他手指接触（参见下页图8）

这也表明说话的人想用这种精巧的手指相接触动作来表明一种精确的观点。

3. 拇指几乎与食指接触（参见下页图9）

在这个动作中，拇指和食指并没有完全相接触。当说话的人在询问问题的时候，或者对讨论中的某个观点不太确定的时候，可能会做出这个手势。

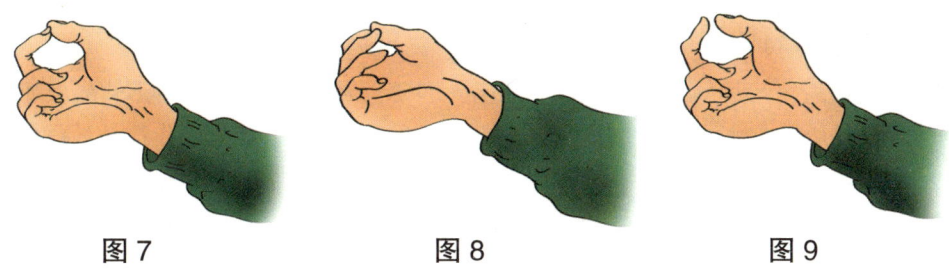

图 7　　　　　　　　图 8　　　　　　　　图 9

有力的捏握

当我们需要使用一件东西（比如锤子）的时候，或者当我们需要抓住某些东西（比如栏杆扶手或公交车上的拉手吊环）为了保证身体的平稳时，我们就会充满力量地运用"有力的捏握"这个动作。我们会用整只手将东西捏握在手掌中，拇指和其他手指向内弯曲，牢牢地抓住这个东西。在演讲和说话的过程中，我们也有可能展现出捏握的动作和手势。我们的手中常常什么都没有，要么是以轻微的捏握（手指弯曲），要么以强有力的捏握形式（握紧拳头）表现出来。"捏握"的手势，大部分表现出演说者希望强有力地表达自己的观点，或者控制听众。与"巧握"相同的是，在做出"捏握"的手势时，手掌通常都面对着演说者的身体。

1. 握拳（参见图 10）

这种手势是充满力量的捏握，通常象征着信念和决心。公众演讲者和政治家们大多熟知这一动作，并会在演说中有意识地加以利用，而在现实生活中并不怎么使用。

2. 拇指和其他手指向内弯曲，好像散漫地握着一件东西（参见图 11）

这个手势是温和的"有力捏握"。当一个人在说某些话的时候不是非常强有力或信念不是非常坚定的时候，往往会采用这个动作。不管怎么样，他都希望别人能够严肃地对待他说的话。

3. 拇指和其他手指向内弯曲，好像握住了一件无形的东西，但是还没有完全握住（参见图 12）

这种手势若在演说者身上出现，说明这位演说者可能正在努力建立自己在听众中的权威性。

图 10　　　　　　　　图 11　　　　　　　　图 12

象征性的击打

在说话的过程中，我们可能会将手当作一件工具来使用，做出某种形式的击打动作。不管是用手指戳、用拳猛击，还是做出劈砍的动作，这些击打动作都是对着空气进行的，而不是针对某个物体或某个人。在这个过程中，手掌或手指往往向外。当我们运用这些手势和动作的时候，就会泄露出我们所具有的强烈情绪以及不乐意遭到他人反驳和抵触的心理。

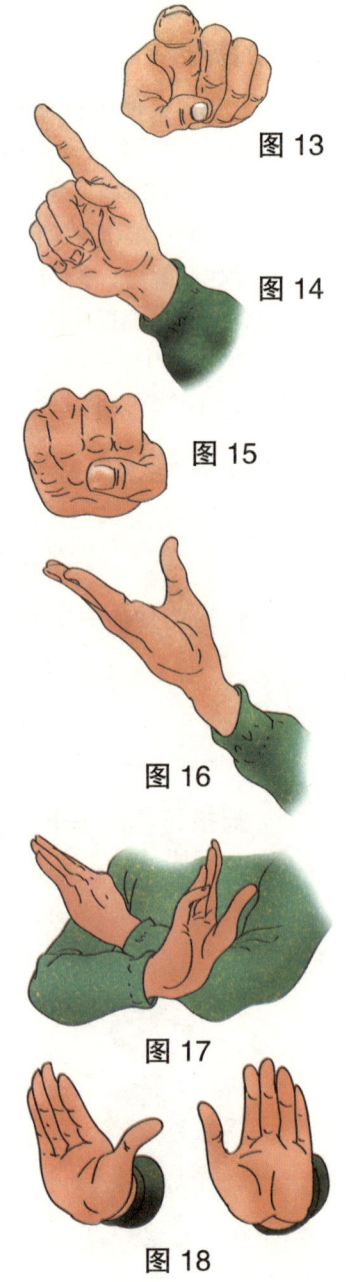

1. 指戳（参见图13）

当一个人在语言上攻击他人的时候，往往会向那个人有节奏地做出指戳动作，就好像刺中了他人的身体一样。

2. 用手指敲打（参见图14）

在这个手势中，盛气凌人的说话者会竖起食指，上下来回地敲打，象征着一根棍棒正在敲打对手，或象征着高举手臂打击敌手，直至对方表示屈从投降。

3. 用拳猛击（参见图15）

说话者会紧紧地攥着一只拳头，有的时候是两只拳头，对着空气猛击，以此强调和增强具有进取精神或进攻性的观点。

4. 用手做劈砍动作（参见图16）

强有力的说话者可能会象征性地将手当作斧刃，做出向下劈砍的动作，通过这种方式来强调他有决心克服障碍和困难。

5. 剪的动作或用双手砍（参见图17）

在这个手势中，有说服力的说话者会交叉前臂，用两只手向外做出砍的动作。当说话者在言语上反对他所不同意的政策和看法的时候，可能会用到这种手势和动作。

6. 用手掌推（参见图18）

说话者举起一只手或双手，展开，掌心向前，就好像要挡住某个不怀好意的人接近一样。当说话者在言语上拒绝或反驳某个观点时，这个动作可能会随之而生。

展开双手做出的手势

除了劈砍和用掌推的手势之外，展开双手做出的一些手势大部分都显示出演说者希望能够和听众建立友好的关系，感情融通。

1. 比画"鱼的大小"（参见图 19）

演说者同时伸出两只手，看起来就像是在比画捉到的一条鱼的大小，但是，随后他会用双手上下来回地敲打。这个手势表明，演说者希望能将自己的想法投射到听众的大脑里去。

2. 手指分开（参见图 20）

演说者伸出一只手，所有手指都分开，犹如演说者希望与每一个听众产生联系一样。

3. 掌心向上（参见图 21）

演说者对着听众，将双手展开，掌心向上。人们下意识地认为这个手势类似乞丐行乞，表明演说者请求他人给予自己支持和赞同。

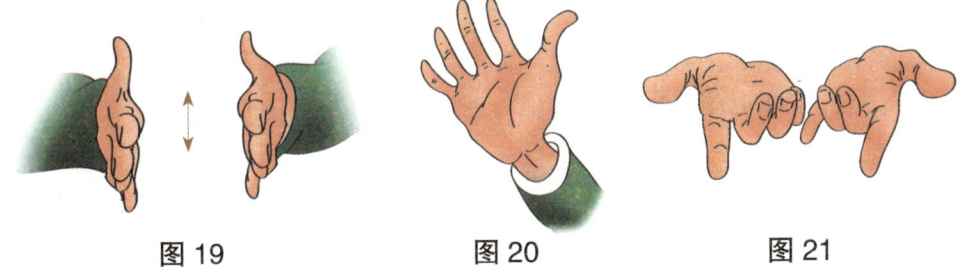

图 19　　　　　　图 20　　　　　　图 21

4. 掌心向下（参见图 22）

演说者伸出双手，掌心向下，并上下来回地拍动，这种手势旨在平息一种紧张而激烈的气氛和情形，或者让喧闹嘈杂的听众安静下来，让演说者继续讲话。

5. 掌心向内（参见图 23）

演说者伸出双手，掌心对着身体，好像要包围某个人一样。这个手势强调的是演说者想努力让听众更近距离、更深入地了解他的思维方式。这个动作也表明，演说者希望能够理解讨论分析的主题或假设。

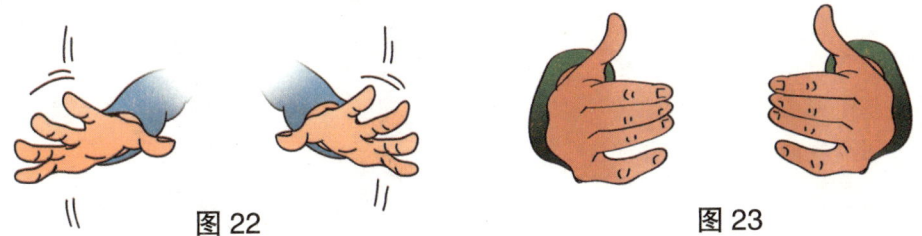

图 22　　　　　　图 23

·第二节·
见面和告别

第一印象

我们对别人最初的印象主要是建立在外表上：一部分在于衣服和发型，主要的是在于脸部和身体。当我们看到某个人，如果从总体上来说，他的外表是我们所喜欢的，我们往往会与之进一步接触。两位同性或异性在聚会中相互认识，在这个过程中，他们通常会表现出以下几大"信号"。

1. 友好的兴趣

这一点往往通过下列方式表现出来：

一个人望过去，与另一个人视线相对。

他们彼此靠近，握手，然后相互自我介绍。

当他们谈话的时候，大部分时间他们会微笑。

两个人都会密切地关注对方在说什么。

倾听者会时不时地点一下头，鼓励讲话的人继续说。

当他们谈话的时候，可能觉得和对方在一起越来越轻松自在，并且还会通过改变他们的姿势、手势和动作表现出这一点。

当他们感觉越来越自在和舒适、和对方越来越言语投机、越来越认同对方的观点时，他们自己的意见和看法甚至可能与对方惊人的相似。

2. 异性兴趣

间隔着一定距离的两个陌生人，在性方面相互吸引的时候，他们可能会瞟一眼彼此的下部，并且两个人彼此目光纠缠，还会在无意中表露出各自内心的秘密。根据一些研究者的调查，陌生人之间产生的这一行为并非取决于性别。

3. 谈话中的目光接触

在各种各样的人际关系中，眼睛发挥着重要的作用。要建立一种关系，首先需要认识某个人。认识某个人不可避免地会涉及谈话。对于一场友好的、不存在任何威胁的谈话来说，参与谈话的两个人往往都会通过扫视对方的方式来相互鼓励。死死地盯着某个人看，通常被认为是在挑衅对方。因此，在友好的邂逅中，目光接触往往都是参与者双方有施有受，既给予也接受。

（1）说话者的目光接触。

一般来说，在平常的社交性偶遇中，当说话者想做下面这些事情的时候，他会瞥一眼倾听者。

- 想要开始说话
- 想看看自己对倾听者的评价是否产生了影响以及产生了什么样的影响
- 想从倾听者那里得到反馈

当说话者的思绪、意见和评论像水流一样酣畅淋漓地娓娓道来时，他往往会把脸转过去看别处，以此阻止倾听者打断他说话。

（2）倾听者的目光接触。

在西方国家的大部分地区，倾听者往往比说话者的观看和注视的行为更多。根据一些研究人员的调查和研究，倾听者用于观看和注视的时间占据了整个过程时间总量的30%~70%。至于具体的比例，取决于倾听者的文化背景，以及其对说话者的兴趣多少。在一些非西方文化中，以及部分西方国家和地区，说话者做出的观看行为往往比倾听者要多。一旦倾听者变成了说话者，注视的行为通常会发生变化，以适应这种新的角色。

（3）延长目光接触。

当正在谈话的人越来越有感觉，或对对方越来越感兴趣的时候，延长目光接触的行为就会发生。对对方产生兴趣，或产生防御意识，甚至产生敌对情绪，或者想进行侵犯行为的时候，也可能会导致目光接触延长。

（4）会话中的注视。

人们在相互交谈的时候，他们观看对方的具体什么部位，为其他人看出他们之间是什么关系提供了"证据"，如下列例子所示。

（1）在一场正规而友好的会话中，每个人的眼睛通常都会聚焦于另一个人的眼睛和嘴之间的部位（参见图1）。

（2）一位有着丰富经验的谈判者可能会将视线聚焦于他人的前额和眼睛部位，以此为他的谈话营造出意志坚定的气氛（参见图2）。

（3）有可能成为伴侣的两个人，在近距离进行亲密会话的过程中，他们注视彼此的范围可能从眼睛下行至胸部（参见图3）。

普遍的问候方式

有一些特定的问候方式全世界的人们都在采用。这些问候方式包括在下文中提到的3种"识别信号"——扬起胳膊打招呼、挥手和握手。

不管什么时候，当两个彼此认识的人看到对方走近的时候，他们可能会同时做出一组含有3种动作的姿势，表示他们认出了对方：

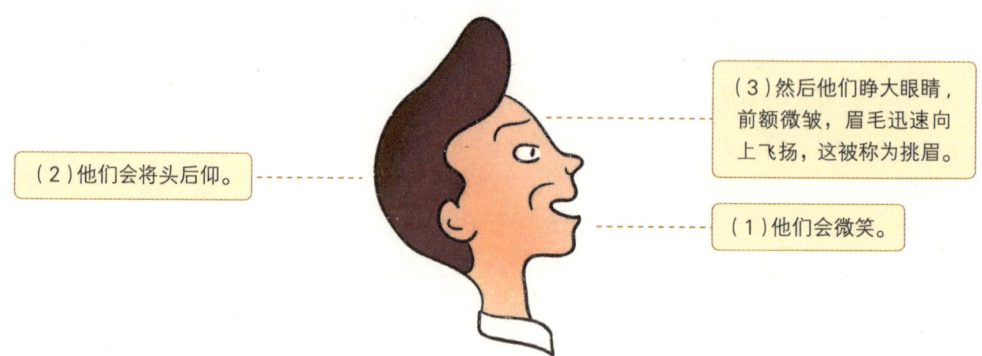

与微笑一样，"挑眉"被称为一种与生俱来的反应（这也成了一种普遍的反应），但是，这种姿势在日本似乎没有成为问候仪式的组成部分。

微笑表示很快乐，头向后仰和眉毛上挑，则表示非常惊讶。两者合在一起，就是在说"见到你真是又惊又喜呀"。

发送识别信号除了涉及头部，两个人带着友好意图接近彼此，当他们之间还隔着一段距离的时候，他们可能会扬起一只胳膊向对方致意。打招呼或挥手以这种或那种形式出现在世界各地。

(1)打招呼

打招呼,只是简单地扬起一只胳膊,表示你已经看到了另一个人。

(2)挥手

表示见面问候的挥手与表示再见的挥手通常几乎是一样的。

握手方式

当两个人达到了可以相互触及的距离时,就会出现某种形式的身体接触行为。在西方国家,在非常正式的场合中见面的人往往会握手。作为一种公开的姿势,握手表明自己手中空无一物,没有携带任何武器。握手的起源较早。一些人认为握手可以追溯到罗马时期,人们在见面时有紧紧握住对方前臂的习俗。但是,我们今天通行的握手可能仅仅始于两个世纪以前。

1.最原始的握手方式

当两个人握手的时候,通常都会伸出右手,拇指在最上面,两只手互相握着,掌心对掌心,上下来回用力地摇握。但在世界某些地区,握手的方式有所不同,如下所示。

(1)来自欧洲北部的人,倾向于握着手上下用力地摇,但是,仅限一次。

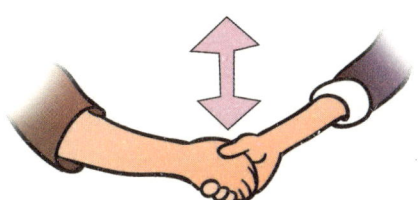

(2)来自欧洲南部和拉丁美洲的人,也倾向于握着手上下用力地摇,不过时间较长,而且显得更加精力充沛。

2.地方化的握手方式

地方化的握手方式,包括与美国和拉丁美洲相反的一些方式,在世界各地的朋友之间,也充满了许多特别的、个性化的握手方式。

(1)在北美,朋友之间见面时,可能会拍打彼此的手掌来问候对方(参见图4),然后手指凹成杯状,两只手相互勾起来(参见图5)。

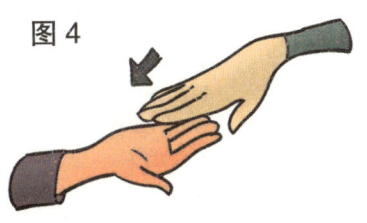

图4

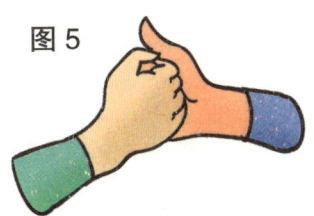

图5

(2) 有些地方，朋友见面时，可能在握手之后紧紧握住对方的拇指。

(3) 在一些地方，朋友之间相见还会用其他的姿势和动作表达友好。

3. 握手的其他注意事项

一个人握手的力度在不同的地方有不同的含义。在西方国家，一个人如果握手非常有力，通常会被认为是一个真诚的人。然而，在亚洲的许多地区，这种方式表示这个人具有好斗的性格。

在大多数西方国家，第一次见面的两个人都可能会主动伸出右手让对方握，但是，这并不是全球性的。

在东亚和北美部分地区，妇女和孩子很少握手。

告别时的挥手方式

与问候一样，告别也可能涉及亲吻和拥抱。刚分开的两个人如果已有一段距离，他们可能给对方一个飞吻，并挥手致意。

在不同的文化背景中，挥手说再见有不同的表现形式。下面是几个例子：

1. 侧旁挥手

手臂上举，掌心向前，手左右摇摆，手臂保持不动。如果一个人在远处向某个人挥手，整个手臂可能都会左右摇摆，或者甚至两只手臂同时挥动。侧旁挥手的表现形式在全世界范围内都通用。

2. "打旗式"挥手

北美洲的人倾向于保持手腕不动，前臂和手做"打旗"动作。但是，在欧洲部分地区，这个动作意味着"不"。

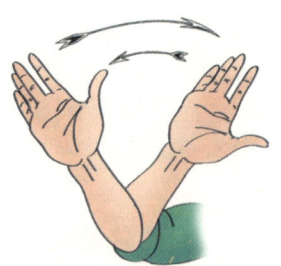

3. 轻轻拍打，掌心朝下

伸展手臂，手掌心朝外。手上下来回轻轻拍打，就像在拍打对之挥手的那个人一样。在一些国家，以这种动作挥手非常流行。

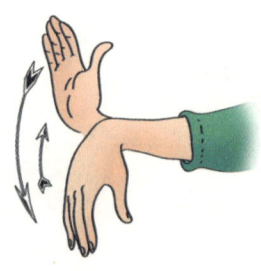

4. 掌心向上挥手

抬起手臂，另一个人看不见挥手者的手掌心。同样地，手掌上下来回挥动。

·第三节·
积极肯定与消极否定

同意

即便不用说"是",人们也可以有意识地做出一些姿势表示同意。

1. 点头

点头一般表示同意。但是在谈话中,点头意味着什么取决于点头的方式。表现为以下几方面:

简短地点一次头往往意味着"我同意"。

当某个人在讲话的时候,时不时地点头往往表明倾听者在耐心地倾听。

点头时间延长,可能意味着"是的,是这样,但是……"。

连续点 2 次头,有可能让说话者改变节奏,或回到已经达成一致的主题上来。

连续点 3 次头,可能会让说话的人感到困惑不解,他可能会讲不出话来。

2. 笑

通常,笑是一个表示积极肯定的姿势,可以传达出欢迎、快乐、同意、欣赏的意思,尽管笑也可能表达同情、后悔、遗憾,甚至不高兴。具体传达什么信息主要取决于笑的方式。许多研究和调查已经确认出 9 种笑,这里讲述其中的 3 种。

浅笑

嘴唇紧闭,嘴角上扬。这是常常一个人出于社交礼貌的笑的方式。

露齿笑

嘴角上扬并张开嘴唇,露出上面的牙齿。这常常是认同和表示欢迎的方式。

大笑

嘴角上扬并张开嘴唇,露出上面牙齿同时也露出下面的牙齿。这是开心或嬉戏的表示。

3. 彼此模仿

两个正在谈话的人可能会在不知不觉中模仿彼此的姿势,这说明他们对正在讨论的事情达成了一致。下面介绍的是人们可能会模仿的一些动作。

(1)松开交叉的胳膊。　(2)松开交叉的双腿。
(3)都将手摊开。　　　(4)将一只手放在腰部。

(1)将身体重心从一只脚转移到另一只脚上。
(2)将胳膊肘放在吧台上。
(3)用两只手握住杯子。
(4)交叉双腿。

有意地模仿另一个人的姿势、手势和动作能够帮助他们更加友善地达成共识。根据一些研究人员的调查研究,经验丰富的销售人员会充分利用这一点,同时他们会小心不让自己的模仿被察觉。每一次当潜在客户移动的时候,他们并不跟着移动,而且当那个人做出"开放式"姿势的时候,他们可能会以不同的方式表示相同的信息。例如,如果一位坐着的人松开交叉的双腿,经验丰富的模仿者不会做出相同的举动,而是可能用双手做出开放式的姿势——伸出两只手,掌心向上。

树立信心

人们会下意识地运用几个手势和动作表示"一切都很好"或"一切将会很好"。

1. 竖起拇指

在整个北美和欧洲,抬起握紧的拳头,拇指向上竖立,表示"每一件事都很好"(见图1)。大多数人认为,竖起拇指的手势可以追溯到罗马竞技场时代,据称在那个时候,人群可能用这个手势表示倒下去的角斗士应该被饶一命。

(1)大部分时候,此手势代表好和赞同。

(2)在一些地区,竖起拇指意味着性侮辱。

(3)在德国,竖起拇指意味着数字1。例如,一位德国人可能会在餐厅里竖起拇指,以此表示点一瓶啤酒。

(4)在日本,竖起拇指代表数字5。

2. OK 手势

这一手势（见图2）最初起源于北美，后来在欧洲也发现了 OK 的手势。做出这个手势，要将手向前猛推，看起来就像在投掷标枪一样。美国人用这个手势表示"OK"，是赞扬的意思。

图 2

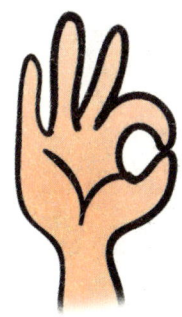

（1）大部分时候，此手势代表赞扬、正确、没问题。

（2）在比利时和法国，使用这一手势的人认为某件东西或某件事情毫无价值。

（3）在一些地区，这是一种令人厌恶的表示咒骂、侮辱的手势。

（4）在日本，这一动作意味着钱或"我想换一些硬币"。

3. 代表胜利的"V"手势

手掌向外，食指和中指呈 V 字形，其余的手指团在掌心里（见图3）。在第二次世界大战中，英国首相温斯顿·丘吉尔使得这种 V 字形的手势风靡一时。在英国，任何人如果想要表达"我们一定会取得胜利"或"和平"都会确保让自己以这种方式做出这个动作。切记：不是掌心向内（这是侮辱性手势）。

图 3

欣赏

有许多姿势可以表达对女性魅力的欣赏。这些动作通常都是由一个男人向另外一个男人做出的。但是，其中的一些手势和动作在不同的地方有不同的意义。

1. 表现出沙漏的轮廓

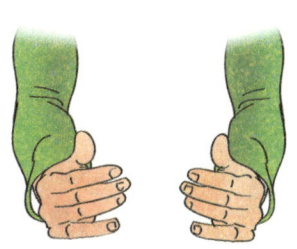

手掌相对，做出描绘沙漏形状的姿势，这是一种被广泛应用的方式，象征着一个女人的体形，表明这个女人拥有凹凸有致、秀美动人的身材。

2. 亲吻指尖

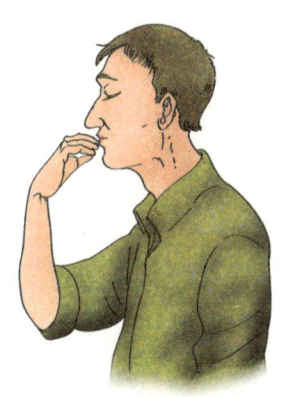

这是法国式手势，用于赞美一个女人的魅力或一道格外精致的美味佳肴。

3. 抚摸脸颊

这是希腊式的动作，是用拇指和食指同时轻轻地抚摸两边脸颊，这一手势表明一个女人有着漂亮的脸蛋。

4. 抚摸下巴和胡须

在一些国家，这种动作意味着一个女人有着漂亮的脸蛋。

5. 食指按压脸颊并转动

这种动作在意大利很流行，意思是赞扬女性的美丽。

6. 将下眼睑往下拉

这个动作由食指完成。在南美洲的部分地区，这个动作意味着"她是一个明眸善睐的美人"。

7. 捻弄想象中的胡须

这是意大利式的一种手势，表现出对一个女人的爱慕之情。

无意识地表现出感兴趣

前面所描述的手势大部分都是有意而为之的。然而，人们表现出的下列动作和姿势则可能是在不知不觉中表示出了"我很感兴趣"的意思。

1. 泄露实情的眼睛

眼睛和眼睑会说话。当人们对某个人、某件物品或某件事情具有浓厚兴趣的时候，眼睛会泄露出一切——而它们的主人却可能想隐藏他们所关切的事。

（1）瞳孔扩张。

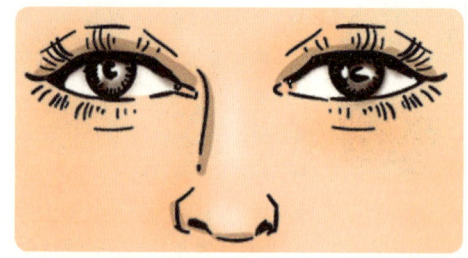

在正常的光线和环境下，人仅仅表现出适度兴趣的时候，瞳孔的大小适中。

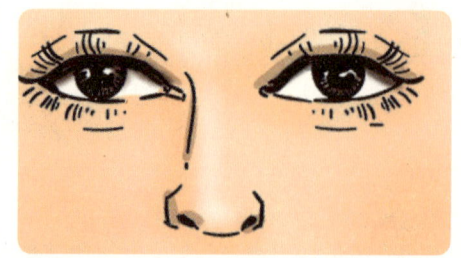

在微弱的光线下，或者人看到了令人兴奋的事物，瞳孔就会扩大。

（2）眨眼的频率。

当人看到非常有吸引力的事物时，他眨眼的频率就会加快。

2. 头部姿势

如果一个人对他人所说的内容感兴趣，他的头部姿势也能显示出他的真实想法。

表现出兴致索然

当一个人既不感到厌烦也不感到兴奋的时候，他的头可能会不偏不倚。

表现出感兴趣

当一个人对他人所说的内容感兴趣的时候，他的头会向一边微微倾斜。他也有可能点头表示赞同。

3. 手和头部结合的姿势

手和头部结合的姿势可以表示评估。

感兴趣地进行评估

当一个人对他人所说的内容感兴趣，并权衡其听到的内容时，这个人可能会将手举到脸颊边，食指和拇指向上，其余手指团缩在手掌中。

做决定的姿势

如果某个人要求另一个人做出决定，被要求者的手可能会开始抚摸下巴，并上下滑动。

4. 伸出舌头

当一个人集中精力画图、写生，或进行其他一些精细工作的时候，他可能会伸出舌头，或者将舌头伸出来抵在嘴巴的一侧。有时候，甚至他本人都没有意识到自己在这么做。这一动作让一些研究人员重新提到婴儿时期拒绝食物的迹象。在这种背景下，一个人伸出舌头可能意味着他对其他人的适度拒绝，因为他并不希望受到别人的打断，以至于不能专心从事自己手头上的工作。

5. 身体和腿部姿势

当人们站或坐在公众中的时候，往往会将身体或脚对着最能引起他们强烈兴趣的那个人。如果他们是坐着的，他们的双膝或其中的一个膝盖会对着那个人。

表示"不"的姿势

人们有许多表示"不"的姿势，比我们想象的要多得多。

1. 摇头

将头从一边转向另一边。

2. 仰头

头猛然向后仰。在意大利南部、希腊等国家和地区，人们用这种方式表示"不"。

3. 轻抚下巴

头部向后倾，一只手的指背来回地轻抚下巴。这种说"不"的方式在意大利南部以及邻近的岛屿上非常普遍。

4. 摇手

一只手上举，手掌朝外，从一边迅速地向另一边摇动。在做这个手势的同时，人的脸上没有微笑，还可能会随之摇头。

5. 挥手

日本人表示"不"的时候会举起右手，将手向侧面转，放在脸部前方，同时，从一边向另一边挥动前臂和手。

无聊和厌倦

人们在感到无聊和厌倦时会呈现出一些泄露实情的姿势：

头时不时地转向一侧。

用手支撑头。

身体变得越来越弯曲。

腿绷得越来越直。

1. 失去兴趣

下面的动作表明了人们如何流露出他们的兴趣在不断地减少：

头完全由一只手来支撑着。

身体向后倾斜。

双腿充分伸展。

如果极度无聊，这个人可能会闭上双眼，或者垂着头。

2. 无聊厌倦的迹象

人们还会以下面列举的一些方式来表示无聊和厌倦。

拇指循环打圈

这种表示无聊厌倦的动作非常普遍，两只手连扣在一起，两根拇指相互绕着循环打圈。

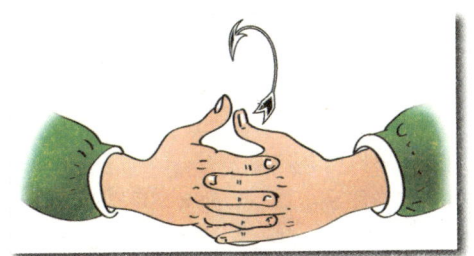

测量想象中的胡须

这个动作暗示说话的人一直在那里喋喋不休，时间长得足以长出长长的胡须。在意大利、德国和荷兰，百无聊赖的男人们往往会做出这个动作。

抚摸脸颊

手指的指背来回地抚摸脸颊，就好像在感受脸上的胡楂一样。这一动作在法国很普遍。

一只手轻叩胸部

一只手的手指朝下，拇指对着身体。感觉无聊和厌倦的意大利人有时候会做这个动作，表明某个人的谈话会让他们消化不良。

不耐烦

失去耐心往往通过坐立不安的动作或抚弄动作表现出来，其中涉及手指、大腿或脚。几乎在全世界范围内都可以看到这些动作和姿势。

1. 手指敲击

一个人在坐着的时候，可能会用手指快速而连续地敲击桌子或椅子的扶手，表示其不耐烦。

2. 晃脚

如果一个人跷着二郎腿坐着，这个人可能会晃悬起来的那只脚。

3. 轻拍大腿

当一个人站立的时候可能会张开手反复地轻拍大腿的外侧。

不相信

在世界的不同地区，人们用各自的方式表明他们不相信某个人告诉他们的事情。

1. 抚摸喉咙

在南美洲，表示不相信的姿势是用食指上下反复抚摸喉咙。这个动作表明，来自于对方喉咙的言辞都是废话，简直是在胡扯。

2. 用食指指着另一只手掌

将一只手展开，手掌向上，另一只手的食指指向掌心。这种姿势犹太人经常使用，意味着"如果你说的事情真的发生了，那么我的手就会长出草来"。

3. 提起一只裤腿

一个男人从大腿处抓住一只裤腿，然后小心翼翼地往上提，就好像刚刚踩了一堆粪便一样。有些男人将之作为一种开玩笑的方式，表明别人刚刚告诉他的事情就好比一大堆粪便。

共享负面信息

当两个朋友想要分享关于某个人的负面信息或负面意见的时候,他们往往会使用一些姿势和动作暗示。下面阐述了几个例子。其中一些姿势不止有一种含义,这取决于在什么情况下使用。

1. 串通共谋的暗示

眨一只眼睛示意

这是许多欧洲人、北美人、部分亚洲人常用的方式,用于表现他们都知道秘密。

用食指轻轻按鼻子的一侧

(1)这通常意味着"保持安静,不要声张——这事只有我们两个人知道"。这个动作也可能是搞笑的小伎俩。

(2)在欧洲一些地方,这个动作是提醒另一个人某个人好管闲事,爱追问个不停。

(3)在英国等地,这个动作还意味着"管好你自己的事就行了,不要管闲事"。

(4)在西西里岛和意大利南部,这个动作是在表扬其他人的敏捷或精明。

2. 怀疑

下拉下眼睑,让眼睛看起来大一些

这一动作用来表示"小心,你要提防着点儿"。然而,这个动作在南美洲具有积极肯定的含义。

用一只手拍打另一只手臂的肘部

这个动作用于表达"不要相信或指望他"。

3. 轻蔑的评论

转动眼珠,露出眼白,并扬起眉毛

这个动作意味着"你会相信这件事吗",或者,当一个健忘的人又开始重复一个经常讲述的趣闻逸事的时候,这个动作表示"哦,瞧吧,他又开始了……"

用手指轻轻叩击太阳穴

具体的位置各个国家有所不同,这个姿势意味着"他简直是疯了"。

·第四节·
冲突与防御

隐藏式表示不赞成

有时,一个人如果反对他人的观点,但是又不方便说出来,作为替代,他可能用沉默,或看起来与手头事情毫无干系且没有意义的动作泄露出这种消极否定的情绪和感受。

1. 低头

一个爱挑剔或不满的倾听者很有可能低着头,这个看起来像是无意间做出来的动作,却表明倾听者不喜欢或不同意说话者所说的内容。

2. 封闭式姿势

某个人不同意讲话者的观点,如果这个人是坐着的,其很有可能呈现出所谓的"封闭式姿势"——双臂交叉,跷着二郎腿,身体保持直挺。

3. 揉眼睛

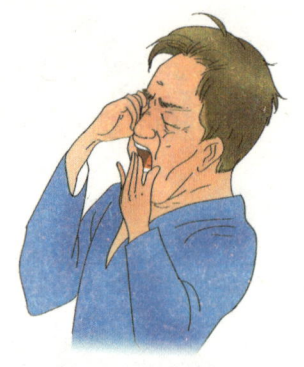

当一个人百无聊赖地坐着时,他可能会频繁地揉眼睛,或者揪拉眼皮。可以说,这些不满的姿势给予大脑反馈,强化并延长了爱挑剔和不满的情绪状态。

4. 择线头

当倾听者不赞成或不同意的时候,他可能会在衣服上轻轻地撕拉,就好像要消除微小的线头一样。他可能会盯着地板看,而不是注视着说话的人。这些细微的动作,揭示出他怀有许多没有说出来的反对意见和理由。

开放式表示不赞成

如果一个人厌恶他人的想法和态度,并且认为自己没有必要掩饰这种情绪和感受的时候,他可能会以很明显的动作表现出来。

1. 翻白眼

一个人如果对另一个人翻白眼,嘴角会向下降,额头产生皱纹,眉毛向下,他可能正在思考对那个人感到不满的某些事情。

2. 嗤之以鼻

一个人如果不相信或不喜欢另一个人所说的内容,他可能会表现出这个动作和姿势——抽动肌肉,鼻子会斜向一边,就好像要让鼻子远离令人讨厌的气味一样。

3. 食指互指

伸出两只手的食指,指尖相互对指,接着向彼此移动,然后再分开。这个动作表示不同意。

羞辱性的姿势

侮辱性的姿势主要涉及头和手。这里给出了几种姿势和动作。

1. 用头部表现的羞辱性姿势

轻叩头部

一个人用他的食指反复轻叩头部。尽管这个人轻叩的是他自己的额头或太阳穴,但是这表明他认为别人的大脑出了什么毛病。

用两只手轻叩头部

在这个动作中,两只手同时轻叩头部。这个动作表示另外一个人做出的蠢事或蠢主意给了他强烈的刺激,激怒了他。

在太阳穴处打圈

用食指指着太阳穴,并进行小范围的打圈。这个动作表明自己的大脑处于紊乱无序的状态,或者表明某个人就像一只被用坏的钟,需要上发条。

伸出舌头

一个人只是面对着他想要羞辱的那个人伸出舌头。与摇头表示"不"一样,这个动作起源于婴幼儿时期拒绝食物的动作。

2. 用手臂表现的羞辱性姿势

击打肘部

右手上举,掌心向前。左手握拳放在右臂的肘下,与此同时,右臂向下砸左手的手背。在荷兰,这个姿势意味着"迷失了方向"。

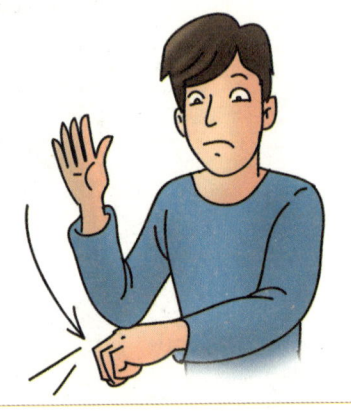

击打手腕

当左手与右手腕做出劈砍动作的时候,右手向上轻弹。这是一个表示"走开"的姿势。

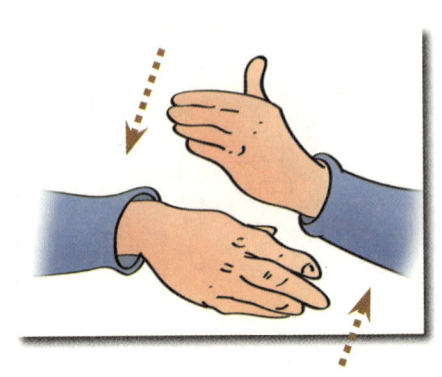

3. 用手表现的羞辱性姿势

用手推

五指伸展,掌心向前,好像要把什么东西推开一样,一般推向他人的脸部。在希腊,这是一种古老的表示羞辱的方式,意思是说"去死吧""见鬼去吧""下地狱吧"。

V字形手势

掌心向内的V字形手势在英国有"走开"的意思。有些人认为这个姿势具有侮辱的含义。一般认为这个手势始于中世纪时期的英国。

表示敌意的姿势

有的时候,厌恶情绪变得越来越强烈,足以演变成公开的冲突。一般事先会有一些警示性的迹象,表明可能会出现打斗。这主要表现在男性之间,下面给出了这方面的例子。

第二章 你的表情会"出卖"你的心

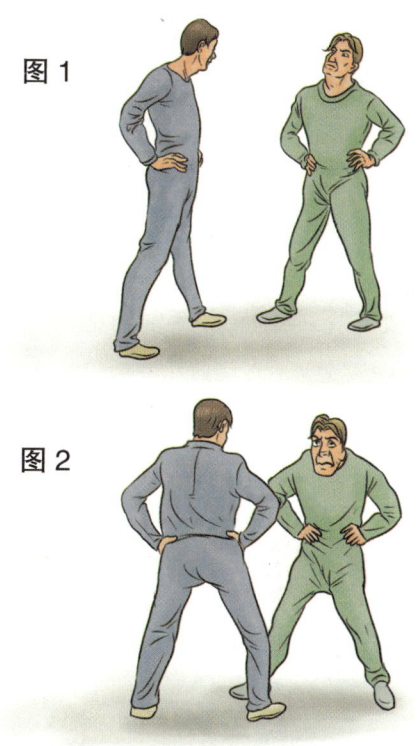

图1

图2

表现敌意的迹象	
判断彼此的性格	如果两个陌生男人感觉对他们自己缺乏信心,则可能会设法表明他们的男子汉气概。他们站立着,手叉腰,或者将手指卡在腰带处,这个姿势是为了吸引别人注意自己的身体。一些研究人员认为,这个姿势意味着"我比你拥有压倒性的优势,因为我很强壮"。如果两个男人仅仅是在友好的谈话中判断彼此的性格,那么他们可能半侧着身体,半面对着彼此(见图1)。
准备打斗	如果他们面对面地站着,两脚分开,手叉腰,或者将手指卡在腰带处,表明他们可能非常讨厌对方,并且可能准备开始一场打斗(见图2)。

突然停止打斗

敌对双方可能做出进攻性的姿势,而不是真正袭击对方。其中一方可能会针对另一方或某个人或某件东西,呈现出这些威胁性的姿势和动作。

1. 晃动拳头

这个动作是在对手面前用拳头猛击空气。

2. 抬起手臂

这个动作就是抬起一只手臂,好像要袭击对手一样,但是却突然停止。

其他的动作还包括一个人猛击自己的拳头,或者猛击桌子。

无意识的防御性动作

一些情形会让人感到格外不安和不自在。例如，在商务会谈上不同意盛气凌人者的观点，或者问候一大群并不熟悉的客人，或者第一次上台演讲。我们可能会在不知不觉中"建造"一些障碍，而我们往往会直接利用自己的手臂和腿。一些研究人员认为，这些障碍物实际上是自己为难自己。给自己信心，让自己放心，打消自己疑虑的形式，是一种保护性的动作。

1. 防御性的手和手臂姿势

双臂交叉放在胸前几乎是一种出于本能的动作，这么做是为了保护心脏和肺部远离外界的威胁。研究人员已经确定了几种主要的双臂交叉的保护性姿势。

（1）基本的双臂交叉

两只手臂交叉放在胸前，一只手放置在另一只手的上臂上，另一只手则塞在肘部和前胸之间。当我们觉得紧张或焦虑的时候，我们往往会表现出这个姿势。

（2）紧紧握住交叉的双臂

焦虑不安的旅行者在搭乘飞机等候起飞的时候，或者紧张的病人在等着看病的时候，都可能像这样紧紧握住他们的上臂。

（3）双臂不完全交叉

一只手紧紧地握住另一只手臂，被握的手臂是下垂的。一个人如果这么做，可能是在重新制造童年时父母牵着他所产生的安全感。有时当人们面对着一位听众的时候，他们往往会握住自己的手臂。

（4）隐蔽的双臂交叉

双臂保护性地移至身体前面，这种姿势看起来像附带做了一些其他的动作，比如整理衬衫袖子或袖口。

很多人往往会表现出诸如此类的姿势，当他们感到不确定或不确信，并试图掩饰这些感觉的时候就会这么做。

（5）双臂交叉时紧握拳头

双臂交叉，拳头紧握，还可能咬紧牙关，像是咬牙切齿一般。表现出这一姿势的人可能非常生气，以至于他们防御性的敌意如同箭在弦上，蓄势待发一样。

2. 防御性的腿部姿势

双腿或脚踝交叉也可以表示一个人越来越觉得自己处于防御状态。觉得自己处于守势（或消极状态）的人往往会交叉双腿，强化双臂交叉形成的障碍。相对于仅仅交叉双腿，交叉双臂所暗示的防御感或消极情绪更加强烈。与双臂交叉相似，双腿和脚踝交叉有好几种表现形式。

站立的时候，双膝交叉

一条腿交叉放在另一条腿的前面。在集会中往往可以看到这种站姿，在这种场合中，人们可能不太了解彼此，因此，会略微感到紧张和焦虑。

跷着二郎腿坐着

如果男士惹女友生气了，女孩子坐在他的旁边，但是，会将坐姿转变为防御性地或消极的跷着二郎腿和双臂交叉的姿势。

坐着的时候，小腿放在大腿上

这一姿势主要是男性采用的姿势。一条腿的小腿放在另一条腿的大腿上。事实上，这个姿势表现出一个人好斗，而不是处于防御状态。当一名听众倾听一位"挑衅者"说话时，起初他会以防御性的姿势坐着，但是，当他想要对一个观点提出质疑的时候，他可能会突然做出这种姿势。

坐着的时候，努力将小腿放在大腿上

在这个姿势中，两只手都紧紧握住放在另一条腿上的小腿。在辩论会或讨论中，当人们强烈地维护自己的观点且不愿意改变这些观点的时候，他们有可能会像这样坐着。

脚踝交叉

一只脚踝与另一只脚踝交叉。不管是男人还是女人,当他们感到焦虑或消极,但是在设法抑制这些情绪和感受的时候,就有可能交叉脚踝。

站着的时候,一只脚勾腿

研究人员认为,这个姿势主要是女性采用的姿势。一只脚勾着另一条腿的小腿。当一个人在抵制一种销售策略的时候,可能会表现出这种姿势。

坐着的时候,一只脚勾腿

一只脚靠近另一条腿的后部,抵靠住小腿。这是坐着的时候与站着时一只脚勾腿相对应的姿势。

有意识的防御性动作

表示"好运"的姿势是人们最为熟悉的有意识的防御性动作。

大多数人经常为一些事情的结果担忧,比如能否涨工资、成功晋升或生孩子。此时,许多人都会做出一些特别的动作,期望为自己带来好运,或者让自己免于不幸或不良的影响。

1. 手指交叉

一只手的中指与食指交叉,拇指压着缩在手掌中的其余手指。这一动作非常普遍。

2. 握紧拳头

两只手放低,握紧拳头,拇指缩在拳头里面。这是德国式的"好运"姿势。

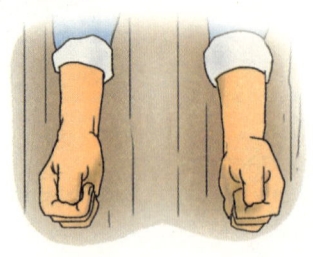

会说话的脸泄露了你的真情实感

第一节
眼睛：展示心灵的窗口

从眼睛透视对方的心灵

孟子曾经说过："观其眸子，人焉廋哉！"意思就是说：想要观察一个人，就要从观察他的眼睛开始。因为眼睛是人的心灵之窗，所以，一个人的想法经常会由眼神中流露出来，好坏是不容易被隐藏的。

各种目光的含义	
对方不时地把目光移向近处	表示他对你的谈话内容不感兴趣或另有所想，正在计划另一件事情。相反地，如果对方的眼神上下左右不停地动，无法安定下来时，可能是因内心害怕而说谎，通常都有难言之隐，也许是为了不失去朋友的信任，而对某些事情的真相有所隐瞒
和异性视线相遇时故意避开	表示关切对方或对对方有意；眼珠滴溜溜地转个不停的人，体现了意志力不坚，容易遭人引诱而见异思迁
眼光流露不屑	显示其想表达敌视或拒绝的意思；眼神冷峻逼人，说明他对人并不信任，心理处于戒备状态
没有表情的眼神	说明这个人心中愤愤不平或内心有所不满；交谈时对方根本不看你，可以视为对方对你不感兴趣或是不愿亲近你

想要成功地了解一个人，就要注意观察他的眼睛，再高明的人也会在不知不觉中把自己内心的感情、想法从眼神中流露出来。

善良淳朴的人，一般而言，眼神大都坦荡、安详。

狭隘自私的人，眼神一般都狡猾、昏暗。

不恋富贵、不畏权势的人，眼神一般都刚直、坚强。

见异思迁、见风使舵的人，眼神一般都游移、飘忽。

人的瞳孔大小与其情绪也有很大的关系。

当人情绪不好、态度消极时，瞳孔就会缩小；而当人情绪高涨、态度积极时，瞳孔就会扩大。

两个人如果是第一次见面，脸往往是第一个被注意的对象，而脸上第一个被注意的目标又往往是眼睛。

眼睛的神采如何，眼光是否坦荡、端正等，都可以反映出对方的德行、心地、人品、情绪。如果对方的眼睛滴溜溜地乱转，很明显，你必须心存戒备了。

躲闪对方目光的人，可能缺乏足够的信心，不仅怀有自卑感，而且性格软弱。他们遇到陌生人，不会主动地前去打招呼，即使打招呼也是躲闪着别人的眼睛，这样的人一般比较拘谨，在处理问题时缺乏自信，没有什么主见。

从眼神窥视对方的情绪

眼睛是心灵的窗户，它会毫不掩饰地表现出一个人的性格、学识、情操、趣味和品性。

心胸坦荡、为人正直者，其目光明澈、坦诚；心胸狭窄、为人虚伪者，眼神狡黠、阴晦；目光执着的人，志怀高远；眼神浮动者，为人轻薄；眼神内敛，表明自私；目光暴露，表明贪婪；自信者，眼神坚毅、深邃；自卑者，眼神晦暗、迷离。

使用眼睛的不同方式，还会泄露一些人不同的心底秘密。

眼睛的不同方式表现	
一直盯着对方的眼睛	心中定是另有隐情
在谈话中注视对方	表示其说话内容为自己所强调，希望听者能及时做出回应
初次见面先移开视线	多想处于优势地位，争强好胜
被对方注视时，便立即移开目光	是一种自卑的表现
看异性一眼后，便故意转移目光	表示对对方有着强烈的兴趣
喜欢斜眼看对方	表示对对方怀有兴趣，却又不想让对方识破
抬眼看人	表示对对方怀有尊敬和信赖之心
俯视对方	欲表现出对对方的一种威严
视线不集中于对方，目光转移迅速	这种人性格内向
视线左右晃动不停	表示他正在冥思苦想
视界大幅度扩大，视线方向剧烈变化	表示此人心中不安或有害怕心理
在谈话时目光突然向下	表示此人已转入沉思状态
尽管视线在不停地移动，但出现有规律的眨眼	表示思考已有了头绪

眼睛的动作多种多样、千变万化。有拒绝眼色交流的动作，有各种不客气地看着对方的动作，有兴趣极浓的人不断地扫视，也有心怀戒备的凝视，甚至还有用仇恨的目光毫无约束地诅咒别人。

在被别人注意时，如果不加理睬就使自己变成了一个纯粹的被观察目标。一旦四目对视，观察者和被观察者就都完全变成活生生的人了，就不能再像看一件物体一样去凝视不止了。如果看别人并非凝视不动，而是看一会儿后目光就移开，是在维护别人的独立权。然而在斥责时，眼睛动作就一反常态了，双眼逼视对方，对方却避而不看责骂人。如果目视责骂人，就表示反抗或挑战。

对某人凝视不止，是将人"非人格化"，这种凝视或许有时是允许的。例如，在剧场和演讲厅，演员和演说家愿意自己在表演或演说时，使自己失去自我感，只让别人把自己当成抽象的人去观察，这样可以避免紧张；服务人员都回避直愣愣地凝视顾客，因为他们一旦留心观察顾客时，就不再将顾客只当作服务对象对待了。眼神也可能变成指点，如果有人从他的餐桌上看看你，然后又看看你的脚，那么他的眼睛就是在指责你，你的脚的动作引起了他的不满，叫你注意。这一指点动作，中外是相同的。唯一差别的只是中国人的这一指点动作要比西方国家的人多。

两人相互对视时，眼睛动作就比较复杂了。当你发现别人在看你时，你得到了对方在注意你的信息，而且也获悉交际渠道已经敞开。依据持续注视的特征，你就可以发现，他对你的感情是爱还是恨，或者是中性感情。你也许还要做出某种反应，是改变还是继续这种关系。这方面有些特征是人类所共有的。久久凝视表示对某人怀有特殊兴趣、无所畏惧、敢于蔑视或粗暴无礼；中止注视则表示漠不关心、缺乏兴趣、无所畏惧、心中厌烦、困惑尴尬、羞怯畏缩或对人缺乏尊重。我们对所喜爱、仇恨或惧怕的人或物往往密切注视；反之，则是不愿留意观察，不是漠然处之就是环顾左右而言他。

瞳孔中的秘密

瞳孔是眼睛的重要组成部分之一，除此以外，瞳孔中还隐藏着很多秘密。科学研究早已证实，瞳孔最能反映一个人内心世界的变化。

在一定的光线条件下，瞳孔的大小往往随着一个人情绪状态的变化而变化。当一个人处于热血沸腾、激情四溢，或者极度恐惧的时候，其瞳孔可能比平常扩大3倍左右；与之相反，当一个人处于悲观失望、万念俱灰的时候，其瞳孔可能收缩为人们通常所说的"金鱼般的小眼睛"或者"鸡眼"。

青年男女在约会时，如果女方真正喜欢男方，那么她在注视男方的时候，其瞳孔会明显扩大，并用她那双水灵灵、圆圆的、含无限柔情的眼神凝视着对方。与此同时，男方在领会女方眼神的意思后，其瞳孔也会渐渐扩大。由于双方瞳孔扩大、双眼圆睁，这就使得彼此在对方眼中显得更为迷人、漂亮、潇洒，从而极易使双方变得激动起来。也正是由于这个原因，很多热恋中的青年男女在选择约会场所时，非常青睐那些光线阴暗的地点，比如咖啡厅、酒吧等，因为在这些地方，双方的瞳孔可以放得更大一些。

很多玩牌的高手之所以能屡战屡胜，最主要的原因就在于他们善于通过观察对手看牌时瞳孔的变化来揣摩对方手中牌的好坏。正如前面所说，当一个人处于兴奋、高兴的情绪状态时，其瞳孔就会明显变大；当一个人处于悲观、失望的情绪状态时，其瞳孔就会明显缩小。因而，他如果看见对方看牌时瞳孔明显扩大，则可以基本断定对方拿了一手好牌，反之，当他看见对方看牌时瞳孔明显缩小，据此他又可以断定对方的牌可能不太好。如此一来，自己该跟进还是该扔牌，心里也就有底了。如果对手戴上一副大墨镜或太阳镜，那些玩牌的高手可能会叫苦不迭。因为他们不能通过窥探对方瞳孔的变化来推断对手手中牌的好坏。如此一来，他们的胜算率肯定会直线下降。

通过观察一个人在观看某件物品时其瞳孔是变大还是缩小，进而推断此人对此物品或事物的喜恶程度，是很多销售人员，尤其是那些有丰富经验的零售人员的常用方法。比如，他们向某一顾客推荐某种商品时，就会非常留意顾客在看这件商品时瞳孔的变化，如果他们发现顾客在看这件商品时瞳孔明显变大，心里就会暗自窃喜，因为他们据此可以知道顾客对他们推荐的商品很感兴趣，于是他们就会向顾客要一个相对较高的价格。反之，如果他们发现顾客在看商品时瞳孔明显变小，心里就会暗暗叫苦。因为顾客很可能对他们推荐的商品不感兴趣，相应地，他们就会向顾客要一个相对较低的价格，以此来吸引他的眼球。

表示心虚的视线转移

在日常生活中我们经常可以遇见这样的情形，当你与一个人交谈时，对方的眼神总是闪烁不定，一旦遇见你的视线后，就会迅速将自己的眼神移开。此种条件下，你就会觉得他心中可能隐藏着某事，或者是背着你做了对不起你的亏心事。这种担心是有科学根据的，就心理学而言，回避视线的行为，往往被认为是一方不愿被对方看见的心理投射，也即隐藏着不想被对方知道某事的可能性非常大。

游移不定的眼神表明心中隐藏着不想被对方知道的事情。

比如，那些守卫银行金库的警卫中，面对闪闪发光的黄金，以及堆积如山、令人眼花缭乱的钞票，有的警卫可能会开玩笑地说道，"这么多的钱，我只要一口袋就满足了"，"要不我们一人随便拿一点跑了算了"等之类的话。在这些开玩笑的话语中，如果有某位警卫不仅没有插话，而且还故意将视线从金光闪闪的黄金和花花绿绿的钞票上移开，这就表明，此人最有可能监守自盗，他才是真正"敢想、敢做"的人，他之所以要把视线从黄金和钞票上移开是对想拿黄金和钞票心理的沉默的自制表现。一旦有适当机会，这种人极有可能会"大干一场"。与之相反，那些开玩笑说"随便拿一点跑了算了"的人，往往仅是说说而已。当然，这并不是说他们对金钱没有欲望，而是他们将心中的这种欲望以玩笑的方式宣泄出来，心里也就在一定程度上获得了一种替代性满足，这就大大降低了他们变"玩笑"为"现实"的可能性。由此可见，视线的转移往往是人内心活动的反映。在与人交谈的过程中，多留意一下对方视线的变化，或许你能从中了解到很多更为真实的东西。

虽然视线转移在很多时候是心虚的表现，但这并不意味着一个人在与对方发生视线接触时一有视线转移就表示心虚。在医学上，有一类人群被称为"视线恐惧症"患者，他们在与别人发生视线接触后，往往会立即转移自己的视线。因为他们觉得对方的眼光太过于强烈，从而使自己的眼睛不由自主地剧烈眨动，这会让他们感觉非常不舒服。与此同时，他们的心理也处于一种矛盾的状态之中，一方面他们想如果与对方进行对视，会不会使对方感到不快，另一方面又想自己若是进行视线转移，对方会不会看透自己的心理。在这种进退两难的矛盾状态之中，他们越是焦急，就会更加注视对方的眼睛，更剧烈的反应便随之产生；越害怕对方会看透自己的心理，强烈不安的心理情绪就越严重。一般来说，此种类型的人，他们之所以会产生"视线恐惧症"，归根结底，是因为他们缺乏自信心。他们往往是通过别人眼中反映出的自己来认识和确认自己的存在与价值。

此外，一个人不与对方发生眼神接触而进行视线转移，可能也不是心虚的表现，而是与特定的文化背景有关。比如日本，按照他们的风俗习惯，相互介绍的时候，名望身份较低的人应该比名望身份较高的人鞠躬鞠得更深以避开眼神接触，这被认为是尊重对方的表现。

当一个人被置于陌生的环境中，他一定会感到不安全，并想尽快逃离此地。于是，他会四处寻找逃脱的途径。可想而知，那时他的眼光肯定是游移不定的。反过来，如果某人的眼神四处游移，那么，他肯定感到了某种不安，想尽快摆脱当前的处境。

当某人和一个令他极为讨厌的人待在一起的时候，自然会产生赶快摆脱的念头。此时，他肯定会望向别处，寻找逃脱的门路。可是，如果这个人是他不便得罪的人，赤裸裸的想逃脱的视线一定会让对方不快。于是，他不得不克制自己的情绪，尽可能不把视线从那个人身上转移，以免让对方看出自己对他毫无兴趣。如此一来，便出现了这样的矛盾，情感上想尽快逃离，理智上强迫自己看着对方，为了掩饰内心真实的想法，有时他甚至会发出微笑来假装对对方感兴趣，只不过这种微笑有别于真正的开心，通常是双唇紧闭的。

高傲的眼神

眼睛是心灵的窗户，它与一个人内心的思想感情有着密不可分的关系。很多时候，一个人内心的思想状况和情绪状态会通过他的眼神表现出来。所以，通过观察一个人"心灵的窗户"——眼睛语言，可以在一定程度上对他有个大概的了解和认识。在日常生活中，我们常常会遇见这样一种人，他们在与人交谈时，总是会习惯性地闭起眼睛不看对方，或者是用眼光从上到下不住地打量对方，他们的这种态度往往会使对方感到非常不舒服。这种人为什么要用这样的方式看对方呢？原因很简单，他们之所以会这样做，是企图把对方排除在视线之外，或是表达对对方不感兴趣，甚至是轻蔑和审视。他们有时候是无意识的，但这恰恰反映了他们心底那种高人一等的优越感和自大感。

一般来说，这种人在与人谈话时，闭眼的时间可能长达两秒，这就大大超出了平常人一般的闭眼时间（闭眼时间不超过一秒）。如此一来，就会导致交谈双方信息交流中断。这就表明他们试图通过视觉信号的暂时切断来避免看见对方。他们在上下打量对方时，其时间一般长达数分钟，甚至在整个谈话过程中，都一直上下打量着对方。他们所有这些眼部动作，向对方传达了这样一个信号——"我高你一等！"当然，他们这种高傲的眼神，往往会遭到对方的鄙视，有些时候还可能自讨没趣。

需要注意的是，一些高傲、自大心理较为严重的人，除了用闭眼、上下打量对方等方式表现自己有优越感以外，有些时候他们还会把自己的头仰起来，用鼻孔来"看"对方，以示对对方的轻蔑态度。所以，在与人交谈时，你如果发现对方在用鼻孔"看"着你，你最明智的做法就是立即停止和他的交流，以免让自己处于难堪的境地。

眼睛斜视的意义

在与人交流时，我们有时会发现对方用斜视的目光打量着我们，这是什么意思呢？一般来说，一个人用斜视的眼光打量对方通常有这样三种意思。

1. 表示自己对对方所说的内容很感兴趣

当一个人在与对方交谈的过程中，如果他发现对方很有趣或是很有吸引力，他就会用斜视的目光悄悄地打量对方，同时还会扬起眉毛或是露出浅浅的微笑。这常被用来作为求爱的信号。

2. 表示敌意或轻视的态度

一个人和对方交流时，如果他对对方抱有一定的意见，或是自我感觉非常良好，那么，在与对方进行交流时，他就会故意用此种眼神看着对方，同时把嘴角向下瘪着或是瘪向一边。这也是斜视最常见的含义。

3. 表示不确定的犹豫心态

当一个人与他人进行交流时，如果他对对方所说的话感到有些疑惑，或是需要自己做出决定但又有很多不确定的因素客观存在着。此种情况下，他就会用斜视的眼光看着对方，同时把眉毛向上拱起，试图在询问对方："你说的是真的吗？"或是试图告诉对方："抱歉，我现在还不能做出决定。"

由此可见，当一个人在看别人时，最好不要用斜视的眼光去打量对方，以免引起对方的不快。

留心他人延长眨眼的时间

一般来说，在正常的条件下，一个人眨眼的频率是 1~3 次 / 分钟，每次闭眼的时间也仅仅为 1/10 秒。但是，在某些特殊的情况下，为了某个特定的目的或是为了表达某种特殊的情感，一个人可以故意延长他眨眼的时间。如果你凑巧遇到某个人对你做出此种姿势，就得留意他此举的含意了。

心理学家通过研究发现，当一个人心理压力忽然增大时，他眨眼的频率就会大大增加。正常条件下，当一个人撒谎时，由于害怕自己的谎言被对方揭穿，他在说完谎话后，其心理压力会骤然增大，相应地他眨眼的频率会大大增加，最高可达每分钟15 次。所以，你在和某个人谈话时，如果你发现他老是不断地眨眼睛，说话也变得结结巴巴，你就得留心他所说内容的真实性了。

如果一个人故意延长眨眼时间，往往意味着他对对方已失去了兴趣，或是对对方感到厌烦了，再或是他感觉自己比对方要"高一截"。他们之所以要有意延长眨眼的时间，就是想通过此举阻止对方进入他的视线之中，或是把对方从他的视线中清除出去。所以，他们在看对方一眼后，往往要把眼睛闭上 2~3 秒，甚至是更长的时间。如此反复数遍，直到对方察觉他的意思为止。

一般来说，员工和老板谈话时，如果发现老板眼睛老是一开一闭，就得小心了。因为这就表明老板对该员工的回答可能不太满意。为了让老板改变此种状态，他可以这样做：改变谈话方式，重新引起他的注意，为此，可以在老板闭眼的过程当中，迅速地向左或向右跨一步。当他睁开眼的时候，就会产生一种错觉，认为你已经出去过了，现在又重新进来了，这样往往能让他开始留意你说话的内容。

3 种常见凝视对方的方式

和一个人进行交流时，能否以凝视的目光看着对方的脸部将在很大程度上决定他们最终的交流结果。凝视的方式具体有哪些呢？一般来说，在日常生活中，人们使用得最广的是下列 3 种凝视方式。

1. 亲密性凝视

其凝视过程如下：当一个人从较远处接近另一个人时，他往往会迅速扫视对方的脸至胯部之间的区域以确定对方的性别，然后再次打量对方来确定自己对对方的兴趣有多高。如果双方的距离较近，那么双方彼此凝视的焦点主要集中在眼部和胸部之间的亲密区域之内。青年男女往往就是用此种凝视方式来表情达意，一方在做出此种凝视姿势后，如果另一方有意，就会报以同样的凝视。

2. 社交性凝视

此种凝视方式使用得最广，也最为常见。当一个人的视线落在对方眼睛水平线下方的时候，就会形成一种典型的社交气氛。其凝视的重点主要集中于对方双眼和嘴部之间所形成的三角地带。以此种方式看着对方，就不会让其产生压力或有不舒服的感觉。这就有利于双方在一种亲切、友好、宽松的氛围中进行交谈。

3. 控制性的凝视

此种凝视方式多用于较为严肃和正式的场合之中。多用于上级和下级，相互较量的对手之间。此种凝视方式主要集中于对方前额正中的三角地带，这不仅会使气氛变得紧张、严肃。更能对对方心理产生威慑作用。一般来说，只要你把自己的目光定格在对方前额正中的三角地带，你就能掌握谈话的主动权。

需要注意的是，凝视作为一种无声的语言，一旦运用不好往往会事与愿违。所以，在使用这一特殊"体语"时，应注意下面这样几个事项。

凝视的注意事项	
和对方对准视线	无论是何种方式的凝视，都应和对方对准视线，切不可将眼神游来荡去，或是将头转向一方，这会让对方觉得你在有意避开他。如此一来，双方的交谈极有可能会不欢而散
焦点放在对方的脸部	一般来说，与对方进行凝视时，应将注目的焦点集中在对方脸和下巴之间的区域，这会让对方感觉很轻松、自在。虽然我们平常强调与别人进行谈话时，应该注视着对方的眼睛，但如果长时间盯着对方的眼睛看，肯定会让对方感到很紧张和不舒服
不要长时间将目光凝聚在对方某一部位	很多人在凝视对方时，最易长时间盯住别人某一部位，这其实是不礼貌的。此外，有研究证实，凝视时间超过10秒钟以上时，双方之间极有可能会产生不安的气氛。所以，在凝视别人，尤其是男性凝视女性的时候，眼睛不应该静止在某一部位，而应缓慢而适度地移动
视线不能突然很快移开	在很多较为正式的场合中，如果一个人凝视着对方的时候，被凝视的一方慌慌张张地把视线转移到一边，这往往会让对方觉得你是一个胆怯、懦弱的人。所以，不管身处何种场合，与别人视线相触时，最好不要突然很快移开，而应缓慢而从容地把自己的目光转向一旁，如果你不想和对方进行凝视的话

具有威慑力的直盯对方的方式

在动物界，当某种动物准备攻击猎物时，它往往会用眼睛死死地盯住对方。在对猎物进行数秒或数分钟的视觉恐吓后，它就会以迅雷不及掩耳之势攻击对方。作为"宇宙的主宰""万物的灵长"的人在攻击对方时，往往也会采用此种方式。

在相扑、拳击之类的竞技运动中，运动员不仅要进行常规的训练，还要接受一种眼神训练。这种训练，要求运动员能够不眨眼地凝视对方的眼睛，并且时间越长越好。如果能练就一双锐利的眼睛，就能在搏斗时以眼神挑衅对方，甚至摧毁对方的意志。

相关研究显示，不少相扑运动员之所以能经常获胜，并不是因为他们的技术多么出色，或与对手相比占有多大优势，而是因为他们通过赛前凝视的目光取得了心理上的优势。在他们的逼视下，对手往往会产生畏惧的心理，并最终在比赛中失败。

生活中，一个人的威严感，或者震慑力，往往不是因为他的身体多么高大，而是因为他的眼神可怕。所谓英气逼人、目光如刀，说的就是眼神的威力。

如果一个人的眼神显得柔弱无力、弱不禁风，这肯定不会让其在受到攻击时，对"敌人"产生威慑力。那如何才能使一个人的眼神具有威慑力呢？其实很简单，只需要按照以下的两个步骤做：

当一个人忽然受到他人威胁或攻击的时候，应该高昂起自己的头，直盯着对方，不眨眼睛。切记不能将视线转向一边或是双眼盯地。因为一旦这样，"敌人"就会认为你感到害怕、恐慌，理所当然，你就容易受到"敌人"的伤害。

随后，开始移动眼球、脑袋，同时保持肩和身体其他部位原地不动，把眼神逐渐从一个人转移到另一个人身上。如此一来，那些被你眼神"扫描"过的人，肯定会感到后背发凉了，这样就取得不战而屈人之兵的效果。

男女眼神的差异

究竟是女性解读眼睛信息的能力强，还是男性解读眼睛信息的能力强，心理学家对这一问题一直存在争议。近来，美国心理学家布莱德的一项实验证明，女性解读眼睛信息的能力比男性更胜一筹。

实验中，布莱德让参加试验的100名男女（男女各占一半）去看一些仅能看见人物眼睛的照片，并要求他们通过人物的眼神去揣摩照片中人物的情绪状态。让这100名参加实验的男女观看了各自手中照片大约10分钟后，布莱德要求他们把揣摩的人物的情绪状态写在纸上。结果和布莱德预想的几乎完全一致,在 50 名男性中,仅有 15 人猜对了他们手中人物的情绪状态,而在 50 名女性中,仅有 15 人猜错了她们手中人物的情绪状态。随后,布莱德又挑选了不同的人群做了近 10 次这样的试验,其结果几乎和第一次完全一样。这就表明,女性解读眼睛信息的能力的确比男性更胜一筹。

更有趣的是,各国科学家至今仍然没有弄明白人是如何通过眼睛来解读或发出各种信息的,他们仅仅知道我们有这一能力。同时,布莱德通过实验还发现,在男性当中,性格内向,或是有自闭倾向的人,他们不仅在解读眼睛信息方面比一般男性差,即使在解读其他身体语言方面,也会比一般男性差一大截。这可能就是那些性格内向或是患有自闭症的人很难建立和谐人际关系的原因之一。

1. 女性的眼白比男性多

科学家发现,借助眼白,人们就可以很方便地观察到对方的视线,并猜测到他的心理变化,因为一个人的视线的移动和变化是和他的心情密切相关的。与男性相比,女性更善于借助身体语言表情达意,其结果就是女性的眼白要比男性更多(见图 1)。不仅是运用身体语言的能力,女性在解读诸如眼神之类的身体语言、阅读他人的情绪的能力方面也同样强于男性。

图 1

男人的眼白较少,可能与他们需要掩饰自己动机的心理有关。

2. 变大的眼睛和变小的眼睛

很多女性在与别人,尤其是与异性,进行眼神交流时总是喜欢扬起自己的眉毛和眼皮。她们之所以要这样做,就在于此举能使她们的瞳孔扩大,眼睛变大,从而显示出可爱而又让人"可怜"的"娃娃脸"(见图 2)。一般来说,此种表情对男性具有很大的吸引力。相比于其他表情,它也更能增添女性的温柔和美丽。所以,很多女性在为自己化妆时,总喜欢把眉形增高,以便使自己的眼睛看起来更大,显得更加可爱、温柔,从而吸引更多男性的眼球。与女性故意将眉形增高相反,男性如果要修眉,他们通常会把眉形降低,以便使自己的眼睛看起来较小,显得精神十足,从而给别人一种震撼力和威慑感,尽显男子汉的魅力。

图 2

3. 向上看的姿势让女性备受男性的青睐

当一个孩子抬起头,睁着大大的眼睛,向大人发出某种请求时,大人(不论是男人还是女人)一般都很难拒绝。因为这种姿势,意味着信任、顺从和请求,足以打动男性或激发人们产生作为父母的关爱之心。

女人是天生的情感动物,她们擅长运用眼神和其他肢体语言表情达意。不少时候,我们会发现,在与男性交往中,有的女性喜欢放低身姿,脸朝上看(见图3)。这样,她们的眼睛看上去更大,整个人看上去更像一个天真的孩子。这种姿势让男人顿生怜爱之情,也很受男性的青睐。

图3

4.怎样打动男人

被誉为性感女神的玛丽莲·梦露有一幅经典的照片——眼皮低垂,眉毛扬起,双目迷离往上看,精致红润的唇稍微张开(见图4)。这幅照片打动了无数男人,这种姿势令无数男人为之痴迷。为什么这种姿势能激起男人兴趣,其秘密何在呢?不少行为学家对此进行了深入研究。他们发现,女性这样做,能够使眼皮和眉毛之间的距离最大化,能够使她看上去更具神秘感。同时还发现,许多女人在性高潮即将到来的时候,就会不自觉地做出这种表情。

几个世纪以来,许多聪明的女性就发现了这个秘密,她们不断运用这种姿态吸引男性,向他们传递暗号。

图4

5.男性和女性对裸体的不同视觉反应

男性对裸体的视觉反应更为强烈一些呢,还是女性对裸体的视觉反应更为强烈一些?这是很多心理学家争论的话题之一。心理学家的实验可以提供一些参考。

实验中,心理学家为参加实验的10名男性放映了一段裸体电影,并把他们观看裸体电影时的状态摄了像。随后,心理学家又为参加实验的10名女性放映了同一段裸体电影,也把她们观看裸体电影时的状态摄了像。心理学家仔细观察了这20人在观看裸体电影时瞳孔的大小变化。结果发现,男性在观看裸体电影时,其瞳孔几乎要比平常放大3倍,而女性在观看裸体电影时,其瞳孔放大的程度比男性还要大。

爱尔兰的一名心理学家也做了一个相类似的实验。他带着一男一女两个助手来到非洲某个裸体部落。首先,他要求男助手和他一起进入该部落去进行相关的采访。当他和男助手进入该裸体部落之后,他拍下了同行导游给男助手介绍那些赤身裸体的人时男助手的视线走向。随后,他又和女助手进入该裸体部落,也拍下了同行导游给女助手介绍那些赤身裸体者时她的视线走向。

回到营地后,心理学家问了两位助手在看到那些赤身裸体人的时候,有没有往对方下身看的欲望。男助手表示,当他看见那些赤身裸体的人后,有较为强烈的往下看的冲动。心理学家拍摄的录像也证明该男助手没有说谎,因为拍摄画面中,他有较为明显的往对方下身看的动作。女助手则表示,当她看见那些赤身裸体的人后,没有非常强烈的往对方下身看的欲望。心理学家拍摄的录像也证明女助手的确没有明显的往下看的动作。但是,在仔细对比录像中男女助手的眼部动作后,心理学家发现,女助

第三章 会说话的脸泄露了你的真情实感

手在看见那些赤身裸体的人后，其瞳孔扩大的程度要比男助手看见那些赤身裸体的人后瞳孔扩大的程度要大得多。这就说明，女性对裸体的视觉反应要强于男性。

为什么实验中的女助手虽然对裸体的视觉反应较为强烈，却没有明显往下看的动作，而对裸体的视觉反应相对要弱一些的男性却有明显往下看的动作呢？这主要是由男女的视觉特征所造成。男性的视觉特征为"管道型"，这使得他们能比女性看到更远处的目标；而女性的视觉特征为"周围型"，这使得她们能比男性更能看清周围和近处的东西。一般来说，女性的周围视力可以上下左右扩展45度左右，这就意味着她们在观看对方上半身的同时，也能看见对方的下半身。这也是实验中女助手没有往下看的动作的主要原因。

6. 怎样吸引一个男人的注意力

当某位女性试图吸引一个男性的注意力时，她通常会采取哪些手段？一般来说，她主要采取下列3种手段。

通过听觉冲击来吸引该男性的注意力

女性也常会通过听觉冲击来引起别人对她的注意，比如，故意在对方面前或是周围大声说话、发出笑声等，以此来吸引对方注意自己。这是很多女性吸引自己心仪男性的常用手段之一。一般来说，使用此种方式的女性其性格也较为外向。

通过眼神来暗示

女性还可以通过自己的眼神来向对方暗示："嗨，对面的家伙，我对你有点感兴趣！"具体来说，她会这样来做：寻找机会和那位男士进行眼神交流；一旦机会来临，她就会脉脉含情地注视着对方；和对方对视两三秒后，她就会嫣然一笑，轻轻地把头扭向一边或是向下看。令人遗憾的是，很多男性无法在第一时间内领会女性对他含情脉脉的凝视和嫣然一笑的真实含义。

通过视觉冲击来吸引该男性的注意力

如精心打扮自己的容貌，穿着华丽、鲜艳的衣服等。当一个男性看见容貌美丽的女性，或是衣着光鲜的女性时，往往会情不自禁地多看几眼。如此一来，她就可能达到了自己的目的——吸引了某位男士的注意力。一般来说，使用此种方式的女性其性格较为外向。

一个男孩在和第99位姑娘相亲失败后，从此一蹶不振，并下定决心从此单身过一辈子。父母知道儿子的这个打算后，感到非常难过。于是，他们去向一位心理学家求救，希望他能帮助儿子走出失败的阴影。

心理学家对男孩说："年轻人，请你给我简要说说你99次相亲的过程。"男孩点了点头，然后埋下头说道："我也感到很奇怪，那些和我曾经相过亲的女孩都说我不打算与她们相处，有的女孩还说我不想听她们说话，还有一小部分女孩说我很冷漠，但我不是那样的人啊，我很渴望与她们交流、相处……"令心理学家颇感意外的是，这位男孩在自己整个说话的近20分钟内，居然没有抬过一次头。随后，心理学家又注意到，每当自己说话的时候，这位男孩也总是低着头不说一句话。自此，心理学家终于明白了男孩99次相亲失败的原因。于是，他对这位男孩说："年轻人，不要紧张，你的身心完全是健康的，我相信你很快就会找到你生命中的'另一半'。"随后，他让这位男孩出去时把他母亲叫进来。当这位男孩的母亲坐下后，心理学家笑着说道："不要担心，你的孩子身心非常健康，回去后再为他安排一次相亲。不过在相亲前，你这样告诉他，就说和他约会的女孩某只眼睛曾经受过伤，现在不能正常转动，所以她很在意别人看她的那只眼睛。"听完心理学家的这番话后，这位母亲半信半疑地离开了。不久，他们就托人为儿子张罗到一个姑娘，并安排好了约会的时间。在对儿子进行一番苦口婆心的劝说后，儿子最终答应再试最后一次。在儿子出门前，母亲把心理学家说的话告诉了儿子。儿子听完母亲的话后感到很不解，心想母亲怎么安排自己跟一个眼睛有残疾的人相亲呢，但与此同时，他也感到很好奇，想看看那位女孩究竟是哪只眼睛受了伤。见面后，那位女孩做起了自我介绍。这一次，这位男孩没有在对方说话时低下头，而是时不时地用眼睛盯着女孩的眼睛。因为他试图去弄明白她哪只眼睛受过伤。面对对方如此"火辣辣的眼神"，女孩的心里感到很高兴，同时也感到几分羞涩。随后，女孩语带羞涩地请这个男孩介绍一下他自己的情况。男孩面带微笑地点了点头，便开始介绍自己的一些情况，与此同时，他仍不时地盯着女孩的眼睛看，想看看她那只受伤的眼睛究竟能不能转动。这就让那位女孩更加陶醉了，心想对方看来真的是很在意我。约会结束后，这位女孩没有像此前的99位女孩那样掉头就走，而是主动将自己的电话号码留给了这位男孩。这让男孩感动不已。

男孩在与女孩约会时总是盯着女孩的眼睛，希望找出那只受伤的眼睛，这一举动使女孩陶醉其中。

回到家后，男孩迫不及待地对母亲说道："妈，我这次相亲可能要成功，因为那个女孩主动把她的手机号码给我了。不过，我没有看出她哪只眼睛受过伤啊。"听完儿子的话后，母亲笑着说道："傻小子，人家眼睛根本就没受过伤。"男孩一听这话，顿时满头雾水。看着儿子满脸的疑惑，母亲说道："你知不知道你以前相亲失败的原因是什么？"儿子摇了摇头，母亲说："上次那个心理学家说，主要是因为你在别人说话时总是低着头，不看别人的眼神，这会让别人觉得你根本没有真心和她说话，同时，你说话的时候也不看着别人的眼睛，这会让对方觉得你是一个很顽固的人，不喜欢听别人的意见。所以，他让我在你相亲时给你撒一个谎，说对方眼睛受过伤，其目的就是想利用你的好奇心去观察别人说话时的眼睛，以此多与对方进行眼神交流。"听完母亲的话后，男孩顿时明白了一切。后来，男孩果真和那第100个相亲对象走进了教堂。

·第二节·
眉、鼻、口：人性情的象征

从眉毛观察对手

人的眉毛无疑可以展现心情的变化。每当我们的心情有所改变时，眉毛的形状也会跟着改变，而产生许多不同的重要信号，主要有如下几种。

1. 低眉

低眉是受到侵略时的表情，防护性的低眉则只是要保护眼睛，免受外界的伤害（见图1）。在遭遇危险时，光低眉仍不够保护眼睛，还得将眼睛下面的面颊往上挤，以尽最大可能提供保护。这种上下压挤的形式，是面临外界袭击时典型的退避反应，眼睛突然见到强光照射时也会有如此的反应。当人有强烈的情绪反应，如大哭大笑或感到极度恶心时，也会在脸上产生这种情状。

2. 皱眉

一般人常把一张皱眉的脸视为凶猛，不会想到那其实和自卫有关。皱眉（见图2）所代表的心情可能有许多种，例如希望、诧异、怀疑、否定、快乐、傲慢、错愕、不了解、无知、愤怒和恐惧。要确实了解其意义，只有回头去看它的原因。

3. 眉毛一道降低、一道上扬

两条眉毛一道降低、一道上扬（见图3）。它所表达的信息介于扬眉与低眉之间，半边脸显得激越，半边脸显得恐惧。尾毛斜挑的人，心情通常处于怀疑状态，扬起的那道眉毛就像是提出一个问号。

图1

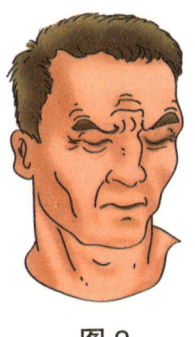

图2

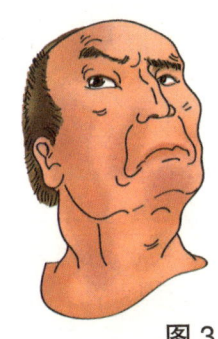

图3

4. 眉毛打结

眉毛打结指眉毛同时上扬及相互趋近，和眉毛斜挑一样（见图4）。

这种表情通常表现严重的烦恼和忧郁，有些慢性疼痛的患者也会如此。急性的剧痛产生的是低眉而面孔扭曲的反应，较和缓的慢性疼痛才会产生眉毛打结的现象。

在某些情况下，眉毛的内侧端会拉得比外侧端高，而成吊眉似的夸张表情，一般人如果心中并不那么悲痛的话，是很难勉强做到的。眉毛先上扬，然后在几分之一秒的瞬间内又下降，这种向上闪动的短捷动作，是看到其他人出现时的友善表示。它通常会伴着扬头和微笑，但也可能自行发生。眉毛闪动也经常出现于一般的对话里，作为加强语气之用，每当说话时要强调某一个字时，眉毛就会扬起并瞬即落下，像是不断在强调："我说的这些都是很惊人的！"

图4

见面时，眉毛闪动，是表示"哈喽"，连续闪动就等于在说："哈喽！哈喽！哈喽！"如果前者是在说"看到你我真高兴"，则后者就是在说"我真是太意外，太高兴了"。

5. 耸眉

耸眉（见图5）亦可见于某些人说话时。人在热烈谈话时，差不多都会重复做一些小动作以强调他所说的话，大多数人讲到要点时会不断地耸起眉毛，那些习惯性的抱怨者絮絮叨叨时就会这样。

图5

眉毛的形状是千变万化的，心理学家指出，眉毛可有十多种动态，分别表示不同的心理变化。

双眉上扬，表示非常欣喜或特别惊讶。

单眉上扬，表示不理解、有疑问。

皱起眉头，要么是陷入困难的境地，要么是拒绝、不赞成。

眉毛迅速上下活动，说明心情十分好，内心赞同或对对方表示亲切。

眉毛倒竖、眉角下拉，表明极端愤怒或异常气恼。

眉毛完全抬高表示"难以置信"。

眉毛半抬高表示"大吃一惊"。

眉毛正常表示"不作评论"。

眉毛半放低表示"大惑不解"。
眉毛全部降下表明"怒不可遏"。
眉头紧锁,说明这是个内心忧虑或犹豫不定的人。
眉梢上扬,表示此人是个喜形于色的人。
眉心舒展,表示此人心情坦然、愉快。

读懂对方鼻子的语言

鼻子动作虽然轻微,但也能表现一个人的心理变化,就是说,鼻子也有"表情"。

鼻子的语言含义	
鼻子稍微涨大	多半表示满意或不满意,或情感有所抑制
鼻头冒出汗珠	说明心理急躁或紧张
鼻子的颜色整个泛白	表示心理上畏缩不前
鼻孔朝着对方	显示藐视对方,轻视别人
摸着鼻子沉思	说明正在思考方法,希望有个权宜之计解决当前的问题

有位研究身体语言的学者,为了弄清"鼻子"的"表情"问题,还专门做了一次观察"鼻语"的旅行。他在车站观察,在码头观察,到机场观察。他旅行了一个星期,观察了一周,得出以下两方面的结论。

(1)旅途是身体语言最丰富的表现场所。因为各个地区、各种年龄、不同性别、各种性格的人都会聚在一起,而且都是陌生人,语言交流很少,但心理活动又很多,所以,大量的心态都表现于身体语言。他说:"旅途是身体语言的实验室。"

(1)异国异域的旅途中,语言沟通困难常常成为最大的不便和障碍。

(2)在语言沟通困难的情况下,人们会自觉地使用肢体语言来表达。

——◎旅途是身体语言最丰富的表现场所◎——

（2）人的鼻子是会动的。因此，鼻子是个具有无声语言的器官。他说，根据他的观察显示，在有异味和香味刺激时，鼻孔会有明显的伸缩动作，严重时，整个鼻体会微微地颤动，接下来往往就会出现"打喷嚏"现象（见图1）。他还认为，这些动作，都是在发射信息。

此外，据他观察，凡高鼻梁的人，多少都有某种优越感，表现出"挺着鼻梁"的傲慢态度。关于这一点，有些影视界的女明星表现得最为突出（见图2）。他说，在旅途中，与这类"挺着鼻梁"的人打交道，比跟低鼻梁的人打交道要稍难一些。

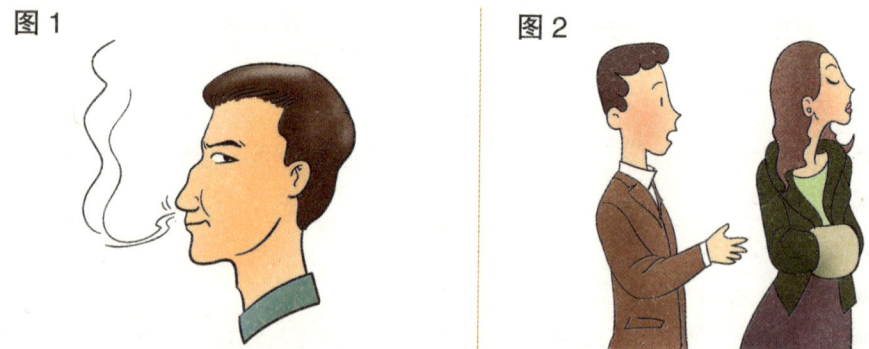

图1　　　　　　　　　　　　图2

一位日本籍整容医生根据临床经验说："人一旦接受了隆鼻手术，以往本来属于内向性格者，常会摇身一变而成为倔强之人。"

有一本小说，其中有一段关于鼻子动作的描写。书中的男主角看到一位漂亮的小姐，为了表现出他的与众不同的吸烟法，他向空中吐着烟圈，然后烟圈飘向那位小姐。小姐没说什么，只是伸手捂了一下鼻子。男主角便问道："你讨厌烟味吗？"那位小姐没有应答他，只是继续捂着鼻子（见图3）。其实，用手捂着鼻子的身体语言已经表达出了她的讨厌情绪，遗憾的是，那吸烟者竟然没有看出来，反而去问一个不该问的问题，这样做自然要碰钉子。

另外，有的研究资料主张把用手捏鼻子的动作归为鼻子的身体语言，而不是手的身体语言。还有，若某人仰着脸，用鼻孔而不是用眼睛"看"人，这跟用手捂捏鼻子一样，是要表达自己反感的情绪（见图4）。

图3　　　　　　　　　　　　图4

从嘴巴动作观察人的性格

　　口是人传递有声语言的器官,它不但是人忙碌的器官之一,而且是脸上最富有表情的部位,语言表达、情感交流、吃喝等许多功能都需要口来实现。口在人的生存交往中有着其他任何器官都不可替代的重要作用,现代心理学家经过长期观察,发现口还有反映一个人性格特征的功能。

1. 嘴巴抿成"一"字形的人

　　他们一般都比较坚强,具有坚持到底的顽强精神,面对困难想到的是战胜对方而不是临阵退缩。他们也是倔强一族,每件事都经过深思熟虑而采取行动,谁也阻挡不了他们,他们有不到黄河心不死、不到长城非好汉的心理,所以获得成功的概率较大。

2. 谈吐清晰、口齿伶俐的人

　　这种人给他人的第一印象是嘴上功夫了不得,能说会道,而他们通常属于两种不同的极端,要么才华横溢,要么平庸无奇。

　　前者能够口若悬河,倚仗着自己丰厚的知识底蕴,说出的话有理有据,不容辩驳。

　　后者说的话虽多,却是长篇累牍,缺乏实际意义,但他们也有敏捷的思维,机智,拥有良好的人缘。

3. 语言模糊、说话缓慢的人

　　这种人通常在语言表达方面缺乏训练,不喜欢人多的地方,孤僻,经常独处一室自娱自乐,结果各方面都无法得到真正的锻炼,表现也非常平淡,成功只会离他们越来越远。还有一种人属于"不鸣则已,一鸣惊人"的类型。有一句名言说得好:沉默的人总是最危险的人。在别人夸夸其谈的时候,他们通常是沉默寡言,但在脑中却不停地进行着思考,他们说出来的话虽然少,但必定会非同凡响。

4. 偶尔用手捂住嘴巴的人

　　这种人容易害羞，特别是在陌生人或关系一般的人的面前更是沉默寡言。他们的性格特征是保守和内向，在与他人进行交往的过程当中极力掩藏自己真实的感受，同时也不喜欢在多人面前显露自己。他们的这个动作有时候类似吐舌头，表示他们对刚才说出的话或做过的事已经意识到了错误。

5. 牙齿咬嘴唇的人

　　这种人在交谈的时候，通常的情况是上牙齿咬下嘴唇、下牙齿咬上嘴唇或双唇紧闭。人们都可以看出他们是一副聚精会神的样子，而他们也正是在聆听对方的谈话，同时在心中仔细揣摩话中的含义。他们一般都有很强的分析能力，遇事虽然不能非常迅速地做出判断，但是决定一旦做出，往往没有后顾之忧。

6. 高昂下巴的人

　　这种人心高气傲，从来不觉得自己会出现差错，即使客观事实摆在眼前，也会强词夺理进行辩论。他们有着非常强的优越感，仿佛自己是个亿万富翁。他们的自尊心极强，不允许他人对自己有半点的亵渎。他们爱面子，为了维护自己的面子，往往会轻易拒绝承认别人的成绩和荣誉。

7. 收缩下巴的人

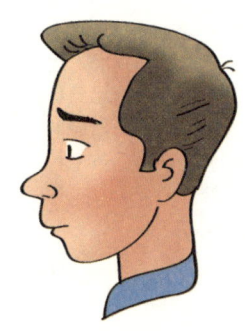

　　这种人一般胆小怕事，办事小心翼翼，所以能够办好手头上的工作。但他们只注重自己眼前的工作，而且由于保守与传统而故步自封，不善于接纳他人，常常由于不信任他人而拒人于千里之外。

8. 嘴角上挑的人

　　这种人机智聪明，性格外向，能言善道，善于和陌生人主动打招呼，并进行亲切的交谈。他们胸襟开阔有包容心，不会记恨曾经伤害过他们的人。有着非常良好的人际关系，在最困难的时候常常能够得到他人的支持与帮助。

第四章
行为举止会暴露你的真实想法

· 第一节 ·
坐姿：透露出人的心理动向

坐姿与心理反映

坐姿是心理的暗示。从坐的方式、坐的姿态、坐的距离中，都可能窥视出一个人真实的意思，了解一个人心理的动向。在日常生活中，正确地观察每个人的坐姿会发现，各具特色，不一而足。每一种坐的方式似乎是无意的，而就从这貌似随意中，可以解读每种姿势透露出的不同性格和心理状态。下面我们就介绍不同坐姿人的性格特点。

1. 坐稳后两腿张开、姿态懒散的人

这种人通常说来都比较胖。这类人属于豪言壮语型，头脑中想的事情经常是被夸张了的。

2. 坐下时肩部上耸，膝部紧靠，致使双腿呈 X 字形的人

这种人一般均比较谨慎。但其决断力比较差，即使是一个男性，也缺少男子汉的气魄，是比较女性化的男性。

3. 两脚自然外伸，坐姿沉稳的人

这种人给人以一种十分沉着稳重的印象，属性格直爽类型。这些人大都身体健康，对疾病的抵抗力很强。

4. 坐下后手臂曲起、两脚向外伸的人

这种人的决断力十分缓慢。每天都在不断地计划些事物，但却很少付诸行动。这种人的理想与行动特别不协调，喜欢做白日梦。如果与这种人共事，相信一年中会出现不间断的纠纷。

第四章 行为举止会暴露你的真实想法

5. 一只手撑着下巴，另一只手搭在这只手的肘上，且架着"二郎腿"的人

这种人大都不拘小节，面对失败亦能泰然自若。

6. 双肩耸起，一腿架放在另一只腿之上，做出庄重堂皇之态的人

这种人虽然志向远大，但却缺乏具体计划，致使他的志向如空中楼阁一般，无法实现。

7. 坐在椅子上两脚长伸在外，阻碍通道，同时将双手插在口袋里的人

这种人大多是贫困潦倒之人。对这种人，最好采取避而远之的态度。

8. 在读书时，用手撑着下巴且姿势不良的人

这种人读书效率不高，同时此种姿态也是理解及记忆均有困难的人的象征。一个真正学习的人，是不会用这种不良姿态读书的。

此外，在公交车或是普通座椅上，常将左脚放在右脚之上者，有可能是患有脑溢血的人，而且他们的脸色比常人要红，这是由于右脚的关节不能自由活动而导致的现象。由于右脚有毛病，很难将其置放在左脚之上。

两脚弯曲，两手架在桌上伏身看书的人，容易患甲状腺异常及筋肿等疾病。如果是近视眼的人，他也可能会稍稍抬起屁股看书。不论哪只脚在上，大凡摆在上面的那只脚易于疲劳。当脚部出现疲劳现象时，可做脚踝部位的上下运动及扇形运动，促使毛细血管扩张，促进血液循环，将会大大有益于缓解病症。

其他类型人的坐姿

腼腆羞怯型的坐姿

把两膝盖并在一起，小腿随着脚跟分开成一个"八"字样，两手掌相对，放于两膝盖中间，这种人多属于羞怯腼腆型。

这种人可以做保守型的代表，他们的观点一般不会有太大的变化。他们对朋友相当诚恳，对爱情常常受着传统思想的束缚。

古板型的坐姿

坐着时两腿及两脚跟并拢靠在一起，双手交叉放于大腿两侧的人，为人古板，不愿接受他人的意见。

他们缺乏耐心，凡事都想做得尽善尽美，定的却又是一些可望而不可即的目标。他们爱夸夸其谈，而缺少实干的精神。如果他们在艺术领域里发挥自己的潜能，或许会做得更好。

自信型的坐姿

这种人通常将左腿叠放在右腿上，双手交叉放在腿跟儿两侧。他们天资聪明，具有较强的自信心。总是能想尽一切办法并尽自己的最大努力去实现自己的梦想。这种人协调能力很强，适合作为领导者，但常有"这山看着那山高"的不足。

谦逊温柔型的坐姿

温顺型的人坐着时喜欢将两腿和两脚跟紧紧并拢，两手放于两膝盖上，端端正正。这种人一般性格内向，为人谦虚，替他人着想，朋友不少，但对于自己的情感世界很封闭。

在工作中，这种人踏实努力，能够埋头为实现自己的梦想而奋斗。

悠闲型的坐姿

这种人半躺而坐，双手抱于脑后，一副怡然自得的样子。这种人性情温和，与任何人都相处得来，也善于控制自己的情绪，因此能得到大家的信赖。

他们的适应能力很强，充满朝气，而且毅力坚强，善于雄辩。他们喜欢学习但不求甚解。

尽管他们挣的钱不少，但挥金如土。

他们的爱情生活总的来说是较快乐的，虽然时不时会被点缀上一些小小的烦恼。这种人的雄辩能力很强，但他们并不是在任何场合都会表现自己，这完全取决于他们当时面对的对象。

投机冷漠型的坐姿

　　这种人通常将一条腿叠放在另一条腿上，两小腿靠拢，双手交叉放在腿上。

　　这种人看起来很容易让人亲近，但事实却恰恰相反，别人找他谈话或办事，他常是一副爱答不理的姿态。

急性子的坐姿

　　坐着看书时，脚尖竖起，肯定是个急性子。这是一种天生的个性。即使他有很多的时间，但他还是显得非常繁忙，无法平心静气。

坚毅果断型的坐姿

　　这类人喜欢将大腿分开，两脚跟儿并拢，两手习惯于放在肚脐部位。

　　这种人有勇气，也有决断力。他们一旦考虑了某件事情，就会立即去采取行动。他们的独占欲望相当强，属于好战类型的人，敢于不断追求新生事物，也敢于承担社会责任。这类人当领导的权威来自他们的气魄。当遇到比较棘手的人际关系问题或压力的话，他们一定能够泰然处之。

放荡不羁型的坐姿

　　放荡型的人坐着时常常将两腿分开较宽，两手没有固定的放处，这是一种开放的姿势。

　　这种人喜欢追求新意，总是想做一些别人不能做的事，或者说他们更喜欢标新立异。

　　这种人平常总是笑容可掬，最喜欢和他人接触，而他们的人缘也确实颇佳，因为他们不在乎别人对他们的批评，这是其他人很难做到的。从这方面来说，他们很适合做社会活动家或从事类似的职业。

"数字4"型坐姿

坐在椅子上时,一条腿规矩地放在另一条腿上,通常是右腿放在左腿之上,让身体和椅子成为一个"数字4"型坐姿(见图1)。

图1

一般来说,此种姿势表现了想要进行争辩或是竞争的态度。在灵长类动物中,如黑猩猩和猴子在试图攻击对方时,为了避免让自己遭受伤害,往往就会采用此种姿势(站立)。那些采取此种姿势坐下的男性,从表面上看去,他们更具一种控制力和霸气,因而,有时他们会显得有点桀骜不驯。

当然,此种姿势并不是男性特有的,有些时候,很多穿牛仔裤的女性在就座时也会采取"数字4"型坐姿。不过,她们采取此种坐姿往往是在和同性在一起的时候,因为她们不想让自己在男性眼中过于男性化,或者看上去很轻浮。

需要注意的是,在一些国家中,"数字4"型坐姿被认为是非常不雅或是非常不尊重对方的姿势,因为此种坐姿会让就座者鞋子的底部完全暴露出来,而鞋子的底部通常是在泥土里走的。对方心里会产生不愉快的感觉。

正如上文所说,一个人保持防御或否定的姿势可能会在不知不觉中延长他的防御或否定态度。心理学家研究发现,一个人在两腿着地的时候,才容易做出决定。因而,在劝说某人或是与人谈判时,如果一个人长时间保持"数字4"型坐姿,且没有丝毫改变的意思。这就表明,你对他的劝解或你和他谈判可能进入僵局了,除非你做出一定的让步。因为对方的坐姿已经明白地告诉了你:"我是不会改变我的决定的,你看着办吧。"

锁腿和锁脚

正如前面所说的,交叉双臂或双腿是一个人表示对对方持有的否定或防御的态度。锁定脚踝这一姿势也是这样。不同于交叉双臂或双腿动作的同一性和单一性,由于性别的不同,男性和女性在做这一姿势时,在具体方式上存在一定的差异性。男性在锁定脚踝时,通常还会双手握拳,并将其放在膝盖上(见下图2)。有时,一些男性则用双手紧紧抓住椅子或沙发两边的扶手。女性的这个姿势则有些不同,她们会将两膝紧紧靠在一起,两脚分别在左右两边,两手并排摆放在大腿上,要么就是一只手放在大腿上,然后再把另一只放在这只手上(见下页图3)。

大量的研究证实，这是一种努力控制和压抑消极、否定、紧张、恐惧，或是不安情绪的人体姿势。如果一个人做出此种姿势，则表明他在心里极力克制、压抑着自己的某种情绪。比如在法庭上，开庭之前，涉案人员坐在各自位置上，他们通常会双腿交叉，双脚相别。而在审判的过程中，被审人员为了减轻心中的压力和消除自己心头的恐惧、恐慌情绪，更会将脚踝紧紧地靠在一起（见图4）。这就无疑显示了他们紧张、恐慌的心理。

再比如，面试时，如果你留心一下参加面试人员的脚部情况，你就会发现，很多人几乎都会做同样的姿势——把踝骨紧紧锁在一起。这个姿势就泄露了面试者心理情绪状态，即他们在努力克制自己心头的紧张、压抑、恐慌等情绪。此种情况下，为了帮助面试者控制好情绪，面试官就会暂时岔开主要话题，或者直接走到面试者旁边坐下，以此拉近彼此间的距离，从而让其消除心头的压抑和紧张。如此一来，双方就能在一个相对轻松、友好的氛围中进行交流了。

锁住脚踝除了表示一个人在心里进行自我克制以外，它有时也是一种踌躇不决的信号。比如，在谈判的过程中，经验丰富的谈判专家在看见对方做出踝部交叉的姿势后，其心里往往会暗自窃喜，为什么会这样呢？因为这个姿势表明对方心里可能隐藏着一个重大的让步，只是他现在心里摇摆不定，究竟要做多大的让步才合适。此种情况下，那些经验丰富的谈判专家会立即向对方提出一系列试探性问题，并采取一切可能的措施，让对方尽快改变这种犹豫不决的体式，以便促使对方最终做出较大的让步。

交叉腿姿势

在电影和电视上，我们经常看到这样的镜头：男人或女人往墙上一靠，左脚自然地放在右脚上，交叉起来。调查发现，这个姿势为欧洲人所惯用。在所有习惯把一只脚优雅地交叉在另一只脚上的人中，喜欢把左脚放到右脚上的人占70%。

我们知道，凡是闭锁性的动作，传达的大多是拒绝，交叉双腿也不例外。几个人在一起谈话，当有人交叉双腿的时候，就意味着他在情感上拒绝加入正在进行的对话；如果两人正在交流，对方采取这种坐姿的话，你就别想能够说服他；在商业谈判中，这样坐的人，比起那些张开双臂和双腿的人，他们多半是拒绝而不是接受，在交谈中，他们不仅话语简短，对正在讨论的话题能记住的也不多。

坐着时动作的变化

坐这个动作，也因人的不同而产生了各式各样的坐法。有的人是猛然坐下，有的人则慢慢坐下，也有些人小心翼翼地坐在椅子前部，还有些人将身体深深沉下似的坐着。种种行为，无不坦白地表现出了各人的心理状态。

1. 猛然坐下的行为

当大家看见某人猛然坐下的行为，一定视为不拘小节的样子，其实，完全出乎你所料的情形很多。换句话说，在其所表现出来的似乎极端随意的态度里，其实是在隐藏着内心极大的不安。这是由于人具有不愿被对方识破自己真正心情的抑制心理，尤其在与他人的初次会面时，这一心理更加强烈。此种人坐下后，往往便表现出有些不安、心不在焉的态度，因此更可立即看出其心情。当然，知心朋友之间，则不能一概而论，而应视为与其态度一致的心情表现。

2. 舒适而深深地坐入椅内

舒适而深深地坐入椅内的人，可视为在向对方表现处于心理优势的行为。坐着的人腰部是逐渐向后拉动的，变成身体靠在椅背、两脚伸出的姿势。此种并非发生何事都可以立即起立的姿势，是认为跟对方不必过分紧张之人常采取的。

3. 始终浅坐在椅子上

始终浅坐在椅子上的人无意识地表现出居于心理劣势且欠缺精神上的安定感的状态。对于持这种姿势而坐的人，如果同他谈论要事，或托办什么事，还为时过早，因为他还没有定下心来。

·第二节·
站姿：透视人的个性

腿的作用

从数百万年前到现在，人类的双腿主要有两大作用：其一是帮助身体前行，进而获得食物；其二是帮助我们在遇到危险时，可以迅速跑开。人的腿之所以有如此两大主要功能，归根到底，还是与人类的大脑有关。行为学家通过研究发现，人类大脑天生就有两种功能，即指挥身体去获取可以维持生存的物品和命令身体迅速离开它不想要的东西，而能帮助大脑实现这两大功能的就是人类的腿（这当然包括脚）。

正因如此，很多时候我们通过观察一个人使用腿脚的方式，就能知晓他现在的心理活动状况，即他是想离开呢，还是想留下来继续交谈，再或是有其他想法。把腿张开就暗示此人在心理上自认有优越感或是胸怀坦荡；而若是双腿交叉则表明此人具有较强的排外心理或者是较强的戒备心理。一个人腿的习惯性姿势除了可以反映他的心理情绪以外，还可以反映他对别人的态度。

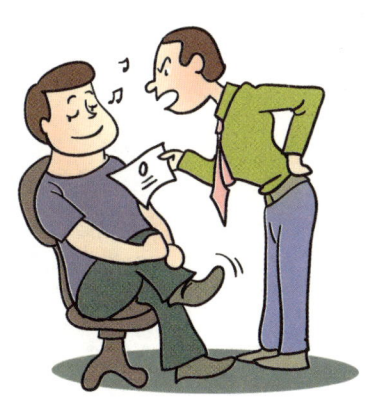

当某个人犯了错误以后，其朋友、亲人，或是长辈就会劝其尽快改正自己的错误。在劝说的过程中，如果犯错误的人坐在椅子上双腿交叉，两只手紧紧扳起其中的一只腿，极有可能是一种的拒绝劝说的姿势，其意思就是：你们尽管说吧，我的态度与我的身体一样，固定在这儿，不会改变一丝一毫。

当某位女士打算结束和某位男士的谈话时，她通常会先把双手交叉抱于胸前，再把双腿交叉在一起，同时把脚尖指向对方身体的左侧或右侧，然后似笑非笑地看着对方。如果对方没有反应，这位女士就会马上采取进一步的行动，把一只腿架在另一只腿上，身体侧向一方，以此向对方表明：你想说就尽管说吧，我可不想听！

□ 图解微表情心理学

站姿与心理反映

除了坐姿，站立的姿势也可反映一个人的性格特征。

男性正确的站姿

就男性来说，站立时身体各主要部位舒展，头不下垂，颈不扭曲，肩不耸，胸不含，背不驼，髋、膝不弯，脊柱与地面保持垂直，颈、腰、背后肌群保持一定紧张度。站立时身体重心提高，并且重点放在两腿中间。

女性正确的站姿

就女性来说，站立时头部可微低，这样有利于显露女性柔和之美；挺胸，这样可以突出乳房，不仅能显得朝气蓬勃，而且是自信的象征；腹部宜微收，臀部放松后突，这样则能增加女性曲线美。

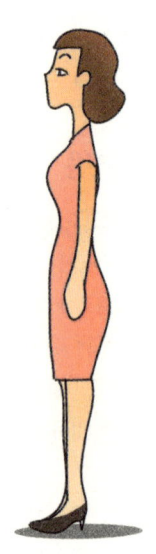

丁字步站姿

从站立的姿势看，一般提倡"丁"字步：两腿略微分开，前后略有交叉，身体的重心放在一条腿上，另一条则起平衡作用。这样不显得呆板，既便于站稳，也便于移动。

站姿要求挺、直、高

站立的姿势适当，你就会觉得呼吸自然、发音畅快、全身轻松自如，特别有助于提高音量。只有好的站姿，才能使身姿、手势自由地活动，才能把自己的形象充分地表现出来。无论男性还是女性，站立姿势应给人以挺、直、高的美感。

像一棵松树般挺拔的站姿

　　有的人站姿是抬头、挺胸、收腹，两腿分开直立，两脚掌呈正步，像一棵松树般挺拔。这种人是健康自信的人，因为自信，所以这种人做事雷厉风行，十分具有魄力；其次，这种人正直、有责任感。

心虚、不自信、非健康状态的站姿

　　那种站立时弯弯曲曲、头部下垂、胸不挺、眼不平的人，则是缺乏自信，做事畏缩不前，不敢承担风险和责任的人；除此之外，这种人可能就是那种心虚之人，所以头抬不起，胸不敢挺；还有一种人也如此，那就是身体不好的人，当然，这种人不是他们不想挺直腰做人，而是因为有病痛时刻在侵扰着他们的身体。

不要与对方站得太近

　　不要离人太近，因为每个人在下意识里都有一个私人空间，如果离得太近会使对方有被侵犯的感觉。所以在正式场合与人交谈时，不要与对方站得太近，而要尽量与他人保持一定的距离。

正式场合应避免的站姿

　　在正式场合站立，不能双手交叉、双臂抱在胸前或者两手插入口袋，不能身体东倒西歪或依靠其他物体。

有人说："站姿是性格的一面镜子。"此话一点不假。我们如果能细心观察周围的人，从他们站立的姿势语言去探知其性格心理，也许会有收益。

4 种主要的站立姿势

当人处于站立状态时，通常会采取 4 种姿势，即交叉双腿的姿势、双腿张开的姿势、立正的姿势，以及一只脚指向前方的姿势。一般来说，通过观察一个人站立时的姿势，可以大概了解他的心理活动状况，以及他与别人的关系。

1. 交叉双腿的姿势

当你参加有男士和女士共同出席的会议或宴会的时候，如果你稍微留心观察一下就会发现，总有一些人在站立的时候始终让自己的双腿保持交叉的姿势（见图 1、2）。如果你再进一步观察，就会发现，这些保持站立姿势的人彼此之间的距离都比较大。如果他们都穿着外套或者夹克，他们通常是将纽扣扣上的。如果你主动走上前去和他们聊聊，你就会发现，这些保持双腿交叉站立姿势的人几乎都是互相不认识的。这就是为什么大多数人在陌生人中间总是站立的原因。

图 1

在陌生人中人们常常采用这种站立姿势，表示防御和封闭的心理状态。当一个男性做出此种姿势，其所表达的意思就较为明显——"我想留下来"。

图 2

一般来说，如果一位女性做出"剪刀"样式的站立姿势，则说明她可能向对方传达了两种意思：其一，她不是想离开她现在所处的场所，而是想留下来；其二她想与其他人保持一段距离，不想任何人靠近自己。

很多时候，男性张开自己的双腿代表着他想显示自己的男性气概，而交叉双腿则表示他想保护自己的男性气概不受外界的影响。因而，当他发现站在自己面前的某位男士比自己的地位低时，他就会有意识地展开自己的双腿，以此显示自己的男性气概和优越感，反之，当他觉得站在自己面前的男性的地位高于自己时，他就会有意识地将双腿交叉在一起，以保护自己。

2. 双腿张开的姿势

此种站立姿势（见图3）男性使用得最多，相对来说女性使用此种站立姿势的时候较少。一般来说，男性做出此种姿势，则在向对方表示：我是不会离开的！并以此来显示自己的支配、决定地位以及他的男子汉气概。很多时候，竞技场上的男性选手们在比赛开始或是终场的时候，通常就会摆出此种站立姿势，以此向对方显示自己的男子汉气概和战无不胜的力量。

3. 立正的姿势

立正的姿势（见图4）在日常生活中最为常见，无论是男性抑或是女性，都会广泛使用此种站立姿势。一般来说，此种站姿较为正式，表明了一种不温不火或是中立的态度。在陌生男女第一次见面时，女性尤喜欢采用此种站立姿势，因为这样能使她们的双腿保持并拢，从而能给对方一种矜持、含蓄的美好印象。除此以外，晚辈见长辈的时候、学生见老师的时候、下属见老板的时候，以及地位低的人见地位高的人的时候，往往也会采用此种站立姿势，以示他们对对方的尊敬之情。

4. 一只脚指向前方的站立姿势

在很多聚会场所较为常见，此种姿势（见图5）最能揭示一个人的心理活动状态，因为一个人脚指向的方向，往往就是一个人心里所渴望去的地方或者是自己最感兴趣的地方。比如，当一个人和某一人群交谈时，他通常会将自己一只脚的脚尖指向与他说话最投机的那个人。如果他与对方交谈一定时间后，发现他和对方并没有太多的共同语言，于是打算离开。此种情况下，他就会在不知不觉中把自己那只伸出去的脚的脚尖指向身体的左侧或是右侧，以此来向对方暗示：对不起，我想离开了！

图3

图4

图5

不同类型人的站姿

各种不同类型的人,其习惯的站姿也不尽相同,下面列出若干来分析比较。

1. 思考型的站姿

思考型站姿的人双脚自然站立,双手插在裤兜里,时不时抽出来又插进去。

他们比较小心谨慎,凡事喜欢三思而后行。在工作中他们缺乏主动性和灵活性,往往生硬地解决问题,事后又常常后悔。

他们常把自己关在一个小屋子里,冥思苦想,构筑自己梦想的殿堂。正因为如此,他们大都经受不起失败的打击,在逆境中更多的是垂头丧气,正所谓:希望越大,失望也越大。

2. 服从型的站姿

服从型站姿的人一般是两脚并拢或自然站立,双手背在身后。

这种类型的人与别人相处一般都比较融洽,可能很大的原因是他们很少对别人说"不"。

他们在工作中少有开拓和创新的精神,但能踏实到毫无反对意见的地步,在很多人手下也会很有用场。他们的快乐来源于他们对生活的满足。

3. 抑郁型的站姿

抑郁型站姿的人通常是两脚交叉并拢,一手托着下巴,另一只手托着这只手臂的肘关节。这种人多数为工作狂。

这种人多愁善感、喜怒无常。但他们具有爱心,可以经常看到他们的奉献精神。

这种人很坚强,他们一般不会向人屈服,也不会由于重重摔了一跤,就不再继续在充满泥泞和荆棘的道路上前行。

4. 社会型的站姿

社会型站姿的人双脚自然站立,左脚在前,左手习惯于放在裤兜里。这种人的人际关系处理得很协调,为人文质彬彬,敦厚笃实,喜欢安静。不过碰上比较让人愤怒的事,他们也会暴跳如雷。

这种人不愿听到别人说他们是为了怎样怎样而与某人交往。

5. 攻击型的站姿

攻击型站姿的人常常将双手交叉抱于胸前,两脚平行站立。他们的叛逆性很强,具有强烈的挑战和攻击意识。

在工作中,他们不会因传统的束缚而放不开手脚。这种人的创造力比其他类型的人发挥得更淋漓尽致,并不是因为他们比别人聪明,而是他们比他人更敢于表现自己。

6. 古怪型的站姿

古怪型站姿的人常常自然站立,偶尔抖动一下双腿,双手十指相扣在胸前,大拇指相互来回搓动。这种人的表现欲望十分强烈,喜欢在公共场合大出风头。

他们喜欢争强好胜,标新立异。

·第三节·
走姿：脚下流露的言语

不同的人有不同的走路姿势

正如世界上没有相同的两片树叶，全世界虽然有近60亿人，却找不出两个人的走路姿势完全一样。虽然不同的人有不同的走路姿势，但在某些具体姿势上还是存在趋同性。

近来，行为学家通过研究发现，通过观察一个人走路姿势不仅能大致知晓他的身体健康状况，还能大致了解他的性格特征。

脚踏实地的走姿

如果一个人走路时"脚踏实地"，一步一个脚印，则说明其性格较为稳重。一般来说，此种人也比较重承诺、讲信义，答应别人的事都会尽自己最大努力去办。

来回摆动双臂的走姿

如果一个人走路时高抬起自己的下巴，左右双臂做着较为夸张的来回摆动动作，脚也显得较为僵硬，则说明其较为清高，有时还显得有点自命不凡。在与人交往时，他总喜欢摆出一副高不可攀的样子。

叉腰前倾的走姿

如果一个人在走路时喜欢双手叉腰，身体前倾，则说明其性格较为急躁，总希望在最短的时间内做尽可能多的事情。一般来说，经常保持此种走路姿势的人往往具有较强的爆发力和雄心壮志。他非常喜欢直来直去，也正是因为这个原因，他会经常得罪一些朋友。但总的来说，他的人缘还是相当不错的。

低头的走姿

如果一个人在走路时经常低着头,双手放于衣袋之中,则说明其性格较为内向,不太喜欢与人交流,尤其是与陌生人交流。在做事时,他喜欢安安静静地做;与人交往时,他更倾向于同自己性格相似的人交往。

风风火火的走姿

如果一个人走路时风风火火,大步向前,双臂还不由自主地前后摆动,则说明其性格非常外向,心直口快。他们喜欢与活泼开朗的人来往。他们做事豪放、洒脱,但实际上有着自己严密的计划和规划。

身体前倾的走姿

如果一个人走路时身体前倾,则说明他性格较为内敛、温和,无论是学习还是工作,他都会严格要求自己。与人交往时,他往往显得非常谦逊,但能做到不卑不亢,因而很得朋友的尊重。

昂首挺胸的走姿

有些人走路时抬头挺胸,大踏步地向前,充分表现出气魄和力量。这类人爱以自我为中心,淡于人际交往,不轻易求助于别人。他们思维敏捷,做事逻辑清晰,考虑问题比较全面。这类人的最大弱点是羞怯和没有坚强的毅力,时常说得多做得少。

摇摆不定的走姿

这种人处世坦荡无私,乐意帮人解决各种问题和困难,而且不需要别人的感激。需提醒他们的是,切勿锋芒太露,也不要有轻浮的举动。

步伐整齐的走姿

走路如同上军操,步伐齐整,双手有规则地摆动,别人看来不自然,但他们却感觉很协调。这种人意志力很强,对自己的信念十分坚定,他们选定的目标一般不会因外在环境和事物的变化而改变。

行动急促的走姿	微倾式的走姿	内八字式的走姿

任何时候都显得来也匆匆，去也匆匆，好像屁股后面着了火似的。这种人办事比较急躁，虽然明快而又有效率，但缺少必要的细致，缺少足够的耐性。他们遇事从不推诿搪塞，勇敢正直，精力充沛，喜欢迎接各种挑战。	有的人走路时习惯于身体微向前倾斜，而步伐还非常平稳。这类人性格内向，而且有一颗关爱之心，注重感情。他们害羞腼腆，为人谦虚，具有较好的修养，从不花言巧语。但这种人常常对生活感到厌烦，这是由于他们受伤害多，又不愿向人倾诉，独自生闷气造成的。	内八字式走路的人，永远是副憨实厚道的样子。但这种人在厚道的外表下，并不显得沉静。他们平常留意生活中的细节，事事喜欢按部就班地进行，如果有突发事件发生，他们就会大乱阵脚，而显得手足无措。这种人愿跟着潮流走，不愿成为众人注目的焦点，只追求平淡的生活。

此外，当年轻、健康、充满活力的人走路时，他们的步速要大大快于老年人，其手臂前后甩动的幅度都较大，以致看起来像行军一样。部队行军时往往就会采取此种姿势，以显示出士兵们的蓬勃朝气与活力。不少政治家和公众人物在走路时也会采用此种大步流星的姿势，以此来显示自己的干练和魄力。

走姿与心理反映

人们行走的姿态，即步态，是千姿百态、变化万千的，有节奏均匀的慢跑、大摇大摆的阔步、老态龙钟的蹒跚、偷偷摸摸的蹑行、故作姿态的扭摆、兴高采烈的蹦跳、摇摇摆摆的跛行、无精打采的漫步、急促小跑的碎步、闲庭自得时的信步、消磨时间的散步、夸张行进的正步、风驰电掣的疾奔、犹豫不决的徘徊、姿态优雅的滑行、心焦气躁的急走等。这些步态，每个人在日常生活中都会用到其中的一部分。

每个人具有不同的走路姿势，能使他的熟人哪怕相隔较远也能认出来。至少有一些特征，是因为身体的结构而有所不同，但是步法、跨步的大小和姿势，似乎是随着情绪变化而改变的。

如果一个人很快乐，他会走得比较快、脚步也轻快；反之，他的双肩会下垂，脚像灌了铅似的很难迈动。通常来说，走路快且双臂自在摆动的人，往往有坚定的目标而准备积极地加以追求；习惯双手半插在口袋中，即使天气暖和时也不例外的人，喜欢挑战而颇具神秘感。

一个自视甚高的人走路时，他的下巴通常会抬起，手臂夸张地摆动，腿是僵直的，步伐沉重而迟缓，似是故意引起他人的注意。

一个人在郁闷时，往往拖着步子将两手插入口袋中，很少抬头注意到自己往何处走。

走起路来双手叉腰像个短跑者的人，往往想在最少的时间内跑最长的距离，以达到自己的目标。他突然爆发的精力，常是在他计划下一步决定性的行动时看似沉静的一段时间内所产生的。

适当的步态可以表现出一个人积极向上、朝气蓬勃的精神状态，呈现出一种健美的姿态，正如古人所说的"行如风"，会给人留下良好的印象。

法国心理学家简·布鲁西博士研究发现，人的性格与动作有着很大的关系。从一个人走路的姿势、笑的样子、说话的方式等，甚至从一个完全出于无意的小动作，都可能推断出对方当时的心理状态。这也就是说，即便是走路，也会反映出一个人的特点：沉着冷静的人走路时，步伐稳健；健步如飞的人，充满朝气。

男性与女性正确的走姿分列如下：

男性

男子走路贵在稳健、迅捷。头要端正，两眼向前平视，挺胸收腹，两肩不要晃动，步伐要稳健、有力。

女性

女子走路贵在婀娜、轻盈，但以自然明快为好。女子走路，头也要端正，不过目光宜温和平静，两手前后摇动幅度不要太大，步伐以飘逸、轻盈为佳。

另外，不管男女，走路时，行走路线都应尽可能地保持平直。不要两手插入衣袋、裤袋，也不要躬腰弯背，东张西望，边走边对他人品头论足；不要东摇西摆，有气没力，抢先或拖后，双手叉腰和倒背手；不要拖泥带水，重如打锤，砸得地板咚咚直响。

其他的走姿者

1. 手足协调的人

这种人对待自己十分严厉，不允许出现半点差错和放松，希望自己的一举一动都可以成为他人的榜样，具有相当坚强的意志力和高度的组织能力。但他们容易走向武断独裁，让周围人产生畏惧，对信念专注固执，不易为别人和外部环境所动。

2. 手足不协调的人

这种人走路姿势是双足行进与双手摆动极不协调，而且步伐忽长忽短，让人看了极为不自在。这种人生性多疑，对什么事都是小心翼翼，瞻前顾后；责任感不强，做事往往有头无尾，甚至溜之大吉。

3. 跛方步的人

迈着这种步态的男人是非常稳重的，他们认为面对任何困难事情时，最重要的是保持清醒的头脑，不希望被任何带有感情色彩的东西左右了自己的判断力和分析力。

4. 走路文质彬彬的人

这种人走起路来不疾不缓，双手轻松摆动，富有教养。喜欢平静和一成不变，所以总是原地踏步和维持现状。他们遇事冷静沉着，不轻易动怒。以这种姿态走路的女人多属于贤妻良母型。

5. 步调混乱的人

因为心不在焉，所以这样的人走路步调混乱，没有固定习惯可言，或是双手放进裤袋，双臂夹紧，或是双臂摆动，挺胸阔步。他们一般豁达大方、不拘小节。

6. 落地有声的人

这种人双足落地的时候发出清晰的响声，行进迅速，昂首挺胸，一副精神焕发的样子。他们志向远大，积极进取，精心设计和打造自己的未来和生活。他们是理性成分超过感性成分的人，做事有条不紊，规规矩矩，同时注重感情，热烈似火。

7. 走路外八字的人

走起路来外八字的人常常属于外向型的人，心高气傲，富有自信，不甘居于人下。他们对自己的期望较高，会不断地追求更高的目标。

8. 走路横冲直撞的人

这种人走路迅疾，不管是在拥挤的人群当中，还是在人迹罕至之地，一律横冲直撞，长驱直入，而且从来不顾及他人的感受。他们性情急躁，办事风风火火；坦诚率真，喜欢结交五湖四海的朋友，讲义气，不会轻易做出对不起朋友的事。

9. 慢悠悠走路的人

这类人平时总是慢慢悠悠走路，他们大多性格迟缓，对自己放任自流，凡事得过且过，顺其自然，没有过高的追求，缺乏进取心。

10. 走路犹疑缓慢的人

这种人走路时仿佛身处沼泽地，行进艰难。他们大多性格较软弱，容易知难而退，不喜欢张扬和出风头；遇事总是三思而后行，绝不轻易冒险迈出第一步，结果往往错失良机；憨直可爱，胸无城府，重视感情，交友谨慎小心。

11. 走路故弄玄虚的人

这种人走路左晃右摆，一副弱不禁风的样子。好像在故弄玄虚，明明一无所有却要摆出一副卓尔不凡的架势。这种人遇到难题不是推卸转移就是不了了之，不允许别人有半点对不起他们，往往导致事业、爱情和生活上的失败。

12. 走路连蹦带跳的人

这种人手舞足蹈、一步三跳且喜形于色，一定是听到了某种极好的消息，或得到了意想不到的、盼望已久的东西。他们城府不深，不会隐藏自己的心思。此类人往往人际关系良好，朋友也不少。

·第四节·
手势：解读心灵的无语声音

信息随手势传递

数百万年以前，人类的祖先就开始用双手来制造和使用工具。自此以后，人类便开始逐渐成了地球的主宰。其实，人类的双手除了会制造和使用工具以外，还会协助有声语言来表情达意。十指连心，一个人手势的动作变化与他的内心变化往往是同步的。现代科学证明，手部有着丰富的神经，是人身上神经末梢最多的地方之一。因此它的触觉、温觉、痛觉等极为敏锐，稍有较大的痛楚，就会使人感到"揪心"似的疼痛。我们运动手指时，就可运动到大脑里不同的中枢。对大脑里不同的范围、深度，产生不同功能的运动效果。同理，脑部活动也就通过神经传达到手部，其中也包括各种潜在意识。你可能自己还没有觉察到，但这些意识已经传导到手部，你的手部姿势就反应出了这些意识。所以，很多人在与人交谈时，总会有意无意地使用各种手势来配合有声语言，以便能准确地表达自己内心的思想和情感。

传播学家研究发现，手势往往比有声语言更能传达出说话者的心意，因为作为一种可视的沟通形式，它比语言传递得更远，而且不会受到那些有时会打断或淹没话语噪声的干扰。所以，有时候，手势甚至能成为一种独立而有效的特殊语言使用。比如，拍手表示激动或赞成，转动眼睛表示故作谦虚、厌倦无聊或是恼羞成怒，把小指和拇指放在耳朵边上表示需要打电话，大拇指朝上表示赞同或钦佩，大拇指朝下则表示不赞同或鄙视对方。招手为来，挥手为去，耸肩表示"我很遗憾""我不介意"，或者是"我不确定"，伸手表示想要东西，手背在后面表示不想给予，诸如此类的手势还有很多很多。

简单手势中的信息含义如此之广，难怪一些画家会这样说道，"人体的很多部位都比较好画，但手却例外"。一般来说，如果一个画家不能通过手把它所包含的信息全部表达出来，那么他的这幅作品可能就是不成功的。

手势除了能表情达意以外，我们还可以通过观察一个人手势的变化来了解他的心理状态和性格特征。比如，某些人，无论在何时何地，他们总喜欢把自己的双手藏在衣袋或裤袋中。此种手势的一层含义就是他们想把自己隐藏起来，不想让别人看见他们的弱点或不足，所以这种类型的人往往给人高深莫测的印象，虽然他们本身可能不是这样的人；此种手势的另一层含义就是做出此动作的人不太注意别人的讲话，正在思考自己的事情。这虽然是一种不自觉的手势，但它却暴露出行为动作者内心的真实

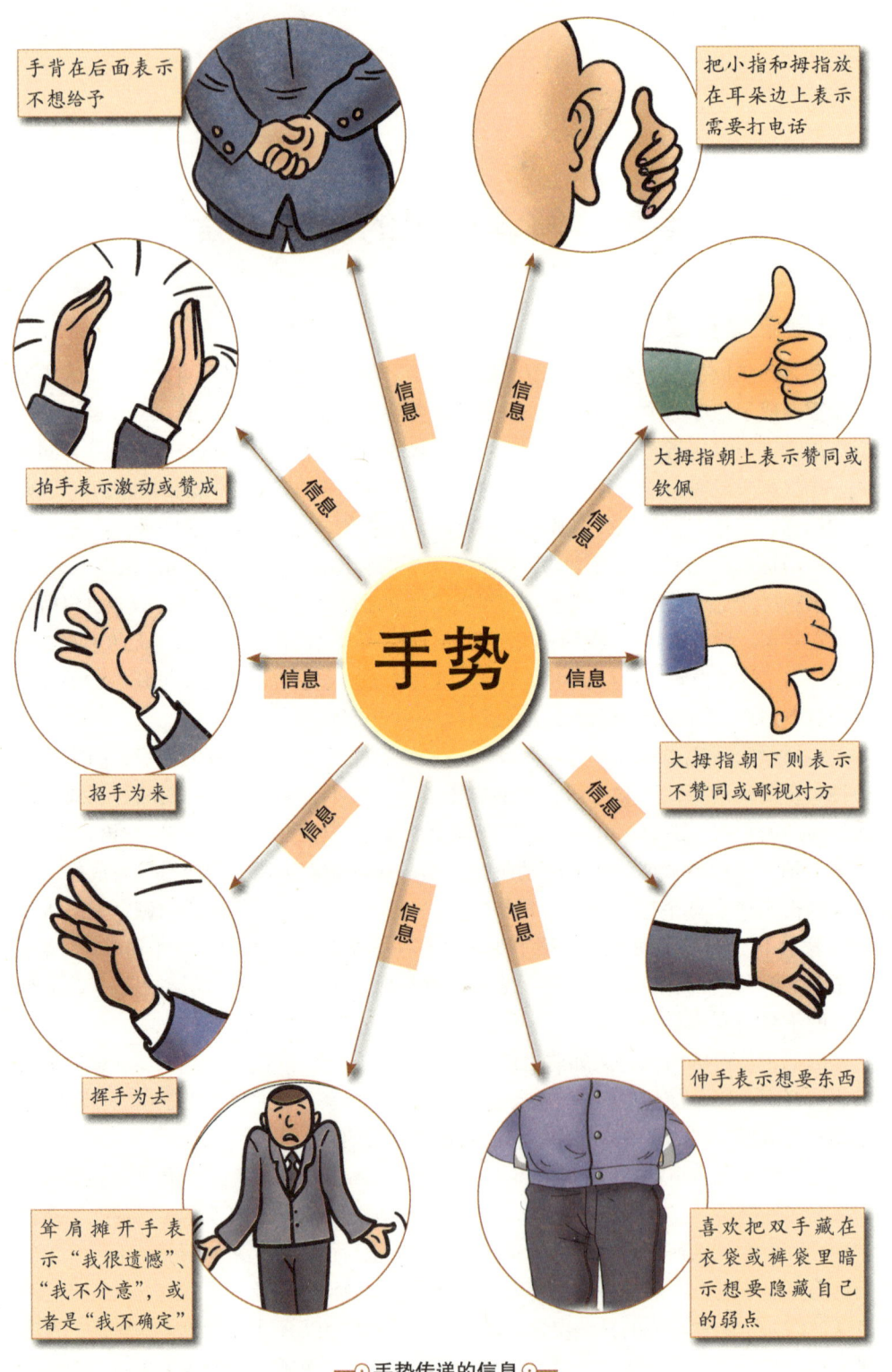

手势传递的信息

状况。再如,伸手时喜欢将五指并拢者,做事小心谨慎,井井有条,并具有较强的自信心。也正是他要求做任何事时,都必须事无巨细,所以有些时候容易自寻烦恼。再比如吝啬鬼严监生在临死前,一直不肯咽气,并向陪在其身边的人伸出了两根指头。家中的大小奴婢、子女都不明白严监生伸出两根指头的意思和为什么不咽气。最后,严监生的老婆看见丈夫的眼睛死死盯着两根燃着的灯芯,顿时明白了他的意思。原来严监生看见同时点燃两根灯芯,认为这非常浪费灯油,故而伸出了两根手指。随即,严监生的老婆掐断了一根灯芯,与此同时,严监生也终于咽了气。由此可见,简单的手势所传达的意义是多么丰富。

手势虽然蕴含有大量的信息,但不是通过闭门造车的方式"设计"出来的,也没有固定的模式和规定的角度,更没有"导演"的引发,而是随着说话者所表达的内容、具体的环境,以及在某种感情的支配下,自然而然地流露出来的。因而,从某种程度上来说,手势是人的第二张面孔,传达着丰富多彩的信息。

掌心的方向——翻手为云,覆手为雨

一个小小的手掌动作能传达出不同的内心感受。最常见的手掌动作有两种:手心示人和手背示人。翻手为云,覆手为雨。两种动作便可导致两种完全不同的心理感受。

1. 以手心示人表达善意

把手心示人(见图1)通常让人们感到的含义是表示服从和妥协,可以说这是一种表达善意的手势。为什么这么说呢?这个动作首先让我们联想到乞丐乞讨时的惯用动作,表达哀求之意。而从历史上看,这个动作应该是人们用来告知对方:我的手中并没有武器,我是友好的。

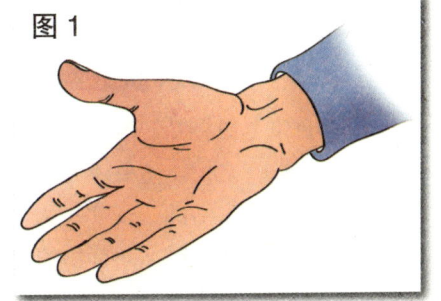

图1

表达友好的手心向上动作也经常见于我们的生活之中。比如礼仪小姐在指引路线时,就会用手心向上的动作指明前进的方向,代表了一种友善的诚意。而向某人介绍另一人时,也会用手心向上的手势指着被介绍者,这其中还蕴含着尊敬感。

表示妥协的手心向上姿势我们也经常见到。当丈夫遭到妻子的责骂时,通常会双手一摊,表示"我的确什么也没干过"。这个姿势既是表明自己的清白,也有着承认错误并且要求妥协的意思,不希望妻子继续声讨他。但撒谎的男人一般来说就不会做这个动作,他会下意识地隐藏自己的手心,而敏感的妻子就会发现有什么地方不妥。

举起一只手并以手心示人,表明自己想要发言,或者想引起注意。而将手掌按压于心口之上,表明自己的真心。基督教徒对着《圣经》发誓时,也把手心按在《圣经》上面,以示自己没有撒谎。

2. 手心向下表达权威

与手心向上或者露出手心相对，手心向下（见图2）就有了完全相反的意思。多数时候，这个姿势代表了一种权威性。

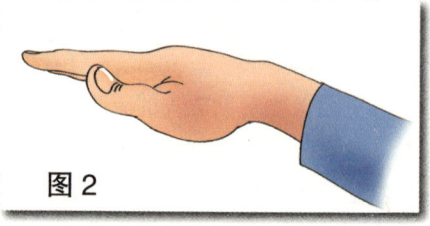

图2

一般来说，这个动作由上级对下级做出，并且这个手势也并不会对你的要求产生任何消极的作用，因为你本来就有凌驾于他之上的权力。这个手势不过是强化了这一认识，对方会立刻照做。假如你和对方的身份和地位相等，当你对他提出这个要求并做出了手心朝下的动作，这个时候对方很可能会拒绝你的要求。因为你的动作让他感觉到了你想控制他，而通常男性是不会希望同级别的另一个人指挥自己的。当然，下级对上级就极少用这种姿势了。

这个动作在生活中有了变体，身体语言专家亚伦皮斯曾在他的著作《身体语言密码》中提到这样一个例子，他以夫妻牵手为例，认为我们能从牵手动作中察觉谁在这个家庭更有权威性。通常为男性会稍稍走在对方的前面，而他的手也就自然而然地压在了跟在他后面的妻子的手的上方，其手心面朝后方。他的妻子由于位置稍稍靠后，其手心也就会很自然地向前迎合丈夫朝后展开的手掌了。这个小小的细节已经体现了男方在这个家庭拥有主导的权力了，也暗含了他的强者姿态。

同理，希特勒为何青睐这种手势，因为它为独裁者的权力野心提供了展露的机会。

摩拳擦掌——跃跃欲试

摩拳擦掌（见图3）用来形容人在进行某项活动前的兴奋、期待之情。这并不是文字的夸饰，这个形容词绝对是源于生活的，现实中人们的确常常会用摩擦手掌的动作来表达对某一事物的期待之情。

图3

比如，会场主持人一边搓着手掌，同时对听众说："下一位就是我们期待已久的某某先生。"掷骰子的人在掷出以前，往往会用手掌不停地搓骰子，以期自己成为赢家。满脸通红的孩子跑进家门后，摩擦着手掌对父母说："爸、妈，这学期我又考得了第一名。"需要注意的是，在寒冷的冬天，当一个人在车站急切等待公共汽车的时候，不停地搓着双手，一方面有可能是他急切期待公共汽车快点到来，另一方面有可能是他感觉太冷，所以双手不停地搓来搓去。

有趣的是，同样观察一个人搓手速度的快慢，还可以知晓他对所期待事物的期待程度和他内心的情绪状态。如果一个人站或坐在那里急速地搓动着双手，则说明他非常期待某件事情的发生，或是极度渴望自己能做成某件事情，此种情况下，他内心的情绪肯定是较为急切的。反之,当一个人站或坐在那里慢慢地搓着手,则说明他在遇到有决定性作用的选择时的一种犹豫不决,或是将要做的事情可能会遇到很大的阻力,此种情况下,他内心的情绪是摇摆不定的。

需要提醒大家的是,我们理解每个动作的含义都不能离开它的使用背景。比如摩拳擦掌,并不是任何时候都代表了兴奋和期待。寒冷的冬季,你看见一个摩拳擦掌的人,他可能也像掷骰子的人一样往手心里吹气,但那仅仅是因为太冷了,想要摩擦生热而已。

整个手掌的互相摩擦能表达兴奋心情,但只揉搓拇指和食指指尖的动作就另有含义。东西方在这个动作的含义上达成了一致,一般都用来暗指金钱,或是表达索取金钱的意愿。

紧握双手——挫败感的标志

在一次商业谈判中,甲方代表看到乙方代表放在桌子上的双手紧紧地握在一起,而且越握越紧,以至于他的手指都开始泛白。甲方代表于是胸有成竹地提出了自己的要求,结果乙方居然轻易地答应了。

甲方代表自信地提出要求,是因为他从乙方代表的身体语言中就已经读出了他的内心所想。紧握双手的动作(见图4)体现的其实是一种拘谨、焦虑的心理,或是一种消极、否定的态度。谈判专家尼

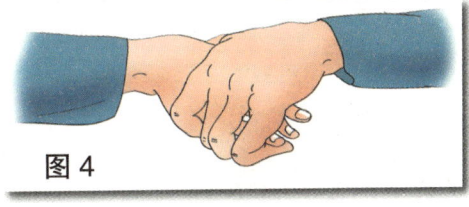

图4

伦伯格与卡莱罗曾经针对这一动作开展过专项研究。其结果显示,如果有人在谈判中使用了该动作,则表示此人已经有了挫败感。这就意味着,在他的心中,焦虑与消极的观点开始蔓延。所以甲方代表判定自己在谈判中已经占据了主导地位。

我们通常会认为紧握的双手是自信的标志,因为动作者通常还伴有面部微笑。而实际上,内心真正轻松且自信的人很少会做这个动作。因为紧握的双手互相用力,仿佛在找一个可以依靠和发泄的场所,体现出来的心理语言不是紧张就是沮丧和焦虑。

紧握双手的动作按照其紧握双拳的位置大致可以分为:脸部前握紧的双手;坐下时,将手肘支撑在桌子或膝盖上,然后握紧;站立时,双手在小腹前握紧。

在这一动作中,双手的位置所体现出来的信息也是很重要的。你可以由此判断动作者的内心焦虑感有多强烈。因为双手位置的高低与此人心理挫败感的强烈程度有十分密切的关系。通常情况下,当一个人将两只手抬得很高而且双手紧握的时候,即双手位于身体的中间部位时,要想与他有进一步的沟通就会变得很困难。比较起来,如果他的双手位于身体下部的时候,你想要与他交流就会显得更加容易。

那么,当你发现对方紧握着双手,如何做才能让他解除防备,从而畅快地交谈呢?当你发现对方将手放到了所谓的难沟通区,你就必须要想办法破解它。改变谈话

的内容是一方面，但一些小技巧的使用会更快捷。你不妨停一停，为他递一杯茶或者递给他其他物品。这些物品需要他拿在手上，如此一来，他也就没有办法采取双手紧握的方式了。这些小技巧看起来并没有什么高妙之处，但实际上，人的潜意识能影响外部动作，反过来外部动作也是可以影响潜意识的。所以当你让对方做出了开放型的姿势以后，他才能更容易地接受你的意见。否则，紧握的双手就会和交叉的双臂一样，将你的所有观点和想法全都拒之门外。

十指交叉的双手

心理学家研究发现，在各种形式的体语中，最不受重视，却是最有力的非语言信号是人的手掌，尤其是十指交叉的双手。如果能将十指交叉这一姿势使用得非常正确和得体，它就会使使用这一姿势的人显得非常自信和有权威，并且还能对别人产生一种无形的控制力。十指交叉这一手势最得女性的青睐。

1. 自信而威严

一个人坐于桌前，十指交叉置于下巴的前方，两胳膊肘抵放在桌面上，头微微扬起，双眼平视前方，胸部稍微前挺，双肩自然下垂并由此给人一种脖子上升的感觉。

2. 侃侃而谈的时候

十指交叉的双手平放在胸前，面带微笑地看着对方。也有的将十指交叉的双手放在桌面上，或是放在自己的膝盖上。

3. 自信的女性

如果一个女性喜欢用双肘支撑着交叉的双手，或是喜欢把下巴放在交叉的双手的上面，则说明其是一个非常自信的人。

4. 感到非常紧张窘迫

某个员工在发言会上陈述自己的观点和意见时，随着发言的进行，他的十指不由自主地紧紧地交叉在一起。由于太用力，其十指变得苍白无色。他的这一手势表明他此时非常紧张。十指交叉在某些条件下是一种紧张、沮丧心情的反映。

5. 戒备心很强的女性

如果一个女性在站立时喜欢将十指交叉的双手置于胸前，则表明其具有很强的戒备心理，她可能在感情上或是生活上曾经受到较大的伤害。

6. 思考中的女性

如果一个女性将自己的头置于十指交叉的手上，则说明其可能在后悔或反思自己的某一决策或是行为，当然她也可能是在思考某一问题。

很多情况下，一个人十指交叉手势位置的高低与其情绪状态有关。一般来说，当一个人把十指交叉的双手置于胸前或是腹部时，则说明其情绪状态较为积极、高亢，对自己充满了信心，同时也会让其显得高深有城府。当一个人把十指交叉的双手置于腹部以下时，则说明其情绪状态较为低落、消沉，同时也会让其显得坦诚无欺。

托盘式手势——表达倾慕之情

当女性面对心仪的对象时，经常会做出托盘式手势——双肘支撑在桌上，两只手搭在一起，把下巴放在双手上（见图5）。女性通常借助这一手势来吸引心仪男性的注意力。假如对面的男子颇让自己心动时，女性常常把自己的双手当成托盘，把自己的脸当成其上的精美工艺品，呈现在对方的面前。

图5

婚姻中的女性并不经常做出这个举动。例外的可能是，结婚纪念日，夫妻二人共进烛光晚餐，妻子在丈夫对过往的回忆中，找到了恋爱时的感觉。他似乎又变作了那个当年让她仰慕的男子了，所以她情不自禁地摆出了托盘式的姿势，告诉对方："你让我很有兴趣，我在仔细倾听你的话。"

托盘式的姿势除了表示对对方的个人或者谈话内容感兴趣，还可以表达恭顺之意。女性做出这个姿势时，突出了自己柔和的面部线条。这也是与男性的区别之一，由此展现的女性特质会让异性格外注意。而如果你身处工作场合，面对着谈判对手，那么这样的姿势就会让你处于弱势。

手撑着脑袋

用双手托住头的姿势如果稍加变化，能表达出完全不同的含义。如果你是一个会议的发言人，当你在滔滔不绝的时候发现有的与会者把双肘支撑在桌子上，把头撑在手掌上。但并不是用交叠的手背做出托盘式姿势支撑头，而是用双手手掌托着自己的下巴（见图6）。那么你千万不要觉得对方是在对你表达仰慕或者恭维，这是他已经厌烦了你的讲话，甚至有了几分倦怠，所以用手撑着头，以免自己倒头就睡。

图6

托盘式姿势和双手托腮的姿势，除了手心的朝向不同，它们所用到的力度也不同。托盘式姿势看起来是用手背托着头，但为了突出脸部线条的女性是不会使用很大的力度的，她们的下巴只是轻轻地贴近手背，避免挤压而破坏脸部轮廓。而双手托腮就不同了，动作者的目的是为了不让疲倦的大脑陷入沉睡，而用手托住。这时，头部重量是完全压在手掌上的。这也是常见的休息姿势之一，总之它所表明的就是动作者不想参与到与你的沟通之中。

高度自信的尖塔式手势

一般来说，在身体语言中，对一个姿势的理解需要结合其他姿势群和具体的环境，才能解读其真正的含义，因为某一具体手势在这个特定场合中可能有某个特定含义，而在另外一个特定场合中却可能并没有含义。比如，在一个寒冷的房间里，某人将双臂交叉放在胸前可能仅仅是为了防寒取暖，而与防御自卫或者孤独离群没有丝毫关系。但体语中有一个姿势却是例外，它是一个孤立的姿势，不需要结合其他姿势群和具体的环境，就能表达一个明确而具体的含义，它就是"塔尖式手势"。那究竟什么是塔尖式手势？它表达的具体意义又是什么呢？

所谓塔尖式手势，是对一种手势的形象称呼，指双手手指一对一地在指尖处结合起来，但两个手掌并没有接触，外表看上去就像教堂的尖塔一样，故而被称为塔尖式手势。它表达的意义就是姿势发出者对自己非常自信。一般来说，采用这个姿势的主要是这样一些人：非常自信、有优越感，较少使用身体语言的人。

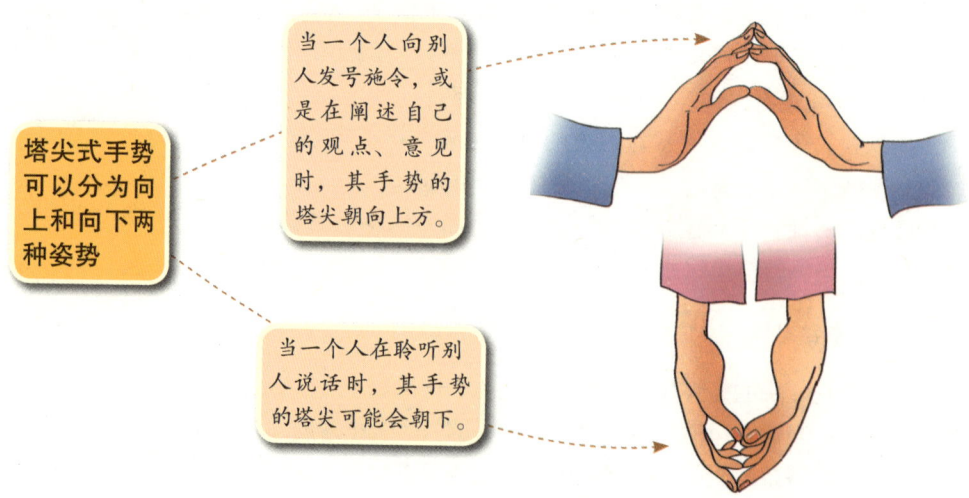

塔尖式手势可以分为向上和向下两种姿势

当一个人向别人发号施令，或是在阐述自己的观点、意见时，其手势的塔尖朝向上方。

当一个人在聆听别人说话时，其手势的塔尖可能会朝下。

图7  图8  图9

塔尖式手势常用于上下级之间的互动关系中，用来表示自信和无所不能。经理或部长给下属传达通知、布置任务时，常会自觉或不自觉地做出这个姿势。这在律师、IT人员、经济师之类的人群中尤为常见。他们之所以喜欢做出这个姿势，就在于想通过此种姿势，向别人表明对自己所说的话，或者是所作的决定，具有十足的信心。

研究表明，职场中有一种很普通的现象就是那些自信的佼佼者经常使用塔尖式手势，以显示他们的高傲情绪。在上下级之间，这种手势主要用来表示当事者"万事皆知"的心理状态。如某些大公司的总经理在给他的下级传达指示时经常使用这一手势，某些做报告的领导，常常坐在讲桌旁，双臂支撑在桌子上，双手不由自主地形成塔尖式。这种手势在会计、律师、经理、单位领导和同类人中间显得更普遍。

具体来说，根据塔尖的朝向，塔尖式手势可以分为向上和向下两种姿势。当一个人向别人发号施令，或是在阐述自己的观点、意见时，其手势的塔尖朝向上方；当一个人在聆听别人说话时，其手势的塔尖可能会朝下。心理学家研究发现，女性不论是在对别人发号施令，还是在聆听别人说话，她们都喜欢用倒置的塔尖手势（见图7）来含蓄表达自己的自信。如果一个人在做出塔尖朝上手势的同时，还昂起自己的头（见图8），这就表示他是一个自以为是，并且很自大的家伙。更为夸张的是，某些人在观看对方时，也喜欢做出塔尖式手势（指尖朝上）。他先把十指做成塔尖式手势，并将其置于与双眼平行的位置，然后透过两掌间的缝隙盯着对方，一言不发（见图9），好像在告诉对方："你心里在想什么我都一清二楚，不要在我面前耍花样，不然后果很严重！"

总的来说，塔尖式手势是一种积极、明确的姿势语言，除了可以用于积极的方面以外，它还可以用于消极的方面。比如，当一个下属在向其经理汇报工作时，他可能会做出一些积极的姿势，比如摊开双掌、身体前倾等。经理在下属汇报完毕后，他可能做出塔尖式手势。要想判断经理这个手势的意义是积极的，抑或是消极的，关键就在于经理做出的这个动作是在他的一些积极姿势之后，还是在一些消极姿势之后。如果是在一些积极姿势之后做出的，则表示他肯定了这位员工的工作；如果是在一些消极姿势之后做出的，则表示他不太满意这位员工的工作。

□ 图解微表情心理学

抚摩下巴

图 10

当你向一群人或朋友发表自己的意见时，如果你留心观察一下他们，可能会发现这样一个有趣的现象：在你发言的过程中，他们中的很多人会把手放在脸颊上，摆出一副估量的姿势。当你的发言接近尾声，你让他们对你刚才的发言发表一些意见或是看法时，有趣的现象便开始出现了，他们会迅速结束自己原先的估量姿势，将手移到下巴处，并轻轻地抚摩下巴（见图10）。这种抚摩下巴的姿势就表明他们在对你刚才所讲的话进行思考、分析、判断了。

当你要求听众做出决定时，他们便会把轻轻地抚摩下巴这一表示思考、分析、判断的姿势变为做出决定的姿势了。其接下来的姿势就会表明他们的决定是积极的还是消极的。这种情况下，你大可不必匆忙要求他们迅速给出答案，你的最佳策略就是冷静地观察他们的下一个动作。

1. 表示否定的情况

如果他们在抚摩下巴之后，将自己的手臂和腿交叉起来，并将身体后仰在椅子上，这种情况下，他们的最终决定可能是否定的。

2. 表示肯定的情况

如果他们在轻轻抚摩自己的下巴后，身体后靠，同时手臂张开，这就表明他们的决定很可能是肯定的。一旦出现此种情况，你就可以接着在台上尽情地"纵横驰骋"了。

如果发现听众的反应暗示出否定的情况，你大可不必惊慌，因为事情还没有到完全无法挽回的地步。此时你应迅速征求一下他们的意见，请他们说出心中的疑惑、不满，然后对其进行一一解答。这样一来，那些原来心存疑惑、不满的听众很可能就会改变他们的决定了。

需要注意的是，当一个人陷入深深思考之中时，往往也会做出抚摩下巴的姿势。另外，根据《辞海》的注释，"抚摩下巴"是形容得意容貌的姿势。因此，"抚摩下巴"这一姿势，根据具体情况的不同，其表示的意义也是大相径庭的。比如，从身体学的角度上来说，"抚摩下巴"这一姿势主要偏向于自我亲密性的意义，也即当一个人失去自信，感到不安、恐惧、焦虑、孤独，或是处于进退两难的尴尬情景之中时，借触摸自己的身体，以掩饰自己的上述心态，进而起到安慰自己的目的。再如，当一个人听见对方不停地恭维自己后,他不由自主地伸手去抚摩自己的下巴,这就表明他现在正处于扬扬自得的情绪状态之中。

抓头和拍头的姿势

抓头和拍头是最常见的两种头部姿势,其意义也非常丰富。具体来说,拍打头部这个动作多表示懊悔和自我谴责。比如,当一个人忘记某件事时,一番冥思苦想后也没有一点头绪,但在某一个瞬间,又忽然想起来了,这时他多半会拍一下自己的脑袋,叫一声"想起来了"。再如,当一个人对某个问题苦苦思索良久后,仍想不到好的解决办法,忽然之间有了灵感,也会做出拍脑袋的动作。还有,当一个人到达火车站后,看见自己要乘坐的火车已经启动,正缓缓驶出车站,这时他可能也会拍两下脑袋,以示自我谴责,后悔自己太贪玩,以至没有乘上火车。

不过,虽然同样是拍脑袋,但部位却有所不同,有的是拍打后脑勺,有的是拍打前额。一般来说,拍打后脑勺的人多半处于思考状态,他做出此种动作的最大目的就是放松自己,以便想到更好的办法,而拍打前额,则表示当前面对的事情不管是好还是坏,至少已经有了一个结果。

某些情况下,拍头或抓头这一姿势也可以表示懊悔或恼怒中急欲反身一搏,以便让自己挽回颓势或败势。至于说他会不会真的动手攻击对方,需根据当时情形判定,一般而言,威吓对方的成分居多。若是女士则往往是以此种动作姿势来吓唬对方,以掩饰自己恼羞成怒或是懊悔连连的情绪状态。有时候,女士在做此种动作姿势时,还会混合着另一种动作共同使用,即用手假装梳理头发,以便向对方暗示这样一个信息:你可要小心点,最好别惹恼我,不然让你吃不了兜着走!有些时候,男性做出摸后脑勺的动作姿势是要为其扬手打对方做准备。

——⊙抓头和拍头的含义⊙——

摸耳朵——反感信号

在我们的五官中,耳朵所能表达的身体语言是非常少的,这是有原因的,因为在一般情况下,耳朵本身是不会动的,它要依靠手的动作,才能够表达出它所要表达的意思。

我们在上学时,老师经常教导我们要养成举手发言的习惯,但是随着年龄的增长,我们在与他人交谈时,却不愿意再举手发言,因为我们觉得这样做很难为情。所以当我们感觉对方的话题非常乏味、无聊,或者对话题的内容感到反感,想要打断对方的时候,通常会出于本能地举起手,但往往在手伸到一半时就会立刻缩回来,而为了要掩饰自己的行为,就会改变成一种扯耳朵或摸耳垂的微妙动作。

当你与别人交谈,如果发现对方有扯耳朵或摸耳垂的动作,那么请你注意如下两点:

这很可能就是对方要打断你的话或对你的话题产生反感的信号。

这时你不妨停止自己的长篇大论,转而让对方开口发言。这样,对方会认为你是一个通情达理的人,尊重他的感受。

但是,在某些情况下,一些人有了这样的动作,其实并不是想打断你的话或对你的话题产生了反感,例如有些人在内心焦虑或紧张不安的时候,也会做出扯耳朵或摸耳垂的动作,这就如同一些人在心里烦躁不安、紧张焦虑时,鼻尖上会冒出大量细小的汗珠一样,是一种心态的特殊反映,所以我们应该区分看待。

遮蔽动作——逃避现实

遮蔽动作通常和压力、恐惧有关,例如用手遮住脸、嘴唇或者耳朵,当人们听到噩耗或目睹惨剧时,常常会用手捂住自己的整张脸,这是表示他们不想再听到或者看到那些可怕的事情。

同样,如果一个孩子不想听到父母的训斥,他会用手堵住自己的耳朵,阻止那些责骂声钻进耳朵里,而儿童在说谎时往往会十分明显地用手触碰自己的脸。比如,当一个孩子撒谎的时候,他会用一只手甚至两只手捂着自己的嘴,似乎正试图让那些谎话不再从嘴里冒出来。如果他看到了可怕的东西，他就会用手或者手臂遮住自己的眼睛。当他逐渐长大以后，这些手势就会变得更敏捷而且越来越不易察觉，但是在掩饰自己的谎言或者作伪证的时候，仍难免做出这些下意识的手势。

电影院正在上演惊险大片，主人公命悬一线的镜头让玛丽紧张万分。她似乎早已忘记了自己的观众身份，完全融入剧情之中。当惊险的镜头出现时，她用双手紧紧捂住自己的嘴，似乎害怕自己因为紧张和恐惧而叫出声来。

捂嘴的动作属于遮蔽动作的一种，经常见于女性的身上。当她们看到令人恐惧、忧伤，或者使人情绪紧张的事物时总会不由自主地用双手捂住自己的嘴。这个动作一方面阻隔她们内心深处的呼喊，另一方面也给了她们自己贴心的抚慰。这种可以看作抚摩嘴唇的动作有它自己的根源。

捂嘴可以看作是对母亲的回忆，因为这个动作直接刺激了嘴唇。其实，我们出生后就自动掌握了一套动作，比如吸吮动作。我们像所有哺乳动物一样会自发地寻找母亲的乳房，并且用吸吮动作获取乳汁，这是与生俱来的。这是母亲的皮肤与我们的嘴唇亲密接触，我们在吸吮乳汁时感到安宁平和，而这份触感及心情就一直存在于我们的记忆中。成年后的人一旦遇到内心焦虑或者动荡的时刻就会不由自主地回忆起幼年期的安宁时刻，而捂嘴这个动作用触觉强化了我们的记忆，让我们从中获得内心的平静。

自我抚摩——寻求安慰

当人处于紧张、情绪低落、遭遇挫折的境况时，会不自觉地借助各种不同形式的自我抚摩来安慰自己，给自己打气。例如用手挠挠头皮、梳理一下头发，并抚摩后颈，女性则通常会双手环抱着身体，用手摩挲手臂，这正是寻求被保护、进行自我安慰的典型动作。

每个人都有亲密接触的欲求，这方面女性的欲求大于男性，儿童的欲求大于成人，小孩子如果跌倒或者受到其他伤害，第一个反应就是让妈妈抱抱，身体上的亲密接触可以消除恐惧，获得安全感。随着年龄的增长，成年人不能像小孩子一样再向别人索求拥抱，人无法随时随地得到亲密接触，因而转换成自我抚摩来满足亲密接触的需求。

常见的自我抚摩动作有以下几种：

1. 头部区的抚摩

比如抚摩额头、挠挠头皮、抚摩头发、轻捏脸颊、用手托脸，等等。

2. 脸部的抚摩

例如用手抹脸、轻捏脸颊，双手捧着脸。此外，前面提到的双手环抱姿势也是自我抚摩的一种，在女性当中很常见。

3. 手部的抚摩

摩挲自己的手背、吸吮手指、咬指甲等。当你发现女性出现这些下意识动作时，可以给对方适当的安慰和身体接触，但是不能太过，轻轻拍一拍对方的肩是最适度的安慰。因为虽然女性的这些动作是渴求接触的表现，但她们强烈的戒心依然会反感你过度的接触。

4. 颈部区的抚摩

抚摩颈部的前方、后方。女性尤其喜欢抚摩颈部前方，当她们听到使内心不安的事情时常常不自主地用手掌盖住自己的脖子前方靠近前胸的部位。

5. 间接自我抚摩

有些动作属于间接的自我抚摩。比如撕纸、紧握易拉罐让它变形。这种间接的自我抚摩也刺激到了我们的触感。并且你可以发现，当一个人的挫折感或者不安感越重的时候，这样的动作出现的概率更大。人们似乎希望借这些动作来发泄，同时稳定情绪。

表示自我的拇指

在身体语言中，拇指常被用来表示称赞，或者是用来展示优越感、控制权，甚至侵略性。但在具体的手势语言中，拇指的姿势只起一个辅助作用，它往往需要与其他姿势相结合才能表达一个完整的意思。

心理学家研究发现，拇指的姿势是积极的信号，说话时喜欢竖大拇指的人往往具有坚强的性格，喜欢以自我为中心，是典型的力量型的人。一般来说，他们具有较强的支配能力，有优越的地位，因而很喜好争强好胜。与人交谈时，如果他们将拇指的指尖指向自己，那就是在向对方暗示自己的优势地位。

有的人常常喜欢把拇指从口袋里露出来，他们之所以这样做，是想掩饰自己的霸道态度。一些性格"霸道"或者颇具"侵略性"的女性往往也会采用此种姿势来显露她们的本色。有些时候，一些人在做出拇指姿势的同时还会踮起脚，以便他们显得"高人一等"。

拇指虽然只有两根，但其蕴含的意义却非常丰富。一般来说，竖大拇指是表示"好""真棒"的意思。有些时候，一些人竖起大拇指是为了向别人显示自己的优越地位，比如一些大款在向别人炫耀自己时，往往会挺胸腆肚，并用拇指指着自己说道："我这人什么都缺，就是不缺钱。"一些喜欢吹牛的人在向别人吹嘘自己时，也喜欢使用拇指来配合自己的有声语言。比如，在一些饭店中，我们经常可以看见这样的情景：某位喝酒喝得满脸通红的人，用拇指指着自己对着同桌的年轻人说道："我也不是吹，哥们儿在单位里可是说得上话的人！你放心，你那点事，包在我身上！"

古罗马时代，贵族蓄养战俘或者奴隶成角斗士。这些角斗士们要互相打斗，甚至和野兽搏斗。胜利者接受贵族的赏赐，而失败者则由斗兽场的观众决定他的生死。而决定的手势就是握拳伸出大拇指，如果大部分人将大拇指竖立起来就表示同意留他一命，如果大部分人扳下大拇指，这个角斗士就要被杀死。

所以竖立的大拇指除了表示对对方的赞赏，还有一种自我贵族身份的炫耀感。做此手势的人也相当自信，觉得自己也很棒。

在一些特定场合，当拇指被用来指向某一个人时，就变成了讥笑或贬低他人的意思，这是非常不礼貌的，也是不尊重别人的表现。比如，一群男性聚在一起谈论自己妻子的时候，某位男性握着拳头将大拇指指向自己的妻子，并侧过身对其朋友说："女人嘛，也就那样，你对她越好，她就越不知足，所以最好还是不要对她太好！"在这种情况下，很可能会爆发一场口水战。因为，女性最为恼火的就是别人，尤其是男性，用拇指指着她们。一般来说，女性不会在说话时用拇指去指着别人，但如果某个陌生人或是自己的丈夫，让她感到非常气愤时，她们也会偶尔用拇指去指着对方。

所以，无论在何种场合，也无论是对谁，我们都不应该用拇指指着他人。如果你确实想称赞或表扬他人，应该面带微笑，将手平伸出去，然后将拇指上扬，这样才能真正表达你对别人的赞扬和钦佩之情。

既然大拇指代表了一种自信，男人们总是在潜意识里寻找机会露出大拇指。不过，在众多肢体语言当中，拇指的动作属于二级语言，通常需要配合其他动作或手势来使用和理解。通常情况下，拇指的动作往往都是褒义的，或是带有正面效应的。

1. 双臂交叉抱于胸前，将双手的拇指露在外面且保持向上竖立的姿势

如果某人在双臂交叉的同时，露出向上竖立的大拇指（见图11），那么就可以看出此人内心的优越感极强，而且相当有自信，认为情况都在他的掌握之中。而且他并不会介意人们意识到这一点，相反他倒是很希望别人注意这一点。所以在他说话的过程中，他会活动他的大拇指以引起对方的注意。通常在说到重点内容时，他的大拇指活动的幅度会格外大，用以提醒对方。

图11

而交叉的双臂则能够保护自我，给他安全的感觉。而拇指向上的手势代表做该手势的人十分自信。这就使得这个动作包含了双层含义，既说明做此动作的人存在防备或否定的心理，又通过外露的拇指体现出了此人的优越心理。而假如他处于站立的姿势时，他往往也会以脚跟为轴心，前后摆动身体。

2. 双手插入衣服或者裤子的口袋，而把拇指留在外面

图12

双手插入衣裤口袋，把拇指留在外面的动作很常见（见图12）。凡是感觉自己高人一等，或是处于优势地位的人，无论男女，都会在不经意间做出这样的动作。比如老板们在员工面前会使用这一动作，但下级通常大都不敢在老板面前摆出这样的姿势。

男人们更经常使用这个动作是因为他们很早就着裤装，而女性则基本是以无袋的裙装为主，直到后来女性们开始着裤装，并且在社会中获得越来越多的权利，这些动作才开始在女性中流行起来，但也只有有女权主义倾向的女性最常使用这个动作，她们的意思是要表明男女的平等。

不要轻易伸出你的手指

手是人身体上活动幅度最大、运用操作最自如的部分。因此人们在日常生活中时时处处忘不了它，事事处处离不开它，即使在社交场合也要尽情发挥它的功能，于是五彩缤纷的手势语也就应运而生。手势语是人体语言最重要的组成部分，是最重要的无声语言。它过去是，现在是，将来仍然是人们交往中不可或缺的工具。世界不同的国别或相异的民族，同一种手势语表达的意思可能大体相同或相近，也可能截然相反。

在东方大部分国家，用你的食指指着别人也是非常不礼貌的行为，在西方国家则认为这是批评、嫌恶被指之人。弯曲食指，我国表示"9"，到了美国就成了召唤人了。

第四章 行为举止会暴露你的真实想法

喜欢对着观众伸出食指的演讲者是不受欢迎的	用食指叫别人过来也是没有礼貌的行为

讲到自己的时候不要用手指自己的鼻尖	若涉及自己时,可以伸出右手,手指并拢,手掌朝向身体,轻轻地按在左胸前

用食指指着导游对朋友介绍	在向客人介绍建筑物等场所或指示方向时,也避免使用食指

——⊙不要轻易伸出你的手指⊙——

109

竖起食指，除了像我国习惯可以表示"1"以外，法国人以此表示"请求提出问题"，缅甸人以此表示"拜托"，新加坡人以此强调重要性，在澳大利亚，却表示"再来一杯啤酒"。

如果你确实需要指着别人的话，要用你右手的大拇指指着你所说的方向，或者只是冲着那个方向抬抬下巴。

同样地，用食指叫别人过来也是没有礼貌的行为，如果想要叫侍者的话，只需要朝着那个方向举起手就可以了，同时用眼神表示你正在叫他；也可以水平抬起你的右臂，掌心朝下，手做出类似于挖东西的动作就可以了。

在向客人介绍建筑物等场所或指示方向时，也避免使用食指，正确的做法是掌心稍微倾斜向上，四个手指自然地并拢并伸直，大拇指微微地弯曲，这表示出对客人的尊重。

指点自己不要使用右手食指或者大拇指，这样会显得很粗俗。在与外宾谈话当中，若涉及自己时，可以伸出右手，手指并拢，手掌朝向身体，轻轻按在左胸前，这样既文明又显出自尊自信的内在修养。

和客户交谈，讲到自己的时候不要用手指自己的鼻尖，而应用手掌按在自己的胸口部位。谈到别人的时候，不要用手指着别人，更忌讳背后对人指指点点等很不礼貌的手势。

大多数教导人们如何演讲的课程都会这样告诫，不要老对着你的观众做出指指点点的动作。一个老是喜欢对着自己的观众伸出食指的演讲者是最不受欢迎的。因为这样的姿势给了观众一种压迫感，让观众觉得这个人的气势咄咄逼人。所以观众会自然而然产生一种消极的情绪，而消极情绪下的人也是最难接受对方意见的人。所以，演讲者想要阐述的观点也是很难被对方接受的。

在日常生活和工作中使用这种手势总是会招来一些对你的负面评价，为了改变你的形象，我们建议你尝试着改变自己的这一习惯。不过，已经适应的手势习惯是比较难改变的，假如你实在无法适应使用其他手势，你不妨尝试着对这一手势进行改良。身体语言学家亚伦皮斯给出了这样的建议：可以将原本伸直且突出的手指弯曲，顶住大拇指指尖，做出一个"OK"状的手势。或者将其他紧握的手指微微松开，使得你的拳头看起来不那么硬。改良后的手势并不会影响你原有的权威性，但是却让你看起来显得更加温和而亲切。

巧借对方的手势获得赞同

心理学家谢夫伦教授曾说过这样一句话："一件事情的意义和作用并不在于事情的本身，而在于前后关系。"一个人身体姿势的改变说明发生了一些事情，但它并不总是告诉我们具体发生了什么事。因此，要想了解一个人身体姿势变化的原因，就必须了解事情的前因以及它与全过程的关系。

比如，某个人在大谈特谈，他的听众双臂交叉地靠在沙发上，倾听着他的观点和思想。当一个听众觉得自己的想法和讲话人的观点出现矛盾时,就会有意识地改变自己的身体姿势,准备"起草"不同意见。他也许将身体前倾,双腿平行放置,手也不再交叉;也许他会抬起一只手,并用食指指着对方。一旦看见讲话的人向他做出一个起立的姿势后,他便会马上站起来阐述自己的观点或意见,讲完后便又恢复原来的坐姿,有时也会不再交叉双臂,以此发出信号,表示他的意见也可以再探讨。反之,如果他在做出准备发言的姿势后,讲话者并没有停下来的意思,他也不会强行去打断别人的讲话,因为这肯定是不礼貌的,也会遭到别人的鄙视。但是,他不发言,并不意味着他赞同讲话者的观点。

由此,我们可以明白这样一个道理,借助对方或是学会理解对方的手势来获得对方的赞同是非常重要的,这既可以让你显得彬彬有礼,也会让你赢得别人的尊重,当然,这也可以让你顺畅地发表自己的意见。

其实,借助对方的手势获得赞同的益处随处可见。比如,月末,员工向经理陈述自己这一个月的工作业绩,在汇报快要结束的时候,如果看见经理摆出双臂抱于胸前,两手拇指上翘等一些表示赞同的姿势(见图13),那么在汇报完毕的时候,他就可以说一句,"我自信完成得还不错"。相反,在汇报即将完毕的时候,如果看见经理双臂紧抱于胸前,同时双拳紧握,脸色阴沉(见图14),要是他在汇报完毕后再说"我自信完成得还不错",肯定会遭到经理的痛批。

图 13

图 14

因为当一个人已经在内心否定了你以后,如果你再向他们夸耀自己,肯定会让对方感觉到很恶心,从而更坚定了否定你的决心。如果出现后一种情况,员工在汇报完毕后最好先弄清楚经理对你工作不满意的原因,然后,再进行一番自我检讨。如此一来,经理那些否定性的手势很快就有可能变成肯定性的姿势,因为你工作成绩虽然不好,但至少是一个能正确认识自己的人。

可见,如果一个人能及时、准确地读懂他人的身体语言,那么他就能够在别人否定他之前知晓他的这一想法,这样就可以及时采取一些措施来扭转别人对自己的一些消极或是否定看法了。

手势有助于改善记忆

手势作为众多体语的种类之一，它除了可以帮助人们表情达意以外，还有一个重要的功能，那就是能够帮助我们记住更多的信息。

心理学家阿夫德曼的试验也证明了这一点。在试验中，阿夫德曼让甲乙两位老师同时分别向A、B两组志愿者（每组各100人）讲述同一个动漫故事。其中，他要求甲老师在向A组志愿者讲述故事的过程中，不能加入任何手语语言，平铺直叙地把故事讲完即可；而B老师在向乙组志愿者讲述故事时，必须有意识地加入一些手势语言，比如摊开双掌表示自己说的故事非常可信，用双手合抱的姿势表示怪物非常庞大，快速上下移动自己的双手来表示奔跑，用双手叉腰的姿势来表示故事中某个人物的愤怒情绪等。

在甲乙两位老师向志愿者讲述完故事后30分钟，阿夫德曼让A、B两组志愿者将他们刚才从老师那儿听来的故事的主要内容写在一张纸上。检测结果与阿夫德曼原先预料的结果几乎完全一致——那些在听老师讲故事的时候同时也看到老师有手势的志愿者，他们对故事情节记忆的详细程度要比那些仅听老师讲解而没有看见老师有手势的志愿者高出三分之一。这就说明，手势可以有效地帮助一个人接收到更多的信息。这恰与我国古人提倡的读书必动笔有异曲同工之妙。现代心理学的研究也早已证实，当一个人在读书的时候，如果他能边读边写（主要是写一些重点而不是全抄），这会显著增加他的知识识记量。

所以，当你与别人交谈或是发表演讲时，应尽量多使用一些手势语言，这不仅有利于你表情达意，还能让别人记住你所说的话。

你的手会"说话"

手在人们日常生活中的用处很大，我们做许多事情都离不开双手。我们在不经意间用手做事的同时，也悄悄地暴露出我们自身许多的性格特征。

1. 习惯于用右手做事的人

这种人左脑比较发达，在他们的性格中，理性的成分要多于感性。他们做事有条理，逻辑性强。

2. 习惯于用左手做事的人

这种人右脑比较发达，在他们的性格中感性的成分往往要多于理性。他们具有很丰富的想象力和很强的创造力，感觉比较准确和灵敏。

第四章 行为举止会暴露你的真实想法

3. 喜欢用手势对所说的话进行补充、解释和说明的人

这种人常常对一些事物进行夸张,以增强所说的话的效果。他们的性格中感性成分往往要丰富一些,有一些多愁善感,容易引起别人的注意。

4. 总是紧握着拳头的人

这种人可能是缺乏安全感,所以防御意识比较强。除了缺乏安全感以外,经常握着拳头的人,是能够关心体贴他人、富有同情心而又善解人意的。

5. 喜欢把双手放在背后的人

这种人多是比较沉稳和老练。他们为人特别谨慎和小心,自我防卫意识比较强。

6. 经常把指关节弄得嘎嘣响的人

这种人脾气多是暴躁、易怒的,遇到一点儿事情就明显地坐立不安。所以,从某一方面来讲,他们并不是很成熟的人。这一类型的人表现欲望也很强烈,他们希望别人能够给予自己更多关注的目光,他们喜欢把指关节弄得嘎嘣作响,可能也有这一方面的原因。

7. 喜欢留长指甲的人

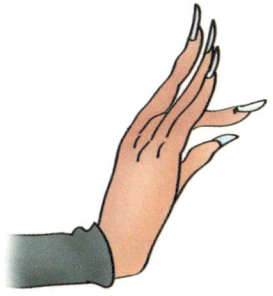

一般而言,这种人的占有欲很强,并且随时做好了争取的准备,只要时机一到,就会立即行动。

8. 习惯一只手放在另外一只手上面

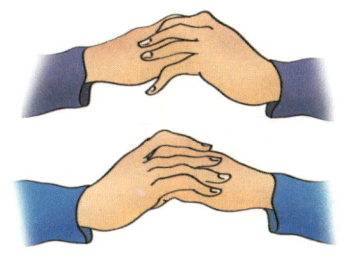

如果是左手在上而右手在下,说明这是感性比较强的人,他们一般会依照自己的直觉和抽象的推论来完成某件事情。相反,如果是右手在上而左手在下,则表明这是理性比较强的人,会依循客观实际来做事。

·第五节·
睡姿与笑姿：无从遮蔽的信息透露

睡姿，潜意识透露出的肢体语言

一个人睡觉表现出的姿势，是一种直接由潜意识表现出来的身体语言。通过观察睡姿，可以了解一个人的性格。

1. 俯卧：很强的自信心

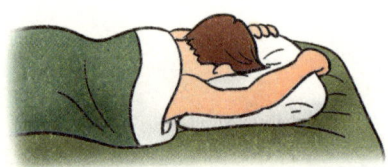

采取俯卧式睡姿的人大多具有很强的自信心，并且能力也很突出。对于所追求的目标，他们的态度是坚持不懈，有信心也有能力实现它。他们随机应变的能力比较强，知道如何调整自己。另外，他们还可以很好地掩饰自己的真实感情，而不让别人看出一点破绽。

2. 侧卧：漫不经心的人

喜欢侧卧的人常是漫不经心、容易知足的人，不能说这种人对生活不投入，但很多时候他们会做"塘边鹤"，当一个生活的旁观者。这种人属于情绪型的人物，总是处在情绪的波动之中，做事情时感情色彩对他们的影响比较大。

3. 独睡：自恋倾向的人

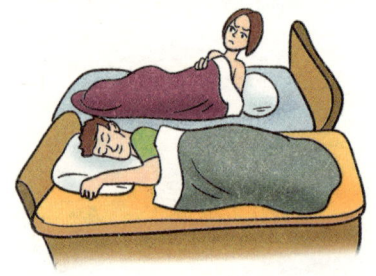

喜欢独睡的人无论在生活和工作中，都是一个独行主义者。他们极重视自己的私人空间，认为那是神圣不可侵犯的，即使是最亲密的人，也不允许随便闯入。

从某方面而言，这种人是个带有自恋倾向的人，常常是一副自给自足的样子。

4. 裸睡：感性生活者

裸睡是许多人的习惯。喜欢裸睡的人向往自由，做事情时，他们一般靠感性去做决定，凭直觉去判断人物。

在工作和生活中，有人会批评他们缺乏理性，而喜欢感情用事。但他们不为所动，认为过多的理性会使人生丧失很多乐趣。

5. 双臂枕后脑式

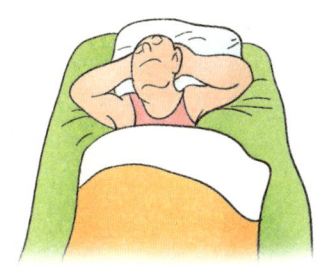

双臂枕在后脑勺的人有着高度的智慧和学习的热诚。但这种人有时充满荒诞的想法，让人很难理解、难以跟随他的脚步。这种人很会照顾家人。

6. 对角式：相当武断的人

这种人常是相当武断的。他们对新事物很敏感，随时掌握情况，喜欢所有事情都在自己的直接控制之下。他们处世精明强悍、绝不妥协。

7. 将棉被从头盖到脚的睡姿

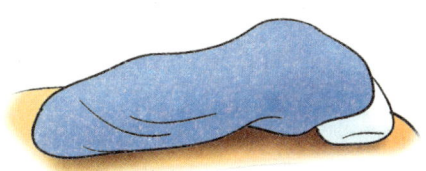

喜欢将棉被从头盖到脚睡觉的人在公共场合会表现出落落大方、非常率直、大而化之个性，但在这种人内心深处埋藏着害羞与软弱。假如这种人遭遇到困难重重的问题，宁愿自己承受这种痛苦烦恼的煎熬，也不愿开口求人帮忙。

8. 四肢交叉睡姿者

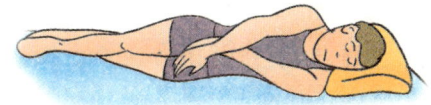

这种人自我防卫意识比较强烈，不允许别人侵犯自己。他们的性格多数是脆弱的，很难承受伤害。他们对人比较冷漠、内敛，常压抑自己而拒绝真情实感的外现。

与四肢交叉睡觉的人有着相近心理的是握拳睡觉的人。

9. 婴儿般睡姿

在睡觉时采用婴儿般睡姿的人多缺乏安全感，他们的独立意识比较差，对某一熟悉的人物或环境总是有着很强的依赖心理，而对不熟悉的人物和环境则多恐惧。

他们缺乏逻辑思考能力，做事没有先后顺序，责任心不是很强，在困难面前容易选择逃避。

10. 喜欢仰睡者

喜欢仰睡的人多是十分快乐和大方的，他们为人比较热情和亲切，而且富有同情心，能够很好地洞悉他人的心理，懂得他人的需要。

他们在思想上是相当成熟的，他们的责任心一般都很强，遇事不会推脱责任，不找任何借口，而是勇敢地面对，容易得到别人的信任和依赖。

笑居然源于进攻姿态

人类的很多体语姿势及其含义，其演变都可以追溯到人类作为动物的蛮荒时代。那么，人类面部主要表情——表示愉快和高兴的笑起源于哪儿呢？

关于这个问题，科学界一直争论不休。有的科学家认为笑源于蛮荒时代人类的跌倒，某报报道，人类的笑起源于人类的跌倒。根据该理论，人类在数百万年前开始学习用双脚行走，但是经常会发生跌倒的情况。当有人看到其他同伴跌倒后，就会用笑声警示，表明有人出了差错，但问题并不严重。这个理论在一定程度上能够解释为什么直到今天，一些笨拙的步法仍然是很多喜剧中的主要元素。

也有的科学家认为笑起源于蛮荒时代人类捕获猎物时的一种喜悦心情，根据该理论，每当人们捕获到猎物时，整个部落中的人都会处于一种亢奋的状态之中，彼此之间经常大笑，以示相互祝贺。还有的科学家认为笑起源于蛮荒时代人类的进攻姿态，因为他们认为在原始时代，动物以及人类通常露出牙齿向对方示威或表示进攻。历经数百万年的演变后，露出牙齿这一原本表示示威或进攻的姿势也就变成了笑。目前，这一观点得到世界上大多数科学家的赞同。

常见的几种类型的笑

人类的笑可谓丰富多彩，多种多样，但其中最常见的却是下列几种。

1. 普通而常见的笑

这类笑在日常生活中最为常见，通常是表示谢意、歉意或友好。如上车时别人帮你提了一下提包，你会对他抱以浅浅的微笑，以示感谢；别人不小心踩了一下你的脚，他会面带微笑地看着你，以示自己的歉意；当朋友为你介绍某一个人时，你会面带微笑地看着对方，以示自己的友好姿态。诸如此类的微笑还有很多很多。

2. 鼻笑

所谓鼻笑，即把笑从鼻子里发出来。多见于一些人在严肃、正式的场合看到了可笑的人或事，但又不能哈哈大笑出来，而只能强行忍住，通过鼻子发出来。此外，一些性格内向的人也喜欢使用此种笑的方式。他们之所以偏爱此种笑，根本原因就在于他们担心自己笑的方式如果过于夸张会引起他人的注意，这就会让他们感到非常不舒服或不自在。

3. 窃笑

所谓窃笑，顾名思义，就是指偷偷地笑，且笑声较低也不长。多见于某人看到一件事情有趣而可笑的一面，而其他人却浑然不觉。不过，有时候，一些人在看见别人遭到批评、失败，或是处于某种尴尬情景之中时，他们也会发出此种笑。所以，窃笑有时又有幸灾乐祸的味道。

4. 轻蔑的笑

此种笑多为人们所鄙视，但在生活中却很常见。笑时鼻子朝天，一副"老子天下第一"的表情，并轻蔑地看着被笑的一方。那些有权有势、高傲或自视清高的人在看见权势低下或地位卑微的人往往会发出此种笑。此外，在某些特定的情况下，正义的一方在面对邪恶力量的威胁、恐吓时也会露出此种笑，以示对他们的鄙视、轻蔑之意。

5. 哈哈大笑

这是一种非常爽朗、豪放的笑，在生活中也十分常见。当一个人遇到非常高兴的事，或是终于实现了自己的某个理想、愿望，通常会发出此种笑声。不过，有些时候，此种笑声带有一种威压感，会震慑他人，从而使人心生戒备。

6. 嘻嘻的笑

这虽然是一种少女型的笑声，但很多成人也经常发出此种笑声。一般来说，在看见某些新奇、有趣的事物，或是看见某些滑稽可笑的人时，很多少女和一些成年人都会发出此种笑声。

由谈话间的笑来了解对方

笑，对于每一个人来说都会，并且我们不时在笑着，但是你知道吗？笑的方式也是和人的性格有着一些必然联系的。

1. 捧腹大笑的人

捧腹大笑的人多心胸开阔。当别人取得成就以后，他们真心祝愿，很少产生嫉妒。在他人犯了错以后，他们会给予最大限度的宽容和理解。他们富有幽默感，总是能够让周围人感受到他们所带来的快乐，同时还极富有爱心和同情心，在自己能力许可范围内，对他人会给予适当的帮助。他们不势利、嫌贫爱富、欺软怕硬，比较正直。

2. 经常悄悄微笑的人

经常悄悄微笑的人，除了性格比较内向、害羞以外，还有一种性格特征就是他们的心思非常缜密，而且头脑异常冷静，在任何时候都能让自己跳出所在的圈子，作为一个局外人来冷眼看待事情的发生、进展情况，这样可以更有利于自己做出各种决定。他们很善于隐藏自己，绝对不会轻易将内心真实的想法告诉别人。

3. 狂声大笑的人

平时看起来沉默寡言，而且显得有些木讷，但笑起来却一发而不可收，或者经常放声狂笑，直到连站都站不稳了。这样的人最适合做朋友，他们虽然有时表现得不够热情和亲切，但他们是能够为朋友做出牺牲的。很多人乐于与他们交往，他们自己本身也会营造出比较不错的人际关系。

4. 笑得全身打晃的人

笑的幅度非常大，全身都在打晃。这样的人性格多直率真诚。和他们做朋友是不错的选择。他们不吝啬，在自己能力范围内对他人的需要总是会尽最大努力去满足。基于这些，在自己遇到困难的时候，也会得到来自别人的关心和帮助。

5. 看到别人笑，自己也会随之而笑的人

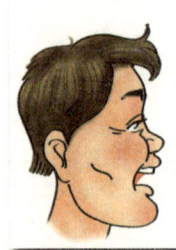

看到别人笑，自己就会随之而笑起来，这样的人多是快乐而又开朗的，情绪因为事情的变化而变化，而且富有一定的同情心。他们对生活的态度是很积极的。

6. 小心翼翼地偷着笑的人

小心翼翼地偷着笑的人大多是内向型的人，性格中传统、保守的成分占多数，而与此同时，他们在为人处世时又会显得有些腼腆。但是他们对他人的要求往往很高，如果达不到要求，常常会影响到自己的心情，不过他们和朋友却是可以患难与共的。

7. 开怀大笑的人

开怀大笑、笑声非常爽朗的人，多是坦率、真诚而又热情的。他们是行动派的人，一件事情决定要做，马上就会付诸行动，非常果断和迅速，绝对不会拖拖拉拉。这一类型的人，虽然表面上看起来很坚强，但他们的内心有时却是非常脆弱的。

8. 笑的时候用双手遮住嘴巴

笑的时候用双手遮住嘴巴，表明其是相当害羞的人，他们的性格大多比较内向，还比较温柔。他们一般不会轻易地向别人表露自己内心的真实想法。

9. 笑起来断断续续的人

笑起来断断续续，笑声让人听起来很不舒服的人，其性情大多是比较冷漠和孤独的。他们比较现实和实际，自己轻易不会付出什么。他们的观察力在很多时候是相当敏锐的，能观察到别人心里在想些什么，然后投其所好，伺机行事。

10. 笑出眼泪的人

笑出眼泪来是由于笑的幅度太大所致。经常出现这种情况的人，感情多是相当丰富的，具有爱心和同情心，生活态度是积极乐观和向上的。他们有一定的进取心，可以帮助别人，并适当地牺牲一些自我利益，但却并不求回报。

愤怒、悲伤的人也会笑

一般来说，笑往往是一个人心情愉快、高兴的反映，但这并不意味着凡是笑都是心情愉快、高兴的意思。在某些时候，笑也是一个人悲愤、愤怒、绝望、无可奈何等情绪的表现。

通常情况下，当一个人悲愤、哀伤的情绪到达顶点后，他不会表现出暴跳如雷的样子，相反，他的脸上还会露出几丝微笑，态度也表现得较为谦恭。这实际上表明此人已处于"火山爆发"的边缘，他心中的怒火随时可能喷涌而出，一泻千里。比如，两个年轻人因为某件小事吵了起来，双方谁也不肯让对方半点，于是吵得越来越凶，两人的情绪也越来越激动。当彼此的口角矛盾到达顶点后，一方脸上可能没有了怒气，代之而起的是满面笑容，以及较为谦恭的态度。如果你据此认为脸上出现笑容的一方是害怕了，那就大错而特错了。他脸上之所以会出现笑容，根本原因就在于他认为自己心中的愤怒快要出窍了，其对对方的敌意也到达了最高点。所以，他用自己的笑容来向对方暗示：你不要再说了，不然我对你不客气，因为我已对你忍无可忍！如果对方依旧不依不饶地在那喋喋不休，那么他极有可能将雨点般的拳头"挥洒"在对方身上。

在熙熙攘攘的火车站，我们经常可以看见这样的情形：一个人肩背大包，手拉旅行箱，匆匆忙忙地向检票口走去。当他到达时，检票口的门已经紧紧关上了，此时他可谓是"喊天不应，叫地不灵"。于是他一边看着列车缓缓地从站台上驶出，一边懊恼地用手拍打着检票口的门和用脚跺着地，同时脸上还出现了几丝笑容。这当然不是愉快、高兴的意思。那如何来解释这种笑容呢？其实，这是一种无可奈何的笑，一种自嘲的笑，是掩饰自己内心的失望和窘态的一种手段。

很多人在遇到不高兴的事，或是遭遇某种重大的失败或挫折后，往往会到酒吧买醉。喝醉后，他们往往会大笑不已。这是否表明他们已经想明白了，或是已经想通了？非也，这个时候，他们的心情可能已经到了悲愤、失望，乃至绝望的巅峰。因而，他们此时的笑，是一种无比绝望、无比痛苦、无比伤心的笑。

由此可见，不仅笑的种类丰富而多彩，笑蕴含的具体含义往往也是意味深长的。所以，复杂多样的笑蕴含的众多信息，的确值得我们好好品味、分析、探索。

内向人与外向人的笑

就人的性格而言，可以简略地分为内向型和外向型这样两大类。这两类人不仅在性格上截然相反，他们的笑也是大相径庭的。

图 1

总体上来说，性格内向的人的笑具有不明确性（见图1）。很多时候，人们都不明白他们笑的具体内容。故而，一些人认为这类人很多时候在假笑，因为他们脸上虽然有笑，眼睛却没有笑，身体更没有半点笑的姿势。他们的笑不给人一种真实、热情、纯真之感，常给人一种冷漠、孤独的感觉。

性格内向的人和朋友们聚在一起时，往往会随着朋友的笑而笑，但他们的笑不是发自内心，而是为了避免自己显得不合群或是为了掩饰自己的紧张情绪，从而不得不在自己脸上勉强挤出几丝笑容。

性格内向的人笑的次数不是很多，因为他们不想让别人知道自己真实的情感状态，所以即使他们取得了很大的成就，也不会喜形于色或是在别人面前哈哈大笑。正因为如此，很多心理学家认为性格内向的人多具有一种隐藏自我的防卫意识。虽然他们笑得较为隐蔽，但只要留心观察，就会发现他们笑的踪迹——嘴角微颤，脸上部分肌肉紧缩。在他们发出这些动作的瞬间，有的人的脸还会变得潮红，也有的人脸上则会出现皮笑肉不笑的状况。

图 2

与性格内向人的笑相反，性格外向人的笑不会显得那么压抑，也不会那么空洞和苍白无力，一旦有可喜或是值得笑的人或事，他们会毫不顾忌周围的人而立即放声大笑（见图2）。因而，性格外向型人的笑是一种爽朗、直率、豪放、"不客气"的笑。性格外向的人也几乎没有隐藏自我的防卫意识，他们从不掩饰自己的高兴，相反，他们非常希望周围的人知道他们的高兴，并希望周围的人能一起分享自己的快乐。当然，悲哀、痛苦时，性格外向的人几乎不会强忍自己的泪水或是一个人躲在某个角落里偷偷哭泣，而会痛痛快快大哭一场。总的来说，绝大多数性格外向人的心态是明快、爽朗的，所以，很多时候他们总是笑容满面。

第五章
言谈之间让你的内心一览无余

·第一节·
说话的声音：反映人心的韵律

"闻其声，知其人。"在说话过程中，人的内心感受直接影响声音，而另一方面，声音大小、韵律、语速、语气等也是内心活动的外在表现。

《礼记·乐记》中谈到人的内心与声音的关系时说："凡音之起，由人心生也。人心之动，物使之然也。感于物而动，故形于声。声相应，故生变。"对于一种事物由感而生，必然表现在声音上。人的声音随内心世界变化而变化，我们因此可以通过"声"和"音"来识人。

语速传递着人的心理

人是最高级的动物，人和动物相区别的主要特征之一就是人有自己的语言。语言是一套音义结合的复杂系统，语速的快慢、缓急直接体现出说话人的心理状态。

图1

一个人说话的语速可以反映出他的心理健康的程度。一个心理健康、感情丰富的人在不同的状态下会表现出不同的语速。

朗诵一篇富有战斗力的激情散文时，会加快语速，借以抒发一种战斗的激情。

朗诵一篇优美的抒情散文时，又会用一种悠扬、舒缓的语气来表达心里的那种美感（见图1）。

不同类型的人有自己特定的说话方式、语言速度	
急性子的人	说话就像打机关枪，一阵儿紧似一阵儿，容不得旁人有插嘴的机会
慢性子的人	说话慢慢吞吞，任凭再急的事情，他也照样雷打不动地用他那种独有的语速来叙述给别人听
大多数人	介于上述二者中间，说话的时候语速属于中速

语速可以反映人的性格	
说话语速较慢的人	比较憨厚老实，性格内向，可能会有点木讷
说话飞快的人	比较精明，热情外向，有着偏向于张扬的个性

在现实工作中，我们可以更微妙地领略语速中透露出的各种人丰富的心理变化。我们可以根据一个人说话时的语速快慢，判断出他当时的心理状态。

如果一个平时伶牙俐齿、口若悬河的人面对某个人时，突然变得吞吞吐吐、反应迟钝，这时候一定是他有些事情隐瞒着对方，或者做错了什么事情，心虚、底气不足。有些时候，也有一些特例，例如，一位男士暗恋着一个女孩，他在别人面前都能够谈笑自如、幽默风趣，保持着平常的语速。可是，一旦面对着那个他喜欢的女孩，他马上变得不知所措，不知道要说什么，说起话来也仿佛嘴里有什么东西，含含糊糊，一点儿都不连贯流畅。这样的信号就给我们以暗示：他喜欢她。

我们经常见到这样的情况，一位平常说话慢慢悠悠、不急不忙的人，面对一些人对他说出不利的话的时候，如果他用快于平常的语速大声地进行反驳，那么很可能这些话都是对他的无端诽谤；如果他支支吾吾、吞吞吐吐，半天说不出话来，那么很可能这些指责就是事实，他自己心虚、中气不足。当一个平时说话语速很快的人，或者说话语速一般的人，突然放慢了语速，就一定是在强调什么东西，想吸引他人的注意。

辩论赛的时候，每个辩手都保持尽可能快的语速，尽可能快速且流畅地表达自己的观点。如果能够在语速上胜对手一筹，不仅可以杀杀对方的锐气，也是增加信心的砝码。然而，当有些人在面对别人伶俐的口舌、独到的见解、逼人的语势的时候，或沉默不语，或支吾其词，一副笨嘴拙舌、口讷语迟的样子，很可能这个人产生了卑怯心理，对自己没有信心，又或者被对方说中了要害，一时难以反驳。出现此类窘境，不仅有碍自身能力的发挥，也增长了对方的气焰。

语速可以很微妙地反映出一个人说话时的心理状况，留意对方的语速变化，你就留意到了他的内心变化。

从声调探知人心的深度

声音在初次见面时会给对方留下很深的印象。有些人的声音轻缓柔和，有些人的声音带有沉重的威严感。人们往往可以根据声音所获得的印象去识人。

声音会表现性格、人品，当从脸部表情、动作、言词无法掌握对方心态时，往往可以从声调去揣摩他情绪的变化。

1. 高亢尖锐的声音

声音高亢的人常常会比较神经质，对环境有强烈的反应，如房间变更或换张床则睡不着觉。他们富于创意与幻想力，美感极佳而不服输，讨厌向人低头，说起话来滔滔不绝，常向他人灌输己见。面对这种人不要给予反驳，表现谦虚的态度即可使其深感满足。

声音高亢尖锐的女性

情绪起伏不定，对人的好恶感也非常明显。这种人一旦执着于某一件事时，往往顾不得其他。不过，一般情况之下也会因一点小事而伤感情或勃然大怒。这种人会轻易说出与过去完全矛盾的话，却并不引以为戒。

声音高亢尖锐的男性

个性狂热，容易兴奋也容易疲倦。这种人对女性会一见钟情或贸然地表白自己的心意，往往会使对方大吃一惊。高亢声音的男性从年轻时代开始即擅长发挥个性。

2. 温和沉稳的声音

这种人属于慢条斯理型，往往上午有气无力，下午却变得活泼起来。他们富于同情心，不会坐视受困者而不理。作为会谈的对象，刚开始时或许难以交往，但他们却是忠实可靠的人。

音质柔和、声调低的女性

多属于内向性格，她们随时顾及周围的情况而控制自己的感情，同时也渴望表达自己的观念，因而应尽量让其抒发感情。

有温和沉着声音的男性

乍看上去显得老实，其实也有其顽固的一面，他们往往固执己见绝不妥协，不会讨好别人，也绝不受别人意见的影响。

3. 沙哑声

具有这种音质者，会凭着个人的力量拓展自己的事业，在公司团体里率先领头引导他人，越失败越会燃起斗志，全力以赴。这种声质者中屡见成功的政治家、文学家、评论家。

声音沙哑的女性

往往较具个性，即使外表柔弱也具有强烈的性格。虽然她们对待任何人都亲切有礼，却一般不显露自己的真心，令人有难以捉摸之感。她们虽然可能与同性间意见不合，甚至受人排挤，却容易获得异性的欢迎。她们对服装的品位很高，也往往具有音乐、绘画的才能。面对这种类型的人，必须注意不要强迫灌输自己的观念。

带有沙哑声的男性

往往是耐力十足又富有行动力的人，即使一般人裹足不前的事，他也会铆足劲往前冲。他们的缺点是容易自以为是，而对一些看似不重要的事掉以轻心。

4. 粗而沉的声音

发出沉重的、有如自腹腔而发出声音的人，不论男女都具有乐善好施、喜爱当领导者的个性。他们喜好四处活动而不愿静候家中。

声音粗而沉的女性

女性有这种声音者在同性中间人缘较好，容易受到别人的信赖，成为大家讨教主意的对象，这种人是最好相处的。

声音粗而沉的男性

有这种声音的男性通常会开拓政治家或实业家的生涯，不过，其感情脆弱又富强烈正义感，争吵或毅然决然的举动会使其日后懊悔不已。

这种类型的人不论男女均交友广泛，能和各种类型的人往来。

5. 娇滴滴而黏腻的声音

声音娇滴滴而黏腻的女性

女性发出带点鼻音而黏腻的声音，通常是非常渴望受到大众喜爱的人，这种人往往心浮气躁，有时由于过多希望引起别人好感反而招人厌恶。

声音娇滴滴而黏腻的男性

男性若发出这样的声音，多半是独生子或在百般呵护下长大的孩子。他们独处时感到特别寂寞，碰到必须自己判定事物时会感到迷惘而不知所措。他们对待女性非常含蓄，绝不会主动发起攻势，若是一对一地和女性谈话会特别紧张，因此这种人在别人眼中显得优柔寡断。

如果是单亲家庭的孩子，则表明内心期待着年长者温柔的对待。

说话的韵律反映人的性格

在言谈中，除了音感和音调之外，语言本身的韵律也是重要的因素。

充满自信的人，谈话的韵律定为肯定语气；缺乏自信的人或性格软弱的人，讲话的韵律则犹豫不决。其中，也会有人在讲一半话之后说："不要告诉别人……"此种情况多半是秘密谈论他人的闲话或缺点。

出现话题冗长、相当时间才能告一段落的情况，说明谈论者心中必潜藏着唯恐被打断话题的不安。唯有这种人，才会以盛气凌人的方式谈个不休。至于希望尽快结束交谈的人，也有害怕受到反驳的心理，所以常常给对方没有结果的错觉。

一个成功的政治家和企业家，在掌握言谈的韵律方面，都有独到之处。这种细节性的处理方式，使他赢得了社会或下属的认可与尊重。

说话比较缓慢的人，大都性格沉稳，其处世做人是通常所说的慢性子。

·第二节·
说话的方式：道出人的个性

一个知名的人类行为学家曾说过："人有两种表情，一种是脸上所显现的表情，另一种是从说话方式传递给对方的信息。"所以语言是人类的第二种表情。

要想了解一个人的个性，最直接的方式莫过于由对方的口中道出自己的个性如何。可惜的是，一般人有时也未必真正了解自己，但别人却可以其谈话方式判断其人。每个人都有其特定的谈话方式，谈话方式不同，反映出人的性格也不同。

从说话特点看对方性格

人说话的目的不仅仅只是把想表达的意思传达给对方就算完成了说话的任务，更主要的目的则是为了让对方接受——更好地、更愉快地接受。为了达到这样的目的和效果，在说话的时候，就要注意自己的语态。从一个人说话的语态上也可以反映出一个人的性格。

从说话特点看对方性格	
善于使用恭维崇敬用语的人	多为比较圆滑和世故之人，他们对别人有很好的观察力，往往能够感觉到他人的心情，然后投其所好。这一类型的人随机应变，适应力很强，性格弹性比较大，与绝大多数人都能够保持很好的关系。在为人处世方面多能如鱼得水，左右逢源
善于使用礼貌用语的人	一般都是有一定的学识和文化修养，能够给予别人足够的尊重和体谅，心胸比较开阔，有一定的包容力
说话非常简洁的人	性格多豪爽、开朗、大方，行事相当干练和果断，凡事说到做到，拿得起放得下，从来不犹犹豫豫、拖泥带水，非常有魅力，具有开拓精神，有"敢为天下先"的胆量
说话拖泥带水、废话连篇的人	多比较软弱，责任心不强，遇事易推脱逃避，胆子比较小，心胸也不够开阔，唠唠叨叨，整天在一些鸡毛蒜皮的小事上纠缠不清。他们虽然对现实的状况有许多不满，但缺乏开拓进取精神，且不会寻求改变，只是在等待，容易嫉妒他人
习惯用方言的人	感情丰富而又特别重感情。他们的适应能力并不是特别强，与其他环境的融合往往需要很长的一段时间。这一类别的人，自信心比较强，有一定的魄力和胆量，很容易获得成功

续表

在说话的时候总是不断发牢骚的人	大多是好逸恶劳、贪图享受的人。他们虽然想改变自己的处境，但总是安于现状，坐享其成，而不付诸实际行动。一遇到挫折和困难，就逃避退缩，把原因都归结到外界的因素上。他们对别人的要求总是相当严格，却从不同样地要求自己。他们自私自利，缺乏宽容别人的气度，很少设身处地地为别人着想，总期望得到更多的回报

从幽默识别对方的性情

从不同人对幽默的用法识别性情	
善用幽默打破僵局的人	多随机应变，能力比较强，反应快。因自己出色的表现，他们可能会成为受人关注的对象，这正好迎合了他们的心理。他们希望能够吸引别人的注意和认可，大多具有强烈的表现欲望
用幽默的方式来挖苦别人的人	大多心胸比较狭窄，有强烈的嫉妒心理，有时甚至做一些落井下石的事情。他们有比较强的自卑心理，生活态度较消极，常常进行自我否定
善于自嘲式幽默的人	首先必须具有一定的勇气，敢于进行自我嘲讽，这不是一般人能够做到的。他们的心胸多比较宽广，能够接受别人的意见和建议，而且能够时常反省自己，进行自我批评，寻找自身的错误，进行改正。他们这种气质，让别人看在眼里，很容易产生一股钦佩之情，从而为自己带来良好的人际关系
用幽默的方式嘲笑、讽刺他人的人	这种人给人的第一印象往往是相当的机智、风趣，对任何事物都有细致入微的了解，能够体谅和关心他人，但实际上却是相当自私的，他们在乎的可能只是自己。他们在为人处世各方面总是非常小心和谨慎，凡事总是想比别人快一步。他们有比较强的嫉妒心理，当别人取得了成就的时候，会故意进行贬低
喜欢制造一些恶作剧似的幽默的人	这种人多热情大方、活泼开朗，活得很轻松，即使有压力，自己也会想办法来减压。他们比较乐观，爱和人开玩笑，他们在这个过程中进行自我愉悦，同时也希望能够将这份快乐带给他人

口头禅后面的真实世界

从口头语言可以非常快速地了解一个人。这是因为口头语言是说话习惯的一部分，它是我们每个人在日常生活当中不知不觉就形成的一种特有的话语风格。从另一个角度来看，口头语言带有很深的性格印记。

如果你想从口头语言上更多地观察你的对手，从而非常自如地驾驭你的对手，那么你就要在与对手打交道的过程中，仔细认真地揣摩，回味分析。用不了多长时间，你就能迅速地从口头语言上了解你的对手。

口头语言带有的性格印记	
连续使用"果然"的人	多自以为是,强调个人主张。他们经常以自己为中心,很少考虑他人的想法
经常使用"其实"的人	表现欲较为强烈,希望能引起他人的注意。他们的性格大多比较任性和倔强,并且多少还有点自负
经常使用流行词汇的人	热衷于随大流,喜欢夸张。这样的人独立意识不强,而且没有自己的主见
经常使用外来语言和外语的人	虚荣心强,爱卖弄和夸耀自己
经常使用地方方言,并且还底气十足、理直气壮的人	自信心很强,富于独特的个性
经常使用"这个……""那个……""啊……"的人	说话办事都比较谨慎小心。这样的人就是我们所说的好好先生,他们绝对不会到处惹是生非
经常使用"最后怎么样怎么样"的人	大多潜在欲望没有得到满足
经常使用"确实如此"的人	多浅薄无知,自己却浑然不知,还常常自以为是
经常使用"我……"之类词汇的人	不是代表着软弱无能、总想求助于别人,就是虚荣浮夸,寻找各种机会表现自己,以引起他人的注意
经常使用"真的"之类强调词汇的人	大多缺乏自信,害怕自己所说的话无人相信。遗憾的是,他们这样再三强调,反而让人更加起疑
经常使用"你应该……""你必须……"等命令式词语的人	多专制、固执、骄横,有强烈的领导欲望
经常使用"我个人的想法是……""是不是……""能不能……"的人	一般较和蔼亲切,待人接物时,也能做到客观理智,冷静地思考,认真地分析,然后做出正确的判断和决定。他们不独断专行,能够给予别人足够的尊重,同样也会得到别人的尊重和爱戴
经常使用"我要……""我想……""我不知道……"的人	大多思想单纯,爱意气用事,情绪不是十分稳定,让人捉摸不透
经常使用"绝对"这个词语的人	做事十分草率,容易主观臆断,他们不是太缺乏自知之明,就是自知之明太强烈了
经常使用"我早就知道了"的人	有强烈的自我表现欲望,只能自己是主角,自己发挥。这样的人绝对不可能静下心来仔细倾听他人的谈话内容,更不要指望他能成为一位热心的听众
口头语出现频率极高的人	大多办事不干练,意志不够坚定

·第三节·
说话的内容：亮出自己的底牌

在谈话中，人们虽然不会非常直观地说出自己内心的想法，但是，说话的内容则会不知不觉地透露出自己的底牌。因为人们在说话过程中，总会有意无意地"三句不离本行"，从而说出与自己的思想、生活有关的东西来。因此，从一个人谈话的内容，就可以透视出这个人的性格。

从话题洞察对方

（1）有些人的话题太偏重自己、家庭或职业的事情，是一种自我意识的倾向，他们属于自我中心主义者。

（2）有些人非常愿意打听对方的秘密，这是着意弄清对方的缺点，希望能进一步掌握对方的意思。

（3）有些人对于他人的消息传闻特别感兴趣，这种人的内心非常孤独。

（4）男性在女性面前热衷于讨论车子，这说明他们十分在意谈及性的问题。

（5）有些女性虽然已过少女期，但也常常喜爱谈论"恋情"或"爱情"的事情，这表示在她内心也隐藏着对性的欲望。

（6）有些人愤愤不平地埋怨待遇低微，其实，待遇低微只是借口而已，他们内心的真正动机是他们对自身工作并不热爱。

（7）有些人不断谴责自己领导的过错或无能，说明他自己想要出人头地。

（8）有些人借着开玩笑，常常破口大骂，或者指桑骂槐，这是有意将积压在内心的欲求不满设法爆发出来的心声。

（9）喜欢在年轻人或部属面前自吹自擂的人，是不能适应职位，或者赶不上时代潮流的人。

（10）有人根本忽视别人的谈话，而故意扯出与主题毫不相干的话题，这种人怀有强烈的支配欲与自我显示欲。

（11）有人把话题扯得很离谱或者不断地改变话题，这是说明他的思维不够集中，逻辑思维较差。

（12）有人不愿抛出自己的话题，反而努力讨论对方的话题，这种人怀有宽容的精神，而且颇能为对方着想，为人处世具有大家风范。

（13）极端避免谈到性问题的女性，很可能内心中对于性问题怀有浓烈的好奇心。

言辞过恭必怀戒心

日本语言学家桦岛忠夫说:"敬语显示出人际关系的亲疏,一旦使用不当或错误,便扰乱了应有的彼此关系。"在某种无关紧要或特别熟悉的人际关系中,我们根本没有必要使用恭敬语。不过,在很亲密的人际关系群中,碰见有人突然使用恭敬语对你说话,那就得小心了。是否在你们之间出现了新的障碍?如果在交谈中常常无意识地使用敬语,就说明与对方心理距离很大。过分地使用敬语,就表示有激烈的嫉妒、敌意、轻蔑和戒心。

有些人虽然彼此交往很久,双方的了解也很深刻,但是,对方依然在运用客气与亲切的言辞,说话的语气也十分谨慎。在这种情况下,对方如果不是在心理上怀有冲突与苦闷,就是在心中怀有敌意。反之,有人故意使用谦逊与客气的言语,是因为他们企图利用这种方式和态度闯进对方心里,突破对方心中的警戒线,实际上,他们的真正动机在于企图掌握对方,实现居高临下的愿望。

9种言谈各有千秋

一母生九子,九子各不同。人与人之间有着很大的差别,由此产生了9种不同性情。

1. 夸夸其谈的人

2. 义正言直的人

这种人言辞之间体现出刚正不阿、不屈不挠的精神,公正无私,原则性强,是非分明,立场坚定。他们的缺点就是处理问题不善变通,为原则所驱而显得非常固执。但能主持公道,往往得人尊崇,不苟言笑而让人敬畏。

这种人侃侃而谈,宏阔高远,琐屑小事从不挂在心上。他们往往在侃侃而谈中产生奇思妙想,发前人之所未发,富于创见和启迪性。他们的缺点是理论缺乏系统性和条理性,论述问题不能细致深入,由于不拘小节而可能会错过一些重要的细节,给日后埋下隐患。这种人也不太谦虚,知识、阅历、经验都广博,但都不深厚,属博而不精一类的人。

3. 抓住弱点攻击对方的人

这种人言辞锋锐,抓住对方弱点就猛烈反击,不给对方回旋的余地。他们分析问题透彻,看问题往往一针见血。但有可能忽略对问题总体、宏观的把握。甚至舍本逐末,陷入偏执与死胡同中。在任用这种人时,应考虑他在"大事不糊涂"方面有几成火候,如果大局观良好,就是难得的粗中有细的优秀人才种子。

4. 语速快、辞令丰富的人

这种人知识丰富，言辞激烈而尖锐，他们做事只做力所能及的事情，并且完全可以让人放心，但一旦超出能力范围，就显得慌乱、无所适从。他们接受新生事物的能力强，反应也特别快。

5. 似乎什么都懂的人

这种人知识面宽，随意漫谈也能旁征博引，各门各类都可指点一二，显得知识渊博、学问高深。他们的缺点是脑子里装的东西太多，系统性差，逻辑思维能力不强，分析问题不够深入，一旦面对问题就可能抓不住要领。这种人做事，往往能想出几个主意，但都打不到点子上去。

6. 满口新名词、新理论的人

这种人接受新事物很快，遇到新鲜言词就能在生活中运用，而且有跃跃欲试、不吐不快的冲动。他们的缺点是没有主见，不能独立面对困难并解决之，易徘徊犹豫。他们如果能沉下心来认真研究问题，锻炼意志，无疑会成为业务高手。

7. 讲话温柔的人

这种人性格温和柔弱，不争强好胜，权力欲望平淡，与世无争，不容易得罪人。他们的缺点是意志软弱，胆小怕事，畏惧麻烦，对人事采取逃避态度。如果能磨炼胆气，知难而进，勇敢果决，他们会成为外在宽厚、内存刚强的刚柔相济的人物。

8. 说话平缓的人

这种人性格宏广优雅，为人宽厚仁慈。他们的缺点是反应不够敏捷果断，属于细心思考型人才，有恪守传统、思想保守的倾向。他们如果能加强果断勇敢之气，对新生事物持公正而非排斥态度，会变得从容平和，具有长者风范。

9. 喜欢标新立异的人

这种人独立思维好，好奇心强，敢于向权威说"不"，勇于向传统挑战，开拓性强。他们的缺点是冷静思考不够，易失于偏激，不被时人理解，成为孤独英雄。他们可利用他们的异想天开式的奇思妙想做一些有开创性的事。

·第四节·
说话的动作：难以遮掩的心理平台

许多人在说话时，往往会伴随着一些动作。各人所做出的不同动作，反映了不同人的心理及性格特征。因此，只要我们留意和细心观察，便可以从说话人的动作中窥探到他们的内心世界，从而了解其性格特征。

说话不停点头和摇头的人

有一种人在跟别人说话时，会不停地点头（见图1），好像很明白、很认同他人的看法。其实，这种人是处事轻率大意之人，他们看似什么事都能独立承担，而结果承诺了却往往做不到。这一方面是由于他不认真去做，另一方面也表现出他的被动性很强，有时并不是他不想做好，而是他不敢否定而惯性地认同对方，但事后又觉得很不合自己的做事方式，结果便得出一个很差的效果来。

图1

有一种人说话时不停摇头，显然是体现出他对别人不尊重，这种人可说是心高气傲，对自己自视过高，却轻视别人。因此如遇着了这类对手，你便不要寄以太大希望了，除非你比他更加骄傲。这类人有朝一日遇到了挫折，很容易一跌不起，因为消极和悲观的情绪必会占据他整个内心世界。

交谈时不断摸头发的人

如果交谈的人在与别人面对面坐着或站着时，总喜爱不时地摸一摸头发（见图2），好像在引起别人对他发型的兴趣。其实不然，因为这种人就是一个人独自在家看电视，也会每隔三五分钟"检查"一下头发上是否沾上了什么东西。

图2

他们大都性格鲜明，个性突出，爱憎分明，尤其嫉恶如仇。假如公共汽车上有小偷，而乘客都是这种人的话，那个小偷一定会被当场抓获。他们一般很善于思考，做事细致，但大多缺乏一种对家庭的责任感。

他们对生活的喜悦来源于追求事业的过程，这句话听起来有点玄乎，不过仔细想来你就会明白，喜欢努力和奋斗的人，他们是不在乎事情的结局的。他们在某件事情失败后总是说："我问心无愧，因为我去干了。"

说话时喜欢抖动腿的人

开会也好，与别人交谈也好，独自坐在那儿工作也好，或是看电影也好，有些人总喜欢用腿或者脚尖使整个腿部颤动（见图3），有时候还用脚尖磕打脚尖或者以脚掌拍打地面。这种行为举止当然不能登大雅之堂，但此类人却习以为常。

图3

这种人最明显的表现是自私，很少顾及别人的感受，凡事从自己的利益出发，尤其是对妻子的占有欲望特别强，经常会无缘无故地制造一些"醋海风波"，在这个问题上说他们具有"神经质"一点也不过分。他们对别人很吝啬，对自己却很知足，据说"守财奴"——老葛朗台就有这种"良好"的习惯。

不过这类人很善于思考问题，他们经常给周围朋友提出一些意想不到的建议。

说话时盯住别人的人

有些人在与他人谈话时喜欢目不转睛地看着别人（见图4）。在聚会上，这种人也常常盯住一个人不放，而他并不是看上了这个人。

图4

这种人的支配欲望很强，而大多数的时候他们确实又都有某种优势，因此只要有机会，他们就会向别人表现自己。怎么说呢？他们占不到天时地利就一定能占到"人和"。他们的行为时常看起来像花花公子（很多时候是事实），但有一点值得大家肯定，他们选定了人生的目标就一定会去努力实现。

这种人不喜欢受束缚，经常我行我素。另一方面，他们比较慷慨，因此他们周围总是有一些相干和不相干的人。自然，有真心的，也有看中"酒肉"的。

·第五节·
说话的习惯：揭开心灵的密码

每个人都有自己的言谈习惯，而且不同的人的言谈习惯都有各自的特点。

心理学家经过反复调查和研究，了解到一个人的说话习惯与其性格特征有着直接的关联，而且可以把这种关联作为认识一个人的基本方法。

常说错话的人表里不一

生活中，你有没有在无意识中说出奇怪的话的经历？心理学家弗洛伊德认为，说错、听错，或者是写错等"错误行为"，都是将内心真正的愿望表现出来的行为。

一般情况下，说错话的一方都会找出自己是"不小心""不是真心的"等借口，但实际上，那不小心说错的话，其实才是他真正想说的。这些在人们的日常生活中可以说是屡见不鲜。

由此可见，那些常常会说错话的人，可以推断为大部分是习惯性地隐藏真正的自己，是个表里不一的人。而且，他们心中很强烈地禁止自己把这些真心话表现出来。"这件事绝不能讲出来""这事绝不能弄错，非小心不可"，当你越这么想的时候，便越容易将它说出来。相信很多人在日常生活中，也会遇到类似的情形吧！越是被禁止的东西，越去压抑它，它反而越容易流露出来。

总而言之，大家心中都或多或少暗藏着一些事情，当你越想要去隐瞒它、掩盖它的时候，就越容易说错话或做错事，无意之间让心虚表露无遗。

得理不饶人的人

喜欢辩论的人时常都是气势凌人、得理不饶人的人，在辩论中总想把对方打倒。这种人总认为真理只会掌握在自己手里，只要对方偃旗息鼓，自己就算胜利了，因此他们与别人讲话，用不了多久就会发生争执，辩论成为他们与别人谈话的主要方式。

从本质上看，这样的人其实是个弱者。他们把大好的时光都花费在无聊的辩论上，把很多时间都用在胜败的较量上，哪里还有更好的心情去做更有意义的事呢？他们从争辩的胜利中得到了什么呢？其实什么也没有得到。对方无法得到快乐，而他们自己也同样得不到快乐。

这样的男性易冲动，表里不一，对事物的发展方向无法把握，因此，他们虽然不怕困难，艰苦奋斗，但是也很难取得成功。因为他们偏爱辩论，所以树敌也颇多。事业难以成功，人际关系恶化，他们心里充满害怕和孤寂，为了掩饰这种弱势，他们常以高声辩论来掩饰自己的懦弱。

从打招呼的习惯用语中观察对方

美国路易斯维尔大学心理学家斯坦利·弗拉杰博士声称，从一个人打招呼的习惯用语中，可以看出一个人自身的很多东西。能揭示性格的习惯用语，是指与刚刚结识的友人打招呼的习惯用语，每一种习惯用语，都表现了说话者的性格特征。

1. "你好！"

这样的人大多头脑冷静，只是有点过于迟钝，对待工作勤勤恳恳，一丝不苟，能够把握自己的感情，不喜欢大惊小怪，深得朋友们的信任。

2. "看到你很高兴！"

这种人性格开朗活泼，待人热情、谦逊，喜欢参与各种各样的事情，而不是袖手旁观，是十足的乐观主义者。不过，他们经常喜欢幻想、容易被自己的情感所左右。

3. "喂！"

此类人快乐活泼，精力充沛，直率坦白，思维敏捷，具有良好的幽默感，并善于听取不同的见解。

4. "嗨！"

此类人腼腆害羞，多愁善感，极易陷入尴尬为难的境地，经常由于担心出错而不敢做出创新和开拓的事情。但有时也很热情，讨人喜爱，当跟家里人或知心朋友在一块儿时尤其如此。他们晚上宁愿同心爱的人待在家中，也不愿在外面消磨时光。

5. "过来呀！"

这种人办事果断，喜欢与他人共享自己的感情和思想，好冒险，不过能及时从失败中吸取教训。

6. "有啥新鲜事？"

这种人雄心勃勃，好奇心极强，凡事都爱刨根问底，弄个究竟，热衷于追求物质享受并为此不遗余力，办事计划周密，有条不紊。

从聊天场合的选择上观察对方

1. 喜欢在饭店大厅里谈正事的人

这种人多数胆量大，不在乎自己的隐私被其他人窃取，即使别人对自己构成了威胁，他们也有十足的把握来解决出现的问题，这是他们智慧超众的表现。

2. 喜欢在茶馆里聊天的人

这种人通常都极为谨慎，认为茶馆中的人都是等闲之辈，对自己不构成威胁，即使听到了自己说出不该说的话也奈何不了自己。他们做任何事情都很小心谨慎，认为混在茶馆中可以掩饰自己的庐山真面目。

3. 喜欢在俱乐部或酒吧谈事情的人

这种人大多数沽名钓誉，认为这种场合能够满足对方的很多欲望，而且名正言顺，以休闲和娱乐为目的。同时，还可以提高自己的身份和影响，有利于自己目标的实现。

4. 相约在办公室里谈事情的人

这种人对人有诚意，因为办公室是一个单一性质的场所，不允许也没有其他人或事情影响谈话内容和气氛，自己可以和对方进行最实际的谈话。他们对工作充满了自信，认为工作可以帮助自己解决很多甚至所有的问题。

5. 喜欢在被窝中聊天的人

他们通常与谈话对象达到了亲密无间、无话不谈的地步。他们之所以选择在被窝中聊天，因为那里安静，不会有意外的人或声响来扰乱谈话或他们的情绪，这也表明他们对外界适应能力不强，而且有胆小怕事的软弱性格。在生活或工作当中受到很多的压抑，为了发泄，而且不被别人察觉，他们往往在被窝中向亲朋好友倾诉自己的苦水。他们也善于掩盖自己的情绪。

6. 喜欢在宽敞场所聊天的人

这种人多为心胸开阔、乐观直爽的人，但性格当中也有怯弱的一面。因为宽敞的场所通常人很稀少，他们选择在这种场所聊天完全可以不用担心隔墙有耳，给自己留下什么麻烦。他们以男人居多，一般志向远大，目光长远，居安思危，给人一种沉着稳重的感觉；也善于掩饰自己的真情实感，别人，有时包括亲人也无法理解他们。

说粗话的心理意义

　　男人们聚在一起，比较容易说些"有伤大雅"的粗话，尤其是涉及禁忌的词汇，更是有人偏爱，朗朗上口，例如"娼妓""淫妇"等与性行为有关的语言，或"凸肚脐""狗屎蛋"等牵涉到身上排泄物的词汇，好像只有这样才能体现出男子汉的气魄。其实，这类男人是因为内心的欲求不满而粗话连篇的。

　　若从温文尔雅的女性口中爆出如此没有素质的言辞，实在让人害怕。但是，如果我们站在女性的立场上看待这种现象，和男人们一样地用粗言恶语，可以给她们一种与男人们并驾齐驱的感觉，这是妇女解放运动时代极典型的女性心理特征。

　　孩子们特别是男孩子为什么也爱说粗话呢？要知道，孩子们如果在父母面前说些粗语，毫无疑问，一定会受到严厉的训斥。所以，粗话只有变成孩子们和同伴之间在相互游戏时的通用语。孩子们彼此都知道"那种话"并没有恶意，只是一种"游戏"罢了，而这种"游戏"可以满足他们摆脱父母教训的逆反心理，可以让他们觉得自己也能和大人们说一样的话，自己像个大人了。

　　我们可以肯定，喜欢口出秽言的人（见下页图1），是属于某些方面欲求不满类型的人。他们在心理上是常常焦躁不安的，又没有办法去排除，所以一天、两天……长年累月积累起来，只要碰到偶发小事件，他们就借题大肆发挥。积累后的"爆炸"并不一定仅仅针对他不满的对象而发动攻击。一旦被他逮到机会，无论何时、何地、何人，他一样照说不误。有时候，即使说话的人不是有意的，但对听话的人来说，却在心里结了个疙瘩。听者首先可能会产生"岂有此理""不像话"的感觉，慢慢演变

图1

某些方面欲求不满类型的人，常常处于焦躁不安的状态，又没有办法排解，长年累月积累起来，成为爆粗口的动因。

图2

故意在异性面前讲粗话的人，其乐趣在于观看对方的反应。

成以更歹毒、更不堪入耳的话来反辱对方，最后出现了愚蠢可笑的骂街场面。

还有一种人有故意在异性面前讲粗话的嗜好（见图2）。他们常常有意选择那些正在对异性和性方面的问题发生兴趣，但又对淫秽语言不具有抵抗力并怀有来自生理方面的憎恶感的女性，在不适当的时候提及这类话题，也就是在不该讲粗话时脱口而出。比如在上班时间，当女同事送文件来的时候，或乘巡视埋头工作的下属之际对女职员讲粗话，以欣赏她们的窘态。这些女子听到粗话后，大都会面红耳赤，或者手足无措，甚至惊慌得啜泣不已，而这正是其所喜欢看到的。对他们来说，说粗话只是前奏，观看女性的反应才是他们真正乐趣之所在。

这种因欲求不满而产生的粗言恶语，说话的人并未考虑到会招致何种后果，只是一味地借机说出心中的不愉快。至于是否会伤害他人，一时便考虑不到了。可见，所谓粗话，只不过为发泄内心不满。一般并不具有特殊意义，同时又不对他人的身体造成实际的伤害。所以，除了意欲给予对方致命的打击，而事先在内心一再计划好了的蓄意性言语外，对于别人的粗言恶语，最好充耳不闻。

从接受表扬的态度了解对方

表扬是对一个人成绩的肯定，表示大众接受他们的行为或某种观点，是人人都期求的一种外界反应，受到表扬的人往往会得到心灵上的愉悦和满足。有的人追求表扬胜过财富，也有的人看重表扬胜于生命，所以表扬对于一个人的性格有着非常大的影响。

危险处境考验的是一个人的勇气，功名利禄能够检验出一个人的德行，一个人的耐性可以从琐事缠身的时候看出来……而一个人在接受表扬的时候所产生的反应，将暴露出什么信息呢？

第五章 言谈之间让你的内心一览无余

1. 一受到表扬就害羞的人

受到表扬的时候面红耳赤、表现得很腼腆的人,温柔敏感、感情非常脆弱,别人的批评很容易让他们受到伤害,更经受不住意外的打击。他们富有同情心,关注别人的感受,不会用言语或行动主动攻击别人。

2. 不敢相信的人

这种人听到赞扬的话,会用一副非常惊喜的样子来表达自己心中的高兴。他们憨厚淳朴,不喜欢与别人发生矛盾冲突,经常以损失自己的利益来换得安宁。他们喜欢参加群体活动,交往过程中的大度和慷慨让他们与别人建立起良好的人际关系,与他人能够相处得非常融洽。

3. 无动于衷的人

听到表扬仿佛听到风声一样无动于衷的人,在工作当中会兢兢业业,不喜欢因为受到他人的注意而浪费时间和精力。他们对待身边的事情保持一种顺其自然的态度,不喜欢争强好胜,奉献是对他们的高度评价,他们宁愿独处一室进行研究和开发,也不愿加入吵闹的集体生活当中。

4. 相互赞扬的人

听到别人的表扬,这种人立刻会用相应的表扬话语回敬,让对方有被回报的感受,这种人有自己的个性,不喜欢依赖他人,对自己和生活充满了自信。这种人在人际交往过程中,很讲究平等互利,和他们交往可以毫无后顾之忧,既不必担心吃亏,也不会产生占他们便宜的觊觎念头。

5. 极力否定的人

这种人经常用诙谐的话语回敬对方的表扬,有时否定对自己的表扬。他们不喜欢参加集体活动,不愿受到别人的干扰,将更多的精力和时间用于维护自己的独立空间。他们幽默含蓄,但又略显放荡不羁,其实这是他们故意封闭自己的一种手段和方式,因此通常不会和别人建立起深厚的友谊。

6. 来者不拒的人

这种人较为公平,会在接受别人表扬的时候用适当的好话称颂对方。他们心地单纯,好助人为乐,经常设身处地为大家着想,能够对他人的优点给予肯定,大家非常愿意和他们相处。他们慷慨大方,能够给予朋友及时有效的援助,和他们共渡难关。

7. 心不在焉的人

他人的表扬并不被这种人所关注，他们根本没有心情为表扬浪费过多的时间，所以总是找其他的话语来改变话题。他们反应灵活、机智聪明而且才华横溢、富有眼光，既现实又果断。自信和狂放不羁是他们最明显的性格特征，他们对名利不过度追求，有成就宏伟计划的可能。

8. 心平气和的人

这种人对于表扬自己的人，能恰到好处地表达出由衷的感谢，彬彬有礼。他们沉着稳重，注重实际，讲究实效，富有进取心，善于韬光养晦，经常出其不意地给人以惊喜。他们有着独立的行事原则，能够按照预定的目标坚持不懈地努力，不受外界环境影响，更不会招摇过市、不可一世。

从回答时间的习惯上了解对方

大家经常会遇到这样的情况：碰巧自己忘记带表，也没带其他的现代通信工具比如手机之类的东西，在这样的情景下，我们要想知道时间，一个有效便捷的方法是向周围的人询问。实际上，从回答时间上也可以了解一个人，虽然你可能从未意识到这一点。

从回答时间的习惯上了解对方	
回答准确时间的人	回答准确时间的人，性格内向，实事求是，踏实肯干，做事认真，积极上进，遇逆境能忍受，具有持之以恒的精神，事业容易成功。但此种人因事业心强，一般不主动接近别人，也使人不易接近，待人不热情，爱好不广泛
回答的是大约时间的人	回答的是大约时间，最多相差几分钟的人不拘谨，不计较个人得失，性格温和，不嫉妒人。这种人多与世无争，知足常乐，他们的一生都将会在平平庸庸中度过
回答的时间误差极大的人	这种人办事马马虎虎，处事不够机灵。这种人头脑反应比较慢，看问题只看表面。但他们干活迅速而果断，能面对实际
故意夸大或缩小时间值的人	有些人回答时，故意夸大或缩小时间值，这种人虚伪、表里不一，往往把芝麻说成绿豆大，考虑问题不周全，办事持无所谓的态度，不能承担责任

第六章

百相装扮彰显你的真实本性

·第一节·
服装：心灵自我显露的平台

衣着与人的心理的关系

大文豪郭沫若曾说过："衣服是文化的表征，衣服是思想的形象。"意思是说人可以通过衣着打扮来向外界展示自己。

随着人类社会的发展与进步，人们的衣着张扬个性，不拘泥于形式，可以更加充分地表现自己的心理状况、审美观点等，因此，通过衣着把握其性格特征是可能的。下面就列举一些不同衣着喜好的人相应的性格特点。

喜欢穿简单朴素衣服的人

这种人性格比较沉着、稳重，为人比较真诚和热情。他们在工作、学习和生活当中都比较诚实、肯干，勤奋好学，而且还能够做到客观和理智。但是如果过分朴素就不太好了，这种情况表明人缺乏主体意识，软弱而容易屈服于别人。

喜欢穿流行时装的人

这种人最大的特点就是没有自己的主见，不知道自己有什么样的审美观，他们多情绪不稳定且无法安分守己。

喜欢穿深色衣服的人

这种人性格十分稳重，一般比较沉默，凡事深谋远虑，常会有一些意外之举，让人捉摸不透。

喜欢穿淡色便服的人

这种人大多比较活泼、健谈，并且喜欢结交朋友。

喜欢穿式样繁杂、五颜六色、花里胡哨衣服的人

这种人多是虚荣心比较强、爱表现自己而又乐于炫耀的人，他们任性甚至还有些飞扬跋扈。

喜欢穿过于华丽衣服的人

这种人多为具有很强的虚荣心和自我显示欲、金钱欲的人。

喜欢穿单一色调服装的人

这种人是比较正直、刚强的，理性思维要优于感性思维。

喜欢根据自己的嗜好选择服装而不跟着流行走的人

这种人一般是独立性比较强、有果断决策力的人。

喜爱穿同一款式衣服的人

这种人性格大多比较直率和爽朗，他们有很强的自信心，爱憎、是非、对错往往都十分明确。他们的优点是行事果断，言必信，行必果。缺点是清高自傲，自我意识比较强。

喜欢穿短袖衬衫的人

这种人的性格是放荡不羁的，但为人却十分随和、亲切。他们热衷于享受，凡事率性而为，不墨守成规，喜欢有所创新和突破，自主意识比较强，常常是以个人的好恶来评判一切。他们的心思比较缜密，能够做到三思而后行，不至于因任性妄为而做出错事来。

喜欢穿长袖衣服的人

这种人比较传统和保守，为人处世都循规蹈矩。他们比较缺乏冒险意识，但自己的人生理想定得很高。这样的人最大的优点就是适应能力比较强，通常能营造出较好的人际关系。他们很重视自己在他人心目中的形象，希望得到注意、尊重和赞赏，从而在衣着打扮、言谈举止等各方面都严格地要求自己。

喜爱宽松自然的打扮，不讲究剪裁合身、款式入时的衣着的人

这种人多是内向型的。他们常常以自我为中心，而不能走进其他人的生活圈子里。他们有时候很孤独，也想和别人交往，但他们的性格中害羞、胆怯的成分比较多，不容易接近别人，也不易被人接近。

从衣服的选择判断人的性格

有句俗话叫"人靠衣裳马靠鞍"，可见衣着是人社会性的重要内容，不仅掩饰了人的动物性，更将人在社会中的地位区分得清楚明白，而且人们在选择衣着的时候，都会考虑到方方面面，如衣着款式、年龄、经济条件、用途，等等。一件满意的衣服到底如何，其实都是由他们真实的性格勾勒出来的。

不同性格的人对衣服的选择	
以节约原则为主的人	购买衣物时，首先从价格上考虑，然后再全力以赴地讨价还价，寸步不让。他们珍惜每一分金钱，即使花一分钱也要计算它的价值；他们会用金钱衡量很多东西，处处考虑金钱利益的得失
以讲究原则为主的人	在购买衣服的时候，过度讲求衣物的质地面料、手工和美观大方。他们有求知的热情和自己的人生目标；他们非常清楚自己的价值，懂得为自己争取适合自己的东西；他们的享受是建立在辛勤付出的基础之上的，所以多能实现自己的目标和理想
以树立形象为主的人	选择衣服时，不以自己的好恶来决定，而是考虑能否给他人留下一个美好的印象。他们在乎自己的一举一动，而且努力实现完美，以求在公众心中树立起良好的形象

续表

以思想愉悦为主的人	不喜欢时尚和流行，对商店橱窗中的展示往往不屑一顾，那些既简单而又保守的衣服才是他们的钟爱。他们不在乎物质上的享受，对旁人的评头论足也视若耳旁风，只重视精神上的富足，为了买到理想中的衣服也经常要耗费很多精力和时间
以唯美原则为主的人	购买衣物时，只要求好看，其他的如价格、质地和面料都是次要的。他们对一切美的事物都有十分灵敏的感受，以视觉美为最高的目标；不注重实际，所付出的努力往往归于昙花一现，有所成就的机会很渺茫
以实用原则为主的人	穿衣仅是为了保暖，款式与时尚都是次要或无关紧要的。他们的消费很低，会省下很多的钱，属于持家类型，性情忠厚，往往悲天悯人，乐善好施

从服装颜色的选择上了解对方

服装在人们的日常生活中占有十分重要的地位。穿着打扮不仅反映一个人的修养、职业，同时也反映其个性与心理。心理学家从服装的颜色、款式等选择上，分析了人的不同个性与心理。

一般来说，在选择服装色彩的时候，人们多少会受到自己性格的影响。因为，每个人服装的色彩，总是和自己当时的心理活动状态有着一定的联系。所以，从每个人所喜爱的颜色上可多少看出他具有什么样的性格特征。

从每个人所喜爱的颜色上看性格特征	
喜欢穿白衬衫的人	喜欢穿白衬衫的人，他们的性格特征是缺乏主动性、判断力。他们在色彩感觉上、在装扮上都非常优秀；与之相反，不论搭配什么服装，只要穿上白衬衫都能相得益彰。白色确实与任何颜色的衣服都能搭配组合，同时，白色是表示干净的颜色。虽然白色与任何颜色都能搭配，也给人一种亲切感，但常穿白衬衫的人，也给人一种"穿什么都可以"的感觉，在性格方面是属于直爽派的
喜欢蓝色、蓝紫色服装的人	喜欢穿这种颜色服装的人，其性格主要缺乏决断力、实行力。这类人说话比较啰唆，缺乏责任感，是自尊心很强的人。要想接近喜欢这类色彩服装的人，应逐渐按部就班，并投其所好
喜欢穿黑色服装的人	有的人说，穿黑色衣服使人精神紧张，黑色服装也是在丧葬及祭祀的仪式中穿着的服装。通常喜欢红白明显色彩的人，同时也喜欢黑色系统的服装
喜欢红色服装的人	选择红色服装的人是冲动的、精神的、很坚强的生活者。红色是在增强声势时所选择的
喜欢紫红色服装的人	选择紫红色服装的人，一般是在无法冷静、无法客观分析自己的时候选择的
喜欢桃红色服装的人	喜欢桃红色服装的人，是追求漂亮时所选择的。这种人以举止优雅为特征

喜欢青绿色服装的人	这类人是在喜欢有纤细感觉的心理状态下选择的
喜欢紫色服装的人	这种人一般具有保持神秘、自我满足的艺术家的气质,喜欢别出心裁
喜欢褐色服装的人	这类人在选择褐色服装时,当时的心理状态很踏实
喜欢黄绿色服装的人	这类人是在缺乏兴趣、交际狭窄、缺乏纤细心情的情况下选择的
喜欢灰色服装的人	这种人是在缺乏主动性的时候,自己没有勇气面对困难的心理状态下选择这种服饰颜色
喜欢浊紫红色、暗褐色服装的人	这种人是在非社交场合的时候、不喜欢表露心情的时候选择这样颜色衣服的
喜欢橄榄色服装的人	这种人在选择橄榄色时,当时的心理状态一般是处于被抑制的状态或歇斯底里的状态
喜欢绿色服装的人	这种人一般喜欢自由,有宽大的胸怀,绿色是其在抱有希望、没有偏见的心理状态下选择的
喜欢橙色服装的人	一般是在无法独居时,对人生意欲强烈的时候所选择的服装颜色,这种人雄辩、开朗、口才好,并喜欢幽默
喜欢黄色服装的人	这种人为使别人感觉自己有智慧、有纯粹高洁心灵时,选择黄颜色的服装

从T恤的选择了解对方

选择什么样的T恤可以直观地看出一个人具有什么样的性格。

习惯于选择没有花样的白色T恤的人

这种人多是一些比较独立的人,他们不会轻易地向世俗潮流低头。他们一般都会具有一定程度的叛逆性,但表现的形式往往不是特别明显与恰当。

喜欢在T恤衫上印有一段幽默标语的人

这种人多具有一定的幽默感,而且很聪慧。另外,他们也是具有很强的表现欲望的,希望能够引起别人的注意。

第六章 百相装扮彰显你的真实本性

喜欢 T 恤上印有各种明星的画像及与之有关的东西的人

这种人多属于追星族，他们对那些人十分的崇拜，并且希望自己有朝一日能像他们一样。他们很乐于向别人表达自己的这种心理。

喜欢在 T 恤上印学校名称或大企业的标志的人

这种人一般比较希望他人知道自己的身份，并且对自己所在的单位和企业具有一定的感情。他们希望能够以此为载体，吸引一些志同道合的人。

喜欢在 T 恤上印有著名景点的风景的人

这种人爱好旅游，性格多是外向型的，对新鲜事物的接收能力很强，而且具有一定的冒险精神。自我表现欲很强，希望把自己所知道的一切都传达给他人。

喜欢在 T 恤上印上自己名字的人

这种人多是比较开放和时尚前卫的，能够很轻松地接受新鲜事物，对一些陈旧迂腐的老观念多持一种排斥的态度。他们的性格比较外向，喜欢结交朋友，为人比较真诚和热情。他们的自信心较强，有一定的随机应变能力。

喜欢选择没有花样的彩色 T 恤的人

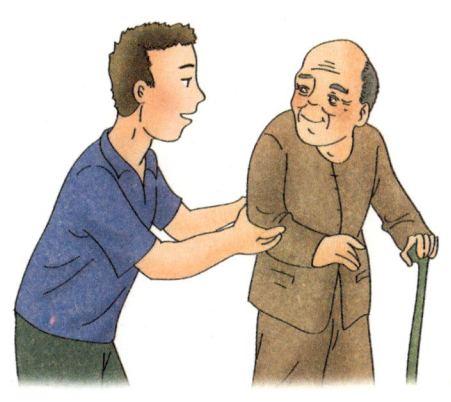

这种人自我表现欲望并不是十分强烈，他们喜欢默默无闻。他们多数比较内向，不喜欢张扬，而且富有同情心，在自己能力许可的范围内，会去关心和帮助他人。

□ 图解微表情心理学

从女人对内衣的喜好了解她

无论是在超市商场，还是在路边小店货摊，女人内衣已不像昔日那样养在深闺人不知了。它们无论在色彩、质地、做工，还是在塑体功能上，都呈现出千姿百态的样式，满足了众多女人的不同需求，不仅让女人流连忘返，也让男人大饱眼福。

也许女人认为挑选内衣是自己的专利，购买和穿着内衣也是一件非常平常的生活小事。其实不然，一件经过千挑万选的内衣是她们爱好的体现，同时也暴露出她们的心理和性格特征。

1. 喜欢棉质内衣的女人

这种女人总认为自己还没有长大，时不时地还表现出小女孩的顽皮，而此时的她们或许已经为人母了。她们热衷于运动和任何能展现活力的活动。在对待情感方面，她们总是表现得很从容，只要有付出的机会、条件许可，不管对方是否死缠着自己，她们很少轻言放弃。

2. 喜欢整体搭配衣着的女人

这种女人属于协调类型，在任何方面都追求一种和谐与平衡，力求以一种完美的形象出现在人们面前。她们能把分内之事处理得有条不紊，不会出现偏袒情况；总是显得大公无私、沉着冷静，让大献殷勤的男人猜不出自己在她们心目中的位置。

3. 喜欢紧身尼龙内衣的女人

这种女人属于开放类型，喜欢暴露，希望情人会为她们迷人的身段而神魂颠倒，并对自己所持的开放性观念引以为荣。她们性格直率，有什么就说什么，喜欢什么、不喜欢什么都表露得一清二楚。

4. 喜欢透明睡衣的女人

这种女人外表虽然诱人，但骨子里依然保持着传统思想。找这样的女人做老婆，男人可称得上是青春永驻，因为她们会用那件若隐若现的睡衣为平淡的生活增添一份恍惚迷离。受到诱惑的丈夫或情人如同喝下了兴奋剂，看到她们永远风采依旧，结果欲罢难休，增添出戏剧般的效果。

5. 喜欢黑色内衣的女人

这种女人是十足的享乐主义者，把卧室当成自己的娱乐场所，随心所欲，而且对自己的情人，没有丝毫隐瞒。她们最为性感和迷人，并以此为优势积极主动地寻找情感伴侣。

6. 喜欢白色内衣的女人

白色代表纯洁，所以这种女人大多属于守身如玉的类型。她们不善于表露感情，懒于思想和追求目标。也许是怕玷污了自己的纯洁，哪怕是对于强烈的原始性欲，她们都采取相当保守的态度，她们恪守道德准则，贤淑是对她们最恰当的形容。

通过鞋子观察对方的性格

鞋子，并不是像人们所想象的那样，单纯地起到保护脚的作用，这只是一方面。在观察他人的鞋子的时候，人们除了注意其美观大方外，还可以通过它对一个人的性格进行观察。

1. 喜欢穿细高跟鞋的人

穿细高跟鞋，脚在一定程度上是要受些折磨的，但爱美的女性是不会在意这些的。这样的女性，表现欲望是很强的，她们希望能引起他人和异性的注意。

2. 喜欢穿运动鞋的人

喜欢穿运动鞋说明这是一个对生活持积极乐观态度的人，他们为人较亲切和自然，生活规律性不强，比较随意。

3. 喜欢穿靴子的人

喜欢穿靴子的人，自信心并不是特别强，而靴子却在一定程度上能为他们带来一些自信。另外，他们很有安全意识，懂得在适当的场合和时机将自己很好地掩饰起来。

4. 始终穿着自己最喜爱的一款鞋

这样的人思想相当独立。他们十分重视自己的感觉,而不会过多地在意他人怎样看。他们做事比较小心和谨慎,深思熟虑,要么不做,要做就会全身心地投入。他们很重视感情。

5. 喜欢穿没有鞋带的鞋子的人

这种人并没有多少特别之处,穿着打扮和思想意识都和绝大多数人差不多。但他们比较传统和保守,中规中矩,追求整洁,表现欲望不强。

6. 喜欢穿时髦鞋子的人

这种人有一种观念,那就是只要是流行的,就是好的。这种人做事时常缺少周全的考虑,所以会顾此失彼。他们对新鲜事物的接受能力比较强,表现欲望和虚荣心也强。

7. 喜欢穿拖鞋的人

这种人是轻松随意型人的最佳代表,他们只追求自己的感觉和感受,并不会为了别人而轻易地改变自己。他们很会享受生活,绝对不会苛求自己。

8. 喜欢穿远足靴的人

这种人会在工作上投入充足的时间和精力,他们有强烈的危机感,有较强的挑战性和创新意识。敢于冒险,敢于向自己不熟悉的领域挺进。

9. 喜欢穿露出脚趾的鞋子的人

这样的人多是外向型的人,而且思想意识比较先进和前卫,浑身上下充满了朝气和自由的味道。他们很乐于与人结交,并且能做到拿得起放得下。

·第二节·
化妆：无法掩饰所有的真相

不同的装扮，折射出不同的心理

1. 异国妆和怪妆

异国妆是外国流行的妆；怪妆则是没有一定模式和规范，甚至与化妆的本意相悖的妆。这两种化妆者化妆的目的是不同的，因而化妆所起到的效果也就有了很大的差异。

1. 异国妆

喜欢化异国色彩比较浓重的妆的人，多是有比较丰富的想象力，身体内有很多艺术细胞，希望自己将来能够成为艺术家。她们向往自由，渴望过一种完全无拘无束的生活。她们常常会有许多独特的、让人诧异的想法，是完美主义者。

2. 怪妆

眼睛周围或是黑乎乎的或是蓝幽幽的；嘴唇也是有时紫有时红，有时大嘴巴有时小嘴巴；脸颊涂得红红的。喜欢化如此怪妆的人也清楚自己并没有追求什么美丽，她们只把这种妆当成宣泄的一种方式。

2. 怀旧妆和完美妆

怀旧妆是指将自小形成的那套化妆理论和方法延续到成年，甚至中年和老年。其实是对美好过去的一种回忆，以期忘记现实中的不愉快和不如意，但喜欢怀旧妆的女人依然保持头脑清醒，不会沉迷其中而忘记现实。她们讲究实际，会极力把握住现在的所有。她们热情善良、善解人意，拥有很多可以推心置腹的朋友。由于容易满足，她们难以享受时代发展带来的刺激和美好。

与化怀旧妆的人不同的是，完美妆的人追求的是尽善尽美。她们为了完成自己的目标不惜花费巨大代价，任何事情都会追求尽善尽美，属于典型的完美主义者。这种类型的人甚至倾尽所有也要使自己的容貌达到自己满意的程度。之所以如此，最主要的是她们对自己的才智和财力都有充足的把握，而唯一放心不下的是自己的外貌。为了成为一块无瑕美玉，只好不停地审视自己，用化妆来掩饰不足，结果却让别人感到不自在。

淡妆与浓妆，表现不同的欲望

有的人喜欢淡妆，此类人大多没有太强的表现欲望，希望最好谁也别注意她们。她们只要求能过得去，简单地涂抹一下使自己不至于难看就行。她们大多属于聪明和智慧的类型，不会将时间和精力都耗费在梳妆台前；往往有着自己的想法与思考，而且敢打敢拼，所以较多人能获得成功；拥有秘而不宣的秘密，甚至珍藏一生也不会向他人透露；最希望得到别人的尊重，对她们的难言之隐给予支持和理解。

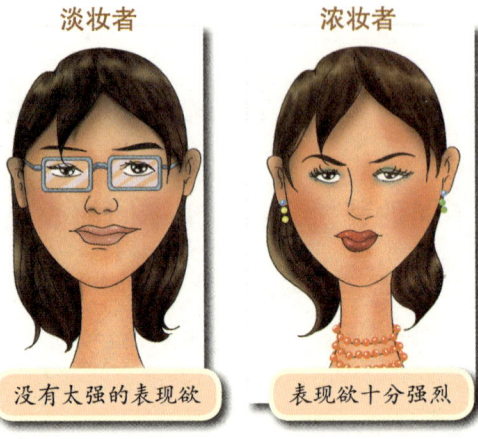

淡妆者　　　浓妆者

没有太强的表现欲　　表现欲十分强烈

与之相反，有的人则喜欢浓妆。与喜欢淡妆的人相比较，这样的人表现欲望十分强烈。她们不辞辛苦地将各种化妆品涂在自己的脸上，并忍受痛苦用各式工具修饰五官，为的是用一种极端的方式引起他人的注意，而异性的欣赏往往使她们心甜如蜜。前卫和开放是她们的思想特征，她们对一些大胆和偏激的行为大多保持赞赏的态度。她们真诚、热忱，一些恶意的指责并不能使她们受多大的伤害，但她们对他人依然会很尊重。

自然与时尚，个性的保守与开放

女性在约会的时候，或是工作上有重要的提案要进行的时候，化的妆应该比平常要浓，可以说是充满干劲的"决胜负彩妆"。根据心理学家研究，化比平常浓的彩妆，会提高自信心与满足感，变得活跃、具有攻击性，也变得较具社交性。决胜负彩妆似乎真的具有效果，不过，奇怪的是，化这种妆同时也会变得情绪不安，这是因为和平常的自己不同。

最容易影响别人印象的是脸孔，而眼睛扮演了尤其重要的角色，唇部也会给人十分深刻的印象。

眼睛给人的印象取决于眉形与眼线。眉毛描绘成细细的弧形，再画鲜明的眼线，就给人华丽的感觉，在漂亮气派的餐厅里约会时很适合化这种妆（见下页图1）。口红使用玫瑰色系的，上唇唇山的部分仔细描绘出锐角，会更加强华丽的印象。

平直上扬的眉形，以深色醒目的眼线，配上强调唇线的深红色的唇，会给人意志极为坚强的印象，不是华丽，而是利落感，给人一种强烈的积极感与坚决强硬的态度（见下页图2）。这种强硬感的化妆，在提案会议、做报告或发表意见时，可以做你的后盾。即使实际上自己是很紧张的，也能隐藏住这种情绪，不论是在言语或动作上，都能让你看起来充满自信。

眉尖自然往上扬，但尾端却突然往下的眉形，营造出俏丽可爱的感受（见图3）。画上淡淡的眼线，口红涂得比实际的嘴唇轮廓大一些，然后再迅速地回眸一笑，就能给人魅力十足的女性印象。跟喜欢的男性朋友约会时，很适合化这种妆。在看似冷淡的气氛中，偶尔散发出带点俏皮的性感，就是最完美的表现了。

图1

图2

图3

从发型观察对方

在足球场上，大家时常可以看到运动员各种各样稀奇古怪的头发，并为此津津乐道。不同的发型往往表现人的不同个性。

1. 女士的头发

与男士相比，女士的发型若要详细分析起来，则显得较为复杂。

留着飘逸的披肩发

留着飘逸的披肩发，说明这类女性比较清纯、浪漫。

留的是短发

若留的是齐眉的短发，则这类女性显得天真活泼、无忧无虑。

烫成满头卷发	把头发梳得很整齐，并让它保持顺其自然的状态

烫成满头卷发，代表这个人较有青春的活力，或多或少地带有些野性。	把头发梳得很整齐，并让它保持顺其自然的状态，说明这种人比较安分守己。

2. 男士的头发

男士不管是留长发、剃光头，或是其他各种各样比较特别的发型，其都有一个普遍的共同点，那就是标新立异，想别出心裁地突出自己，增加自身的魅力。

让自然来决定自己的发型，并且长时间地保持	头发长长直直的，看起来显得非常飘逸和流畅	头发很短，看起来很简洁，而且也极为方便

这类人总喜欢怨天尤人，但却从来不从自己身上寻找原因，更不会付诸行动努力去寻求改变。他们很多时候容易妥协，很多行动并不是真正地发自内心想做的。	这种人的性格大多界于传统与现代之间，他们既含蓄世故，又大胆前卫，只是要视情况而定。他们通常有很强的自信心，对成功的渴望很迫切。	这一类型的人，大多野心勃勃。他们很想把一些事情做好，但实际上却往往什么也做不好。

口红显示女性的性格和职业

　　口红作为女性增添自己魅力的手段之一，其颜色种类可谓五花八门，既有红色、粉色、橙色，还有珍珠色、褐色、紫色等。通过观察一个女性对口红颜色的喜好，往往就能知晓她的性格特征和职业。

第六章 百相装扮彰显你的真实本性

红色的口红会使女性的嘴唇显得更为突出。所以，如果一个女性喜欢红色的口红，则说明其性格外向、活泼好动、乐观、崇尚自由、具有独立的个性。她的社交能力非常强，对人真诚有礼，喜欢与人分享美好的事物，因而其人际关系处理得非常好，朋友很多。通常情况下，涂有这种口红的女性往往是从事销售、公关，或是美容、美发等行业。

粉红是一种代表纯情和女性本色美的颜色。所以，很多女孩子和男孩第一次约会时最喜欢使用此种颜色的口红。通常情况下，如果一个女性喜欢使用此种颜色的口红，则说明其性格较为温柔、和善、思想较为单纯、富有同情心和爱心。但是她的心理承受能力较弱，在挫折和失败面前常常会表现出很委屈、很受伤的样子。她很信任爱情，对恋爱抱有很大的期待。虽然她平时表现得温柔贤淑，但一旦知道冒险的乐趣，很可能会发生大胆的变化。在与人交往时，她可能显得有点矜持，但其内心却是火热的。一旦你成为了她的朋友，往往会得到她无微不至的关怀。一般来说，涂着这种颜色口红的女性往往从事教师、医生等职业。

橙色往往能给人亲切、温柔、温馨的感觉。所以，喜欢这种颜色口红的女性，其性格较为稳重、和蔼，具有较强的自我控制能力和判断力。在爱情方面，她往往愿意为对方付出自己的一切，是典型的贤妻良母型女性，她坚信"爱情的眼里容不得半粒沙子"。一旦恋人背叛了自己，她极有可能会报复对方。不过，她对朋友是非常坦荡和大度的，如果朋友不小心伤害了她，她往往会一笑而过。所以，她的人缘很是不错。通常情况下，涂着这种颜色口红的女性往往从事各种商业活动，如一些店铺的老板，或是大公司的高级职员。

珍珠色是一种代表纯洁、高洁的颜色。喜欢这种颜色口红的女性，其性格文静、庄重，聪颖谨慎，心思细腻且喜欢追求完美。她具有较强的个性，自我主张非常明确，从不掩饰自己的追求和欲望，喜欢自由地享受生活。一旦她确定了自己的追求目标，她就会全力以赴，从不会在乎别人的眼光。在爱情方面，不喜欢受到对方的约束，要求对方尊重自己的个人空间。在与人交往时，她也不喜欢别人干预自己的事情，同时她也不会干预对方的事。通常情况下，涂着这种颜色口红的女性往往是一些自由职业者。

紫色是一种代表高贵和典雅的颜色。喜欢这种颜色口红的女性，其性格较为外向，具有较强的表现欲望和优越感，虽然喜欢在别人面前展示自己的魅力，但从不虚伪。有些时候，她很爱幻想，喜欢追求不平凡的生活方式。在与人交往时，她往往会给人，尤其是给男性，一种高高在上、难以接近、不易被诱惑的感觉，但她恰恰具有让男性痴迷的不可思议的魅力和个性。通常情况下，涂着这种颜色口红的女性往往从事音乐、艺术等行业。

155

·第三节·
饰品：心灵文化的显示

佩戴各种装饰品，在古今中外都有着相当长的历史，这是人类审美意识觉醒以来最传统的一种装饰行为。这种行为不仅为人们增添了无限的风采，而且可将人们的身份喜好区分得一目了然，同时，还体现了人们对生活目标的追求和审美时尚的选择。有人认为，佩戴饰品还具有"延长自我"的特点。饰品时刻都在传递着人的性格、性情和情绪等信息。试想，如果一个人的形象和代表"自我延长"的饰品背道而驰，就会给人以"不完整人格"的印象，所以，根据服饰来判断一个人的性格是有章可循的。

帽子：盖不住思维的大脑

帽子不仅有御寒遮阳的功能，它还是一种增加美观、给人树立某种形象的装饰物。世界各地都在生产各式各样的帽子，出入任何一家娱乐场所、大型酒楼餐馆，都会看到"衣帽间"的牌子，这说明帽子对于一个人来说，有着十分重要的用途，它可以帮人们建立某种形象，使其个性在众人面前得以展现。

1. 爱戴礼帽的人

戴礼帽的人都自认为自己稳重而具有绅士风度。这种人的愿望是让人觉得他有沉稳和成熟的风格，在别人面前，经常表现得非常热爱传统。由于他们看不惯很多东西，所以他们很清高，有些自命不凡，认为自己是个干大事的人，进入任何一个行业都应该是主管级的人物。

2. 爱戴旅游帽的人

用这种帽子来装扮自己，可用以折射某种气质或形象，或者用来掩饰一些自己认为不理想或者有缺陷的东西。

3. 爱戴鸭舌帽的人

一般有点年纪的人才戴鸭舌帽，鸭舌帽表现出稳重、办事踏实的形象。如果男人戴这种帽子，那么他会认为自己是个客观的人，从不虚华，面对问题时，能从大局出发，不会因为一些细枝末节而影响整个大局。

4. 爱戴圆顶毡帽的人

爱戴圆顶毡帽的人对任何事情都产生兴趣，但从不表达自己的看法，即使有看法也是附和别人的论点，好像自己没有什么主见似的。但他们并不是没有主张，只不过是个老好人，不愿随便得罪一个人，哪怕是个最不起眼的人。

从本质上讲，这种类型的人忠实肯干，他们相信只有付出才有收获的道理。在他们平和的外表下，有自己执着的观点。

5. 爱戴彩色帽的人

爱戴彩色帽的人非常清楚在不同的场合，不同颜色的服装，应该佩戴不同色彩的帽子，说明他是个天生会搭配且衣着入时的人。

这种人喜欢彩色鲜艳的东西，对时下流行的东西非常敏锐。每当出现新鲜玩意，他总是最先尝试，希望人家说他的生活过得多姿多彩，懂得享受快乐人生，并且总是以弄潮儿的身份走在时代前列。

同时，这种类型的人也是害怕寂寞的人，因为他们精力旺盛、朝气蓬勃，那颗不甘寂寞的心总是使他们躁动不安。

眼镜：心灵窗户的另一种显示

眼镜最初是为了矫正近视或为了保护眼睛而使用的工具，但今天它早已超出了其原本的使用概念，成了具有多种功能且很有装饰意义的大众用品。它除了具有矫正视力、过滤阳光、阻挡风沙等使用价值外，有的人佩戴眼镜，甚至就是为了美观或塑造一种气质。下面针对佩戴不同款式眼镜的情况谈谈不同人的性格特点。

1. 戴黑胶边眼镜者

戴黑胶边眼镜的人希望表现出稳重及成熟的风格。在他人面前，这种人通常表现得热爱传统。通常他们自视清高，可惜他们保守且缺乏冒险精神，因此成就不大。这种人对朋友彬彬有礼。

2. 戴金丝边眼镜者

戴着金丝边眼镜的人希望当他人看他们的时候，认为他们除斯文之余，还有着学者的风范。这种人喜欢追赶潮流，给人一种很现代的感觉。这种人十分注重自己的外表，尤其是当他们与朋友约会时，必定穿着光鲜，同时在言语之间，还会暗示自己是个有身份的人。在跟人家讨论问题的时候，这种人喜欢发表一些独特的见解，以表示自己与众不同。

3. 戴无边眼镜者

常戴无边眼镜的人认为自己是个客观的人，在面对所有问题的时候，都能够从大体着想，不会因为一些细节而影响大局。

领带：男人个性的表现

西服，自诞生之日起就成为男人服饰中的佼佼者，而且这个地位直到今天也没有动摇。作为西服的饰物，领带的打法和色彩的搭配常常透露出个人的信息。男人的行事原则和秉性可以完完全全地展现在领带打法及颜色的搭配上。若仔细观察周围的男人，便不难发现他们"本色"的蛛丝马迹！

1. 领带结又小又紧的人

这种人一般不容别人对自己有半点的轻视和怠慢。他们在生活和工作中谨言慎行、疑心甚重，养成了孤独的性格。他们凡事大多先想到自己，热衷于物质享受，对金钱很吝啬，朋友不多，他们也乐于一个人守着自己的阵地，孤军奋战。

2. 领带结不大不小的人

这种人待人接物彬彬有礼，不轻举妄动。他们在打领带结的时候一丝不苟，把领带打得恰到好处，给人以美感。他们安分守己，把大部分的时间用到工作当中，勤奋上进。

3. 领带结既大又松的人

打这种领带结的男人所展现的风度翩翩绝不是矫揉造作出来的，而是货真价实的，是他们丰富的感情所展现出的风采。他们不喜欢拘束，积极拓展自己的生活空间，主动与他人交往，练就高超的交往艺术，在社交场合深得女人的欢心和青睐。

4. 领带绿色、衬衫黄色的人

绿色象征生命和活力，是点缀大自然最美妙的颜色；黄色代表收获和金钱，是财富与权势的徽章。这样搭配领带和衬衫的男人富有青春活力与朝气，想什么就做什么，不喜欢拖泥带水，对于事业充满信心。不过他们有时鲁莽冲动，自控能力比较差。

5. 领带深蓝色、衬衫白色的人

"蓝领"代表职工阶层，"白领"代表管理阶层，他们将两者融合到一起，上下兼顾，少年老成，同时不乏风度翩翩。由于视野宽阔，白领的诱惑远远超过蓝领，所以他们对工作十分专注，事业心极重，结果在奋斗过程中常常出现急功近利的表现。

6. 领带多色、衬衫浅蓝色的人

选择这样搭配的人拥有一股市井气息，热衷于名利；路边的野花繁多美丽，常常使他们心猿意马，见异思迁的他们对爱情往往不能用情专一，追逐的目标总是换了一个又一个。

7. 领带黑色、衬衫白色的人

黑白分明是对于阅历丰富之人的形容，所以喜欢这种打扮的人多为稳健老成之士。由于看得多，感悟也会多，他们懂得什么是人生的追求，善于明辨是非，相信"善有善报、恶有恶报"，正义在他们身上得到了最大的展现。

8. 领带黑色、衬衫灰色的人

这种打扮让人有种不舒畅的感觉。他们在穿着之时必先照镜子，能够接受镜中的压抑则说明他们有很深的忧郁，而这份忧郁是气量狭小所致。

9. 领带红色、衬衫白色的人

红色代表热情，是一种积极主动的表现，所以男人选择红色领带，透露出其充满雄心和热情。而白色代表纯洁、和平与祥和，白色衬衫搭配红色领带，让人刮目相看，如见到他们如火一样的热情和纯洁的心灵。

10. 领带黄色、衬衫绿色的人

用辛勤的耕耘换取丰硕的收获，按照理想设计自己的生活和人生，并勇于实施，他们流露出的是诗人和艺术家的气质。他们相信付出就会有回报。他们与世无争，保持柔顺的性情，对人非常和蔼可亲。

手表：对待时间的态度

"一寸光阴一寸金，寸金难买寸光阴。"这是在说时间的宝贵。时间在不知不觉、悄无声息中流逝，不同的人对此会有不同的感受。有的人视若无睹，而有的人则表示深深地惋惜，然后，抓紧每一分钟去做一些有意义的事情。一个人对待时间的看法，很大程度上是由人的性格决定的，而时间对人具有什么样的影响，很多时候又能通过所戴的手表传达出来。这两者之间有着非同一般的关系，下面就针对这一点进行说明和介绍。

1. 喜欢戴电子表的人

喜欢戴这一类型手表的人，独立意识非常强烈，从来不希望受到他人的控制和约束，而喜欢自由自在、无拘无束地去做自己想做的事情。他们善于掩饰自己的真实情感，在别人看来，他们比较神秘，而他们自己也非常喜欢这种神秘感，乐于让他人对自己进行各种猜测。

2. 喜欢戴闹钟型手表的人

喜欢戴闹钟型手表的人大多对自己要求特别严格，总是把神经绷得紧紧的，一刻也不放松。这一类型的人习惯于按一定的规律和规定办事，他们在争取成功的过程中，任何一件事都是以相当直接而又有计划的方式完成的。他们非常具有责任心。除此之外，他们还有一定的组织和领导才能。

3. 喜欢戴古典金表的人

戴古典金表的人多有发展眼光和长远打算。他们心思缜密，头脑灵活，往往有很好的预见力。他们比较成熟，凡事看得清楚透彻。他们待人宽容，有忍耐力，又很重义气，能够与家人朋友同甘共苦、生死与共，有坚强的意志力，不会轻易向困难和压力低头。

4. 喜欢怀表的人

喜欢怀表的人大多对时间具有很好的控制能力，不是时间的奴隶，懂得如何在有限的时间里让自己放松并且寻找快乐。他们适应能力强，能够很好地调整自己的心态。他们多有比较强的怀旧心理，乐于收集一些过去的东西。他们言谈举止高雅，表现出一定的文化修养。他们有比较浓厚的浪漫思想，常会制造一些出人意料的惊喜。他们为人处世具有耐心，很看重人与人之间的友情。

5. 喜欢液晶显示型手表的人

喜欢液晶显示型手表的人在生活中多比较节俭，知道如何精打细算。他们的思维比较单纯，对简捷方便的各种事物比较热衷，而对于太抽象的概念则难以理解。他们在为人处世各方面多持比较认真的态度。

6. 喜欢戴具有几个时区手表的人

戴具有几个时区手表的人多是有些不现实的。他们有一定的聪明和智慧，但一切都止于想象而已，不会努力付诸实践。

7. 喜欢戴上发条的表的人

喜欢戴上发条的表的人独立意识比较强。他们自给自足，很多事情都自己动手。他们乐于做那些可以马上见到成果的工作，不希望一切都是轻而易举就获得的。此外，他们还并不希望得到他人过多的关心和宠爱。

8. 喜欢戴没有数字的表的人

戴没有数字的表的人抽象化的意识较为强烈，他们擅长于观念的表达，而不希望什么事情都说得十分明白。他们很在意对一个人智力的锻炼和考验，因为他们本身就是相当聪明和智慧的，他们对一切实际的事物似乎并不是特别在乎。

9. 喜欢戴由设计师为自己设计的手表的人

喜欢戴由设计师特别为自己设计的手表的人，大多非常在乎自己在他人心目中的形象和地位，并且可以为了迎合他人而改变自己。他们时常会大肆渲染而夸张一些事情，以证明和表现自己。

10. 不戴手表的人

不戴手表的人，大多有比较独立自主的性格，他们不会轻而易举地被他人支配，而只喜欢做自己想做并且也愿意去做的事情。他们的随机应变能力比较强，能够及时地想出应对的策略，而且非常乐于与人结识和交往。

戒指：展示自己的内心世界

戒指是手上最常见的一种饰物，这里介绍一下戒指与人性格之间的关系。

1. 戴结婚戒指的人

一个人戴的如果是结婚戒指，那么这枚戒指越大越华丽，则表明这个人的自我膨胀感和表现欲望越强烈。如果戒指是紧紧地套在手指上，则表明他对人非常忠诚。

2. 戴刻有家庭标志的戒指的人

戴刻有家庭标志的戒指的人对家庭是特别重视的，而且也有表现、证明是这一家族成员的心理。

3. 戴代表自己生辰标志的戒指的人

戴代表自己生辰标志的戒指的人多很想让他人了解和注意自己，同时也非常想去了解他人，并且会给予他人一定的关注。

4. 戴钻石戒指的人

喜欢戴钻石戒指的人愿以此引起他人的注意，他们常会为自己所取得的成就沾沾自喜，而且还有一点骄傲自满，常常陶醉在过去的美好意境当中。

5. 戴风信子玉的人

喜欢戴风信子玉的人大多非常在乎自己外在的形象,却忽略了内在的修养。他们多有较丰富的想象力,而行动的指导则常是一时的心血来潮。

6. 戴小戒指的人

乐于戴一枚小戒指的人大多都有比较丰富的想象力和突出的创造力,只是这些东西时常不适合生活,他们常怀着非常迫切的心情想向他人说明自己的想法。他们的生活态度相对比较积极,在很多时候知道该如何适当地表现自己。

7. 戴手工戒指的人

对这种戒指情有独钟的人,有较强烈的表现欲望。为了让他人认识和注意自己,他们可能会花费很大一番心思。他们喜欢标新立异,树立自己独特的风格,并且有十足的信心认为一定会成功。

8. 从来不戴戒指的人

从来不戴戒指的人并不喜欢杂乱和烦扰的感觉。他们在生活中凡事总是力求自然舒适,这样他们才会感到自由,可以无拘无束地表达自己的各种思想和情绪。

手提包:身份的见证物

提包在人们的工作、生活和学习中是非常重要的一件必需品,很多时候它几乎与人形影不离,人走到哪里,它们也随之被带到哪里。正是因为提包具有如此特殊的作用,所以,它们在一定程度上可以向外界表达一定的信息,让外界通过提包来认识提包的主人。

提包的样式是众多的,人们可以根据自己的喜好进行选择。一般来说,选择的提包比较大众化的人,他们的性格也比较大众化。他们在很多时候都是随大流,大家都这样选择,所以他也这样选择,没有自己的看法,人生中或许多少有所收获,但不会有大的成就和发展。

1. 喜欢休闲式提包的人

选择的提包多是休闲式的人，工作具有很大的伸缩性，自由活动的空间也大。这类人大懂得享受生活，对生活的态度比较随意，不会过分苛刻地要求自己。他们比较积极和乐观，也有一定程度的进取心，能很好地安排工作、学习和生活，做到劳逸结合，在比较轻松惬意的环境中把属于自己的事情做好。

2. 喜欢公文包的人

选择公文包是出于工作的一种需要，但在其中多少也能表现此种人的性格特征。这样的人大多数办事较小心和谨慎，他们不一定不苟言笑，即使是有说有笑，对人也相当严厉。当然，他们对自己的要求往往更高。

3. 喜欢方形提包的人

有小把手的方形或长方形的手提包，在有些时候可以当成是一件饰品。这种手提包外形和体积都相对比较小，所以使用起来并不是特别的方便。喜爱这一款式手提包的人，多是没有经历过什么磨难的人。他们比较脆弱和不堪一击，遇到挫折，容易退缩和妥协。

4. 喜欢肩带式手提包的人

喜欢中型肩带式手提包的人，在性格上相对比较独立，但在言行举止等各方面却是相对较传统和保守的。他们有一定相对自由的空间，但不是特别的大，交际圈子比较狭窄，朋友也不是很多。

5. 喜欢小巧精致的手提包的人

非常小巧精致，但不实用，装不了什么东西的手提包，一般来说，是年纪比较轻、涉世也不深、比较单纯的女孩子的最好选择。但如果已经过了这样的年纪，步入成年，非常成熟了，还热衷于这样的选择，说明这个人对生活的态度是非常积极而又乐观的，对未来充满了美好的期待。

6. 喜欢浓郁的民族风味手提包的人

比较喜欢具有浓郁的民族风味、地方特色的手提包的人，自主意识比较强，是个人主义者。他们个性突出，往往有着与别人截然不同的衣着打扮、思维方式，等等。有些时候他们表现得与他人格格不入。

第六章 百相装扮彰显你的真实本性

7. 喜欢超大型手提包的人

喜欢超大型手提包的人，性格多是自由自在、无拘无束的，他们很容易与他人建立某种关系，但是关系一旦建立以后，也会很容易就破裂，这也是由他们的性格所决定的，因为他们的生活态度太散漫，缺乏必要的责任感。虽然他们自己感觉无所谓，但并不是其他所有人都能接受和容忍的。

8. 喜欢金属质手提包的人

喜欢金属质手提包的人，多是比较敏感的，能够很快跟上时代的脚步，他们对新鲜事物的接受能力是很强的。但是这一类型的人，在很多时候自己并不肯轻易地付出，而总是希望别人能够付出。

9. 喜欢中性色系手提包的人

喜欢中性色系手提包的人表现欲望并不是很强烈，他们不希望被人注意，目的是缓减压力。他们凡事多持得过且过的态度，比较懒散。在待人处世方面，也喜欢保持相对中立的立场。

10. 喜欢男性化皮包的人

喜欢男性化皮包的人（这里理所当然是针对女性而言，因为男性本应该选择男性化皮包），一般来说都是比较坚强、剽悍、能干的，并且趋于外向化的。

此外，从包内物品搁置的整齐程度，可以推知主人的一些信息。

1. 包内物品杂乱无章的人

这样的人的生活是杂乱无章的，奉行的是"无所谓"的随便态度。这一类型的人做事多比较模糊，目的性也不是很明确，但对人通常都比较热情和亲切。可是由于他们的生活态度有些过于随便和无所谓，所以常常会致使自己陷入比较难堪的境地。

2. 包内物品层次分明的人

这说明提包的主人是一个很有原则性的人，他们大多具有很强的进取心，办事认真可靠，待人有礼。这一类型的人有很强的自信心，且组织能力突出。但缺点是他们大多比较严肃，会过多地拘泥于生活中的某些细节。

□ 图解微表情心理学

手机：心灵交流的桥梁

1. 简单、方便的普通机型

这类人的性格是易于交往的，因此可以结交很多朋友，朋友也给他们创造了更多的人生机遇。但是，他们容易从众，往往不知道自己真正需要什么，经常迷失在朋友的建议中。

在感情方面，他们原则性不强，分不清自己的所爱，虽然他们力求做有原则的人，却常常让自己处于矛盾之中，放弃了原来的看法，因此给人的印象是忽冷忽热，意志不够坚定。因为欠缺感情分析能力，所以他们只有在朋友和家人的支持下，才能顺利恋爱。

2. 外形极酷的金属机型

喜欢使用这种机型的人大多生活适应能力非常强，人生的机遇好，随时随地都能把握人生机会。但如果他们没有坚强的意志，很容易让自己半途而废。实质上，他们个性独特，不容易让别人了解，内心很孤僻。

在情感上，他们可以轻易地交朋友，却不是一个容易谈恋爱的人。他们喜欢隐藏自己，很难让别人走进自己的内心世界，因此他们的感情是孤独的。如果他们没有遇到适合于自己的伴侣，便会宁愿孤独地生活。

3. 可换彩壳的流行机型

这种类型的人心目中最理想的生活境界就是轻松自在的人生。虽然其为人真诚、善良、爽快，喜欢赞美别人，能包容别人的缺点，使很多朋友愿意亲近他，但是，过于浅显的心思，使其缺乏吸引力。

情感方面，他们从小到大有不少恋爱的机会，却都无法长久，往往难以深入发展，因为他们不知道别人需要什么，也不关心别人需要什么，只顾自我投入，虽然付出很多，但很难打动对方。

4. 能防水防震的运动机型

这类人，因为性格开朗、热爱生活和运动，所以天生看起来阳光味十足。他们人缘不错，身边经常围着许多同性或异性的朋友，不过不属于交友过滥那种。

运动机型最大的特点就是经久耐用，因此，虽然他们看起来可能有点"花"，但是内心追慕的仍是那种天长地久的恋情。如果真正遇到值得他们去争取和等待的感情，他们所表现出来的执着也是让人吃惊的。

耳环：透视性格的物品

经过长期观察、研究，心理学家发现，不同性格的人喜好不同形状的耳环，这其实反映出人们希望借此寻求一种内心世界与外在表现的和谐。例如，活泼好动的女性通常会选择小巧的、呈几何图案的明快型耳环；而温顺柔和的女性则偏爱富于曲线美的流线型的耳环。

1. 圆形

喜欢圆形款式耳环的女性比较传统，家庭观念强，有一定的依赖性，但比较知足，性格恬静。她们性情温和、亲切、平易近人，具有强烈的责任感。

2. 椭圆形

钟情于椭圆形款式耳环的女性，具较强的独立性和创造性，不论在生活还是在事业上，都显得与众不同，往往能得到上司的欣赏和重用。

3. 心形

这种女性性情细致、体贴入微，而且浪漫活泼、感情丰富，富于女人味。同时也热情大方，乐于助人，对爱情执着，具很强的社交能力。

4. 方形

偏爱长方形或方形款式耳环的女性，生活严肃认真，做事井井有条，坦诚、坚强。她们处事也很沉稳，具很强的洞悉能力，理智行事，精力充沛。

5. 梨形

选择梨形耳环的女性，多为追求时尚的女性，容易接受新鲜事物，勇于探索，具较强的适应能力，禀性坦诚、外向，能尊重他人。

6. 橄榄形

偏爱橄榄形款式耳环的女性具很强的事业心，雄心万丈，大胆外向，喜欢接受挑战。她们具有独创性，喜欢标新立异，追求刺激，不易受他人影响。

美国纽约的著名心理学家伊莉尼医生认为，通过女性佩戴的耳环不仅能看出她的爱好和眼光，而且还能看出她的性格。

1. 喜欢戴金耳环的人

喜欢戴金耳环的人，往往是一个颇有自信心、性格外向并对人友善的人。她们有欣赏好东西的口味，但性格不太外向，注意约束自己，不是态度随便的人。

2. 喜欢戴银耳环的人

喜欢戴银耳环的人是有秩序的人，做事喜欢遵循事先制订好的规则，尤其是每天的例行工作，而不喜欢突然使人惊奇。

3. 喜欢戴家传耳环、旧式耳环的人

有些女性喜欢戴家传耳环、旧式耳环，而不去买现代的耳环，身上绝无新潮的耳环。这类人是热衷家庭、忠于家人的，对朋友也非常忠诚。

4. 喜欢戴很大的耳环的人

喜欢戴很大的耳环的人，大多是无忧无虑的人，很有幽默感，喜欢在众人中突出自己。受人欢迎，也乐于助人，善于与人相处。

5. 喜欢买手工或是自制的耳环的人

有人喜欢买手工做的耳环，或是自制的耳环，每件都是与众不同的，这类人是有创造性的人，如果向文艺或戏剧方面发展或从事设计工作，肯定会有成就。

6. 不戴耳环的人

有些人任何耳环也不戴，并不在乎别人满身珠宝。这种人很实际，她们可能是注意内在的人，并不留心外表，也并非无钱购买耳环。

第七章
日常习惯让你的内心不再隐秘

第一节
行为习惯：刻在心灵上的烙印

习惯是性格的一面镜子。汉语中的"习性"一词，指的就是习惯与性格，这两者相互依存，谁也离不开谁。

任何一种行为习惯的形成，都是人类的感情与欲望在有意和无意中积累的结果，是将人内心表现于外的行动。每一种不同的心性都有不同的行为表现形式，通过这些行为习惯可以了解一个人的内在本质。

从签名习惯了解人的性格

签名有美有丑、有大有小，千姿百态。签名不仅能透露签名者的个人信息，还能把他们的性格反映出来。

从签名习惯看人的性格	
签名走向向上的人	此类人一般都是有雄心壮志的人。他们不畏辛劳，坚定执着地朝着自己的理想前进，积极向上，会想尽办法战胜眼前的困难。他们喜欢荣誉和鲜花，非常热衷于世间的一切享受，这也是他们不懈努力的结果
签名走向向下的人	此类人通常都是消极的等待者或妥协者，总是一副有气无力的样子，犹如大病初愈，又好像历尽了沧桑和磨砺。他们自信心不足，不敢设计未来，见到别人取得荣誉，虽然有时也会热血沸腾，但转眼间又随波逐流了
签名走向向左的人	此类人一般不喜欢按照常规办事，喜欢创新和追求不同凡响。他们喜欢表现自我，在陌生人面前直言不讳，而他们认真诚恳而又不失幽默的表现往往会获得大众的喜欢
签名走向向右的人	此类人信心十足，热情洋溢，积极向上，总是一副充满朝气、和蔼亲切的样子，在人际交往过程当中经常主动向别人靠拢，别人也会笑脸相迎，和他们愉快地交谈。但这并不是他们成为社交高手的主要原因，他们真正高明之处是"醉翁之意不在酒"，在交往的时候对全局进行缜密的观察和了解，别人的一举一动几乎都逃不过他们的眼睛，所有的发展变化都在他们的掌控当中

名字写得特别大的人	此类人表现欲望强烈,喜欢招摇,注重表面文章,总是将非常多的精力用到穿着打扮上,给人留下良好的视觉感受,但不会让人对他们念念不忘,因为他们没有办法打动他人的内心。他们总喜欢将众多的任务揽于一身,但是他们能力有限,遇到困难显得软弱,更有甚者有始无终,所以他们成就大事的希望较小
名字写得特别小的人	此类人不喜欢在大庭广众下抛头露面,引人注意,既不积极用特别的外表吸引别人的注意力,也不主动向别人打招呼和表示什么。他们对自己没有足够的信心,工作上虽然不是十分主动,但属于自己的工作都能集中精力来完成,没有很强的功利心,喜欢平淡的生活

从打电话的方式分析不同的性格

1. 从使用手机的方式看人的心理

"没有用过手机!"在现代社会,这么说的人简直会被当成怪人,手机已经成为现代生活不可缺少的物品了。它有与人联络方便的优点,但同时也引发被广泛讨论的"手机依赖症"。

这里我们把焦点放在用法特殊的案例上,来考虑一下这些人的心理与性格。

(1)老是用短短的对话交谈的人。和不同的人讲电话都讲个不停,可是交谈的语言都是"怎样""好吗"这种简单的对话,表示他们希望与对方交流,但却无法得到满足。他们与人只有表面上的交往,对人际关系和自己都没有足够信心,有时会避免和特定的人有深入的交往。因此他们如果不打电话,会被"我被抛弃了吗""别人讨厌我吗"等不安所困扰,总是会很紧张,为这种事所烦恼。这种人也有缺乏体贴与想象力的一面。

在学校、家庭或公司里因找不到身心安顿之处而感到孤独寂寞的人,也有依赖手机的倾向。

(2)不断地传短信的人。根据调查,学生使用手机的方式,通常一天平均只打一两次电话,但收发短信却高达15次。短信比较便宜,当然就占了不少优势,但一天发好几十次短信的人,就和电话讲个不停的人没什么区别。

只使用文字的短信,不需要像讲电话那样注意声音语调,只要传送自己的想法就行了。热衷于这种沟通方式,连讲电话这样简单的沟通都嫌麻烦而尽量避免的人,对人际关系怀有强烈的不安和自卑感,有独断专行的习惯,爱钻牛角尖,可能会将对方的短信按照自己的想法来解释,容易有和现实状况不相符的想法。

(3)依照不同对象使用手机或室内电话的人。"因为不好意思打手机给前辈,所以用家里的电话。"会说这种话的人,是因为觉得手机是"简便的联络工具",所以"使用这个来跟长辈联络太过失礼了"。他们对于上下关系非常敏锐,会紧守住这层关系，是保守、怀抱着权威主义的人。从很在乎对方的反应与他人对自己的评价这点看来，可说他们是对人际关系心怀不安的人。

（4）拒绝使用手机的人。这一些人有很多类型，例如，讨厌跟随潮流的人，对于联络不上时不会感到不安的自信家，不爱交际的人，对人际关系极度不适应的人等。

2. 在人前讲电话的方式表现出性格

（1）即使周围有人，讲话也很大声。自我表现欲极强，这种人即使没有特别理由也要夸大自己的存在。他们完全没有意识到自己已经侵入别人的心理领域。和他人交谈时只顾讲自己的事，完全不听他人说话。

因为把周围的人都当成"跟自己一样的人"，所以会把不认识的人当作不存在，对于事物也会视而不见，很有可能会毫不在乎地做出一些不近人情的事。

（2）在人前仍会掏出手机与其他人通话。性格比较自私，这种人不会顾及可能给其他的人带来麻烦或干扰，凡事以自己的想法和希望为优先。

此外，这种人如果受到了什么刺激，会把全部注意力转移过去，搞不好会完全忘记了对方的存在。他们并不是自以为是，反而是太过在意别人的个性，但容易遭到对方误解。

（3）总爱在别人面前确认有无来电。对他人最失礼的事，莫过于"心不在焉"，心思神游到别的事情上面去了。这类人常常不在意对方，以自我为中心。

此外，这种人对于得在他人面前说话这件事，觉得很辛苦，心想着"早点结束对话吧"，还可能会不时拿出手机确认有无来电。他们如果能改变无法清楚表达自己想法的弱点，就会变成个性很温和的人。

3. 从打电话时的动作看个性

（1）边记要点边说。事先准备好便条纸的人，是思考很周到的人。他们对于自己的工作有很严谨的规范，会注意到小细节，绝不会敷衍了事，很善于把工作做好。他们考虑周到、重感情，但遇到突发的情况，会有点无法适应。

（2）讲电话讲到一半开始找便条纸。这种人是做到哪儿想到哪儿的人，做事事先没有计划，很懂得随机应变的行动派，但情绪转变很快，会有点草率，给人不够沉着稳重的感觉。

（3）边说话边写下无意义的字。这是讲电话时不用心，不管说什么都无所谓的最佳证据，这种人处在闲得无聊的状态。

（4）讲电话时总是不知道手该放哪里。这种人正对某个状况或某个人感到慌张、担心与不安，为了缓解这种压力而做出如此反应。还有人喜欢边讲电话边用手指敲桌子，也是同样的情况。这种人也可能会突然大发雷霆。

（5）边做别的事边讲电话。一边整理桌上的书与文具，一边说电话，这种人不专心说话，还会随着其他事物转移注意力。如果自己不留意到这一点的话，将没有办法把握自己的行为举止，会造成注意力不集中。

（6）边讲电话边做出行礼的动作。这类人说话时是带着感情的，会无意识地做出一些动作来，这个被称为自己的同调行动。会带出动作的感情是很强烈的，他们不会说谎，个性积极又正直。

4. 从打来的电话知道对方的"规矩遵守度"

在公事往来的电话中，基本的对话礼貌是"当电话拨进来时，要尽快接起来""电话铃响两声后再将电话接起来"。不过，现实生活中的这种事情也是因人而异的。

1. 除了自己的电话之外，就算是在自己身边的电话响起，也绝对不会去接

这种人总抱着"别人是别人，我是我"的想法，没有协调性，所以不适合团队的工作，但是他们如果工作能力很强的话，会是一个很让人尊敬的对象呢！

2. 电话响了好一阵子，也是一副无所谓的样子

这种人有不慌不忙的个性，总是很悠闲自在，凡事都尽可能按照自己的意思去做，就算改换指示或规则，仍是会以自己的标准去做衡量判断，然后再做些改变。他们个性松散，而且非常不善于与人交际，所以也很不喜欢接电话。

3. 电话响起时，即使忙于某件工作，也会放下手上的事接起电话

这种人是会遵守规则的人，属于领导的指示与公司的规定都会乖乖听从的优等生类型。他们表里一致，对于外界的刺激会很敏锐，但如果遇到预料之外的事情就会紧张得不知所措。

贪吃贪喝的人害怕孤独

一个年轻的女孩去看病,说最近3个月,她的体重增加了15千克,而发胖的主要原因是吃得太多。

这位女孩毕业于外地一所学校,3个月之前来到现在工作的所在地。她以前从未离开父母单独生活,但因为毕业求职,不得不离开父母。对将来抱着很大希望的她,搬来本地,过着枯燥无味的孤独寂寞的生活。当她从公司回到自己的宿舍时,没有人迎接她,只有冷清、黑暗的空屋子,晚餐也得自己动手准备,这就是她每天的生活。

孤独的生活使她难以忍受,因此当她独自在悄无声息的屋子里时,会涌起吃的冲动,所以就开始乱吃东西,因为只有多吃,心里才能获得宁静。这次冲动刚平静,下次的冲动又会袭来,于是随着自己的冲动不断地吃,到最后一天三餐根本吃不饱,一天得吃六七餐,由此养成习惯后,她更是每天不停地吃。

不久后,除了每天吃以外,冰箱里还必须常常塞满食物,否则她就会担心食物是否少了。而且这种离不开食物的习惯,也带到了单位,办公室的抽屉里也经常塞满饼干、面包,只要一有想法,也顾不得是否在上班,马上偷偷拿出零食来吃。难怪3个月内会胖15千克。

造成其行为的原因源于她离开了父母,当心里感觉孤寂时,没有别的排遣方式,只有吃东西才能安抚自己的心灵。除了食物外,当人在失意、孤单时,也有"借酒浇愁"与乱吃东西的类似冲动。

这类人除了吃得很多外,也很爱说话。因为说话可以满足他们的口欲,所以大家常可以看到有的人一边谈话一边不停地吃东西,他们虽然外表看起来是个成熟的大人,但心理状态仍停留在爱撒娇、未成熟的小孩子阶段。

贪吃和爱喝酒的人,都很怕孤单,只要我们抱着一颗同情的心,就可以与他们建立友谊。

从阅读习惯了解对方

不同的人会有不同的阅读习惯。买回一本书或是一份报纸,有的人会迫不及待地马上就读,但也有的人可能会把它先放在一边,等闲暇时再安安静静地去享受,这其中的差别就是由不同人的不同性格所致。所以通过阅读的状态和习惯也可以对一个人的性格进行观察。

有些人拿到一本书或是一份报纸后,不论时间、地点和场合,总是迫不及待地想看看其中到底讲了什么内容,即使是手头上正做着别的事情,也会暂时先放一放。这种人多是外向型的,他们做事总是雷厉风行,干劲十足,但缺乏稳重和沉着。他们的性格比较开朗大方,真诚而又豪爽,生活态度也很积极乐观,有充沛的精力和热情,是一个不甘于寂寞的好动分子。他们不善于掩饰自己,常常是喜怒形于色。他们的适应能力和交际能力并不差,思想比较超前,对于新鲜事物的接受能力也很快,常常会有一些大胆的设想。但缺点是太爱出风头，有时还有些刚愎自用。

有些人拿到一本书或是一份报纸以后，先将它们放在一边，尽快把自己手头上的工作做好，然后在没有任何打扰的情况下，再将它们拿出来，静静地、仔细认真地阅读，看到比较好的内容，说不定还会剪下来贴到剪报上去。这一类型的人大多属于内向型的，他们沉默少语，也不善于交际。但是他们却很有自己的思想和主见，不说则已，一说常常是一鸣惊人。他们很注重现实，不会有不切合实际的想法和做法，自我约束能力比较强，个性独立，办事认真，只要去做，就会力争把事情做好。他们对周围的人一般时候不是很热情，不希望从别人那里得到什么。他们也很懂得自取其乐。

有些人拿到一本书或是一份报纸以后，只是先大概地浏览一下，然后就放在一边不看了，因为他们很难静下心来一一仔细地阅读。这样的人性格大多外向，生活态度是乐观而又积极的，但有一些随便。他们具有一定的幽默感，善于交际，兴趣广泛，耐不住寂寞，他们希望生活中永远都有许多人和欢声笑语。他们具有一定的组织能力，但自我约束力差，做事常常马马虎虎、得过且过。

有些人拿到书或是报纸时，放在一旁不看，只等到自己无事可做，或是心情烦闷的时候才把它们拿出来，权当是一种解闷的消遣，这一类型的人大多性格孤僻寂寞，而且还有一些多愁善感。他们为人处世缺乏坚决果断的魄力和勇气，不善于交际，常常孤芳自赏、自命清高。他们有很丰富的想象力，但又有些不切合实际。他们善于体贴别人，具有一定的同情心，思想比较单纯，为人憨厚，不愿意伤害别人。

从付款方式看人

在生活里，采用什么样的付款方式，在很大程度上和处理生活中其他的琐事都有相似之处，从中也可以了解到一个人的性格。

喜欢亲自付款的人大多比较传统和保守，对新鲜事物的接受能力比较差，而偏重于循规蹈矩，守着一些过时的东西，缺乏冒险精神。他们缺乏安全感，有自卑心理，但又极希望获得别人的肯定和认同。凡事他们只有亲自参与，才会觉得有所保障。

能拖多久就拖多久，这一类型的人大多有占便宜的心理，比较自私，缺乏公平的概念，总是想着自己少付出或是不付出就得到尽可能多的回报。他们在一般情况下不会轻易地去关心和帮助别人，对人虽然不算太冷淡，但也算不上热情。

把付款的任务推给别人，这一类型的人常常无法坚持自己的原则和立场，而习惯于服从和听命于他人，被别人领导。他们的责任心并不强，常会找理由和借口为自己开脱，在挫折和困难面前会胆怯、退缩。

收到账单以后就立即付款的人，多是很有魄力的，凡事说到做到，拿得起放得下，当机立断，从来不拖拖拉拉。他们的个性独立，为人真诚坦率，无论哪一方面，从来不希望自己欠别人的，倒是可以别人欠自己的。

采用电话付费服务的人，对新鲜事物比较容易接受，并懂得利用它们为自己服务。但由于对某些东西的依赖性太强，常常会使他们丧失一些自我的主动权，而受控于人。除此之外，他们对人是有很强的信任感的。

·第二节·
生活习惯：掌握人内心活动的捷径

　　生活习惯是人们在日常生活中逐渐形成的，就像生活本身是丰富多彩的一样，人们的生活习惯也丰富多彩，因人而异。同样的生活内容，为什么会有不同的生活习惯呢？这里，除了条件、环境等因素的影响外，同样是与人的性格、心态分不开的，因此说，从人们的生活习惯中，我们就可以看到他们各自的性格特征。

从吃饭的习惯识别对方

　　吃饭是我们生命中不可缺少的一项重要内容，人只有吃饭，才能够维持生命。但有的人吃饭是为了活着，还有的人活着只是为了吃饭，这是两种截然不同的生活态度。吃饭是一个人从出生到死亡一直持续做的一件事情，所以会在自然不自然中养成一定的习惯，而从这些习惯中又最能表现出一个人的性格来。

1. 喜欢站着吃饭的人

　　喜欢站着吃饭的人并不是特别讲究吃，他们会尽力讲求方便、简单，既省时又省力，只要能填饱肚子就可以了。他们在生活中并没有太大的理想和追求，很容易满足，他们的性格很温和，懂得关心别人，为人也很慷慨和大方。

2. 边看书边吃饭的人

　　边看书边吃饭的人，他们吃饭只是为了满足身体的需要，如果不吃饭也仍旧可以活着，那么相信他们会放弃这一件既耽误时间又浪费精力的事情。这类人的时间表总是安排得满满的，为了能够做更多的事情，他们千方百计地挤时间。这类人雄心勃勃，拥有积极向上的乐观精神，会把想法付诸行动。

3. 边做事边吃的人

边做事边吃的人生活节奏是很快的,因为有许多事情要做,他们表现得也比较繁忙。但他们并不以此为自己的烦恼,他们甚至还觉得很高兴。

4. 边走边吃东西的人

边走边吃东西的人,虽然给人的感觉是来也匆匆去也匆匆,像是时间紧张的样子,但实际则不一定是如此,紧张很有可能是由于他们自己缺少组织性和纪律性而造成的。这样的人大多比较容易冲动,也会经常意气用事,常把事情搞到不可收拾的地步。

5. 经常有饭局的人

经常有饭局的人,多属于外向型的人,而且人际关系处得也比较好。这样的人如果不是有某一方面较突出的才能,具有一定的权力和地位,就是为人比较和蔼、亲切,并深谙人情世故,比较圆滑。

6. 喜欢一边看电视一边吃饭的人

喜欢一边看电视一边吃饭的人,多是比较孤独的,电视或许是他们消除内心孤独的最好方式。

7. 吃饭速度比较快的人

吃饭速度比较快的人做任何事情都重视效率,而且也追求速度,他们总是希望在最短的时间内将事情做完做好。结果与过程对他们而言,前者相对要重要一些。

8. 吃饭喜欢细嚼慢咽的人

吃饭喜欢细嚼慢咽的人,与吃饭速度很快的人恰恰相反,他们是属于那种慢性子的人,凡事都能以缓慢而又悠闲的方式来做,这从一个侧面也说明他们是懂得享受的人。

9. 喜欢在餐厅里吃饭的人

喜欢在餐厅里吃饭的人，多是比较懒惰而又享受的人，毕竟在餐厅里有人侍候，而不用自己动手。这样的人不善于照顾自己，但他们希望别人能够体会到自己的这种心情，然后来关心和照顾自己。他们不太轻易付出，往往会在别人付出以后自己才行动。

10. 喜欢在家里吃饭的人

经常在家里吃饭的人，在一定程度上说明他们对家庭是相当重视的，具有一定的责任心。他们不太喜欢被人照顾和侍候，这样有时反倒会让他们感觉不自在，他们更倾向于自己动手。

11. 吃饭定时定量的人

吃饭定时定量，表明这是一个生活十分有规律性的人，而这些规律如果没有特别意外的事情发生，是不会轻易改变的。他们的生活虽然很有规律，但并不意味着为人处世板迟钝，相反却可能很灵活。只是无论在什么时候，都具有一定的原则性。

12. 没有吃早餐习惯的人

没有吃早餐习惯的人，一般可以分两种情况来讲：一种是生活时间表安排得太满了，忙得没有时间吃早餐，这样的人多是具有很强的事业心和责任心。还有一种就是吃早餐的时间已经到了，可他们还没有从床上爬起来，这又分两种情况，一种是前一夜工作得太晚太累了，另外一种是整天无所事事，只想在床上耗费时间。

13. 只习惯于吃晚饭的人

只习惯于吃晚饭的人，大多能够严格要求自己，会给自己制定一个目标，鼓励自己向着那一方面努力，并告诉自己达到什么样的程度可以得到什么样的奖励，以便更好地进行生活、工作或是学习。

14. 整天吃东西的人

整天吃东西的人，多是无所事事、闲着无聊的人。其实他们并不饿，只是靠不断地吃东西来使自己不那么无聊、寂寞，以此消除内心的焦虑和烦躁。

从睡床看人

人的一生有 1/3 的时间都是在床上度过的，在床上睡觉、做梦，或只是躲在被子下。床是与人们分享最亲密的想法和经验的地方。由于一张床要能够实现上述目的，所以，这张床必定是安全和舒适的，它能够反映出床主人的特性。

从睡床看人	
单人床	睡单人床的人从小到大的教育方式对他们的道德观影响深远，而且他们对自己的社交关系限制得也十分严格。是保守主义者，结婚之前，不会和别人分享自己的睡床
3/4 的床	这样的床比单人床大一点儿，但比双人床小一点儿。和某人同床共枕时，睡这种床的人喜欢和对方很亲近、很温暖地躺在一起。他们可能没有伴侣，不过这段时间不会太长。他们还没准备好对某人做完全的承诺，不过，做好了付出 75% 的准备
特大号床	睡这种床的人需要有自己的独立空间，而且这空间要很大很大。他们需要玩耍的空间，需要逃避的空间。不计代价避开被囚禁的感觉，为的是维持自己对自由和独立的那份渴望。特大号床表示，只要他们想和同伴保持距离，随时在这特大号床上都可以做到
圆床	睡这种床的人不晓得哪一头是床头，其实，他们也不在乎，因为这样生活才更有意思。既定的规则无法圈限他们，他们喜欢把自己的床当作整个宇宙来想象
日式垫子	这种来自东方半斯巴达式的地板垫子，有股自律的味道。它们就像地板一样硬邦邦的，而这点正合喜欢它们的人的意，因为他们从来没有打算让自己舒适自在地生活
折叠床	睡这种床的人可能还没意识到，他们对已经压抑多年的性欲有着一种深切的罪恶感。他们能够放纵自己，然后再否认自己曾有过的那番经历。每当把床折成椅子形状时，他们所关心的只剩下事业，把自己的感情和床垫一块儿隐藏起来。这样的行为，可能会令那些刚和他们共度良宵的异性恐惧不已
铜床	这种床就是喜欢它们的人的城堡，四周都有精巧的金属架，四角有 4 根尖尖的柱子。这类人觉得自己十分容易受伤，甚至在睡觉时，也需要保护，才不会受到他人的攻击。企图卸下这种防御心的人，由于无法攻破周身这道坚实的堡垒而备感挫折
自动调整床	只要轻轻按一下按钮，就可以抬高或放低头和脚，而且可以调整出上千种位置。喜欢它们的人是完美主义者，无论花多少成本、费多少心力，都会追求一种完美的境界。他们为人严苛，难以被取悦，刻意塑造环境迎合自己的需求和想法，而且会坚持到底，别无选择。他们不去顺应他人，希望别人适应他们

此外，通过看一个人早晨起床后是否整理床铺也能推知一个人的一些信息。如果某人通常在早晨下床前就把自己的床铺整理好，那他是个爱整洁、擅长于打扮自己的人。如果一个人早晨不整理床铺，这种人常常自以为对人生的态度是如何的超然，其实他们不过是既懒惰又无纪律的人罢了。

从洗澡方式看人

多数人每天都会沐浴，把累积了一天的尘垢洗净，以清新的身体面对新的一天。不同的沐浴习惯表现出不同的心理特征。

1. 泡泡浴

喜欢泡泡浴的人相当纵容自己，他们会尽可能地让自己享受快乐的人生。

这种人对自己的外表特别重视，在穿着打扮方面，他们并不着意追上潮流，他们最注意款式是否大方、牌子是否名贵。

这种人的脾气属于温和型，但他们厌恶别人的侵犯或占便宜，他们会不顾一切地做出反击，因为保障自身利益对他们而言是很重要的。

2. 蒸汽浴

喜欢享受蒸汽浴的人，做事既彻底又有耐性。他们相信"天下无难事，只怕有心人"，他们认为只要肯去做，没有什么事是办不到的。

这种态度能够为他们的成功带来很大的把握，但在人际关系方面，有些人会觉得这种人太过专横，有点难以相处。

3. 浴堂

有些人喜欢到公众浴室洗澡，赤裸着身体，与其他人一起泡在大浴池里。

经常如此洗澡的人，是不甘孤独与寂寞的人，因为这种人即使做别人视为极度隐私的事情时，也喜欢选择有一堆人在场。

这种人虽然未必是现代孟尝君，但他们对朋友相当乐善好施，有时宁愿先照顾朋友的需要，而忘记家人的痛苦。

4. 按摩式淋浴

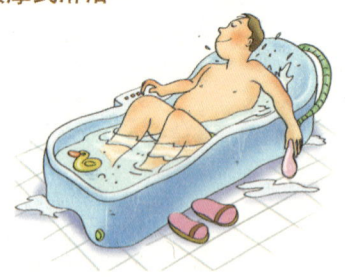

喜欢按摩式淋浴的人一般会投资一笔钱，在自己的浴室里特别安装一个可以调节水流大小缓急的浴缸。

他们相当追求物质上的享受，希望能够舒舒服服、快快乐乐地做人，尽情享受快乐人生。绝少自寻烦恼，更不会涉入感情的纠纷。

这种人唯一对自己稍有不满的地方是缺乏对灵性的追求。

第七章 日常习惯让你的内心不再隐秘

5. 冷水淋浴

喜欢冷水淋浴的人能够保持冷静，他们认为面对事情时，最重要的是保持头脑清醒。

这种人很少公开批评别人，但私下他们对每件事、每个人都有独特的见解。在事业方面，这种人追求专业知识及事业地位，渴望得到他人的尊重与赏识。

这种人吸引异性有些困难，因为在对方的眼中，他们属于比较冷漠的那类。

6. 热水淋浴

这种人不分寒暑，经常把水温调得较高才淋浴。他们是"感受"型的人。

他们待人接物特别讲究第一感觉，如果他们第一眼接触某人就对他有好感，那么就会与他一见如故，迅速发展友谊。不然的话，他们会采取避之大吉的态度。

在吃的方面，他们也很追求味觉上的刺激，吃什么菜都要蘸点辣椒酱，喝清淡的汤也可能要撒胡椒粉！在衣着（包括领带）方面，他们喜欢选择鲜艳的颜色，款式上也尽可能追上潮流。

许多人都认为这种人是性情中人，喜欢跟他们打交道，不过也有同样多的人被他们的热情吓跑了。他们如果能把握自己的情绪最好，因为时时乱发脾气其实是相当令人讨厌的。

从放手机的位置识别对方

1. 置于上身

这种人用完电话总会习惯性地将手机插在上衣上方的口袋里。这样的人做事有条不紊，并且会尽一切努力让生活朝着他们的目标前进。因为他们精明强干，所以或许因为现在还年轻，尚未达至最高层的职位，而数年之后还是很有希望的。

2. 置于包中

将手机放到背包或公事包里，习惯这么做的人做任何事都会深思熟虑、小心翼翼。他们对自我的要求很高，自尊心特别强，常常有着无限的潜力与能量，只要有一次机遇，就有可能平步青云。

3. 置于手中

手，是全身上下活动较多的部位之一（另一个是腿，但现在还没有谁将手机放在腿上）。习惯将手机一直拿在手上的人，一般都是精力充沛的，也就是所谓的工作狂，不到非休息不可的最后一刻，他们是绝不会上床休息的。你甚至可以在浴缸里或客厅的沙发上找到疲惫的他们。

181

4. 置于裤袋

总是将手机置于牛仔裤或西装裤后口袋的人,他们友善、温和,却带着浓浓的戒备心,他们总有一些不希望他人知道的隐藏在内心深处的小秘密,情绪起伏很大。对愈疏远的朋友愈显得亲密友好,而对愈接近的朋友,却会表现得较为冷漠疏远。

5. 置于腰间

习惯将手机夹在腰前方的人,都有一套自己奇特的想法和做法,生活的态度是真诚而坦率的;习惯将手机夹在腰后方的人,对生活也很有创意,可能凡事喜欢留一手,不将事情完全说清楚,这是他们的习惯,也是他们的乐趣。

从烹饪方式了解对方

一个人在准备食物的时候持什么样的态度,往往会流露出他对生活的某种感受。在准备的方法和过程中,可以表现出一个人许多内在的东西。

1. 享受烹饪的人

有的人认为烹饪是一种艺术,更是一种享受,他们愿意自己动手,准备一切。这一类型的人,多独立意识比较强,从来不企图依靠他人来达到自己的某种目的,同时他们对别人也缺乏足够的信任感。他们有强烈的自我意识,不会轻易相信任何人。他们很满足获得成功后的那种成就感,而且自信心特别强,即使身处困境也依旧乐观。

2. 采取剁、揉方法的人

有的人在烹饪的时候大多采取剁、揉的方法,这样的人多属于实干型的人,他们很客观,总是能够以非常积极和诚信的态度来面对生活中的各种问题。他们的生活节奏相当快,生活态度也非常积极,对于已经决定的事情会全身心地投入,尽量把事情做好。

3. 照着烹饪书做菜的人

这样的人显得有些呆板，凡事喜欢依据一定的规则，如果没有这一类指导性的东西，就会显得手足无措。他们习惯于被人领导，而不可能领导别人。他们总是过分地追求各种细节，精确严谨。但他们对自己并没有多少自信心，随机应变能力比较差，害怕遇到突然发生的事件。

4. 凭着自己的感觉进行烹饪的人

有的人只是凭着自己的感觉进行烹饪，这样的人多比较善变，常凭着一时的冲动感情用事。他们不愿受人束缚，喜欢随心所欲，为所欲为。他们的心地还是善良的，并不想去伤害别人，可到最后还是会有许多人受到伤害，他们会为此感到难过，但并不改变自己，或许也是改不了。

5. 给美食家打电话请教烹饪问题的人

有的人喜欢给美食家打电话，请教烹饪方面的问题。这样的人大多比较有宽容心，能够虚心认真地接纳别人给自己提出的意见和建议。但只是接纳并不是全盘接受，他们有着自己奇特的思维，会充分考虑别人的意见和建议，然后自己做出决定。

6. 喜欢烤肉的人

有的人喜欢烤肉，这样的人性格多是外向的。他们待人大方热情，乐于结交新的朋友，而且富有同情心，做事常不拘小节，马马虎虎，得过且过就好，因此常常会制造一些不必要的麻烦。他们乐于向别人介绍自己，以增进了解。

7. 喜欢边看烹饪节目边动手的人

有的人喜欢边看电视上的烹饪节目边动手，这样的人多自主意识强烈，不愿意让别人为自己做决定。他们喜欢把一切都变得简单和方便，并且很容易获得满足，在各方面都不挑剔，善于开导自己；但对于一些事情还是有追求完美的倾向。在大多时候，他们活得比较轻松自在。

8. 爱在烹饪的时候使用一些小道具的人

有的人爱在烹饪的时候使用一些小道具，这样的人一般都有比较重的好奇心理，一旦喜欢上什么，就会千方百计要得到它。他们做事追求高效率，有较强烈的忧患意识，为了以防万一，会做许多准备，但事实上，他们经常是杞人忧天。

从吃鸡蛋的方式考察对方

其实，从人们日常吃鸡蛋的方式也可以看出人们不同的性格来。

从吃鸡蛋的方式看人	
喜吃炒蛋的人	这种人平易近人，可以与任何人拉开话匣子，说个没完，如果时间允许，哪怕是一千零一夜，他们也不会冷场。但是他们所说的话题大多是酒吧、娱乐城里的人情冷暖 对生活，他们要求并不高，只要有稳定的收入加上一点积蓄，就会笑口常开。虽有不求上进之嫌，但他们却不以为然，因为不希望给自己太多压力。在学校，他们几乎是一路高呼"及格万岁"而熬过来的，所以，对于卓越的品质要求，总会抱怨连连 他们绝不是好高骛远之人，多是一步一抬头，所以没有自己的人生路向，有的只是短期的目标
喜吃蒸水蛋的人	这种人虽然算不上是完美主义者，但只要是他们答应去办理的事情，必会尽自己的能力做到最好 由于他们以身作则，严于律己，因此对身边的人也有较高的期待，但无论怎样，他们都不是出口成"脏"之人 他们不善于表达自身的感受，也很少理别人的感受，这大概是对"君子之交淡如水"的现身说法
喜生吃鸡蛋的人	就像要治病就必须忍受苦药一样，吃未煮过的鸡蛋就必须忍受腥味。为了身体健康，这种类型的人几乎要捏着鼻子才把生蛋吞下，他们认为小小的牺牲是在所难免的 保持健康是他们生活的重心及焦点，别人请他们吃饭，却要由他们选择餐厅，甚至会因为对朋友选择的饭馆不满而不去赴约。晚上大伙儿一起去唱卡拉OK，他们都不会参与，因为他们必须早睡才会有精神在清晨起床去跑步、运动 总而言之，他们做人太过执着，有时为了达到一个目标而不顾全大局，换句话说，会为了一棵树而失去整片森林。此外，他们还往往对别人的不理解颇有微词
喜吃盐蛋的人	此类人的性格像盐蛋一样，外表看来没有什么特别，但与他们相处久了，就能体会到他是个有趣而含蓄的人 他们喜欢保持神秘感，令人感觉深不可测，他们认为自己有内涵有智慧，不是一般凡夫俗子能够理解的。为了保持这个形象，他们经常积极地去吸收资讯，然后在适当的时候，将所学到的表现出来。由此不难看出，他们寻求一种轰动效应，自然是名利的追逐者
喜吃煎蛋的人	基本上，他们是黑白分明的人，在他们的世界里没有真空地带：一个人不是好人就是坏人，一件事不是正确就是错误，一种现象不是健康的就是精神污染……在他们看来，事物的两面性本身就是科学上的一种敷衍 他们的这种心态实际上局限了自我成长，也导致他们抗拒许多人和事，容易与人发生冲突

续表

喜吃连壳煮老的蛋的人	这种人常把鸡蛋连壳放进水中煮至水沸腾，5~7分钟后才捞起。煮老的蛋去壳后仍然保持着鸡蛋的外貌和形状，就和他们自己一样，无论环境如何压迫，他们都会屹立不倒，绝对不会改变英雄本色。过去的酸甜苦辣对他们来说是性格的磨炼，他们是一个依靠精神与积极心态去推动自己事业的人 认识他们的人都知道，只要不去触犯他们的原则，这类人是充满趣味、容易相处的
喜吃滚水蛋的人	这种人喜欢将生鸡蛋去壳，放进沸腾的水，1分钟熄火，放盐或糖，连水一起食用 他们是不追问生命意义、只顾忙着面对现实的人。他们没有耐性，想要的东西希望马上得手，要部署或等候时，大多会放弃 他们不喜欢看推理小说，因为不耐烦抽丝剥茧地找寻凶手，受不了捉迷藏般的精神颠簸，他们话少而多用心思索

从喝咖啡的方式考察人的习性

咖啡是世界著名的饮料，犹如中国的茶叶一样有着悠久的历史。由于地域、生产加工技术以及配料的不同，咖啡的味道和口感呈现出不同的变化，于是人们在挑选适合自己口味的咖啡时，便不经意地将自己的性格暴露出来。

1. 喜欢速溶咖啡的人

2. 喜欢亲自磨咖啡豆的人

这种人属于节约时间的类型，轻易不会浪费一点。在工作过程中，他们喜欢一蹴而就，希望集中时间干工作，能尽快看到成果。但欲速则不达，他们取得的效果往往不佳，而且还把人弄得筋疲力尽。由于没有足够的耐性，他们无法从事一些需要精益求精的工作，更不会设计出一个长远的计划、长年累月地向一个目标前进，所以成就不了大的事业。

这种人个性鲜明，追求独立自主，不喜欢受别人的摆布。他们自信心十足，从来没有不敢尝试的事情，更愿意向权威挑战，这是一种莽撞行为，经常会让自己至亲的人捏一把汗，但他们却用大胆征服了旁观者，在别人心目中留下深刻的印象。他们吃苦耐劳，喜欢追求至善至美，而且办事有条不紊。

3. 喜欢过滤咖啡的人

这种人不懂得珍惜时间，经常把浪费时间当成炫耀，而且美其名曰高雅、超凡脱俗和提高生活品位。他们是完美主义者，舍得投入，要求实现最好最完美。他们期待付出会有响应和回报，但大多数情况下他们得自己安慰自己。

4. 用酒精炉加热咖啡的人

这种人具有浪漫情怀，渴望重温往日的情调，总会营造出一种怀旧的气氛，特别喜欢自然与纯朴。他们比较保守，为人处世按照传统的理念和规则

行事，虽然有非常美好的理想，但是畏首畏尾而难以付诸实践，更别提实现的可能。

5. 用电热器煮咖啡的人

这种人有忧患意识，未雨绸缪，在事情发生之前往往已经做好了相应的准备，所以很少出现手忙脚乱的情况。无论工作、学习还是人际交往，他们处处谨小慎微，在和自己有利害冲突或对别人不利的时候不轻易越过雷池一步。他们热情大方，特别是对自己的亲朋好友，经常能主动伸出援助之手，帮助他们克服困难、渡过难关。

从个人嗜好识别对方

每个人都有一些自己的嗜好。嗜好不同于一般的工作和学习，很多时候是做也得做，不做也得做。嗜好完全是自己喜欢、感兴趣的，是为了愉悦自己。有什么样的嗜好，往往要依据一个人的性格而定，所以通过它来了解一个人实在是最好不过的了。

1. 喜欢做高危活动的人

高危活动包括滑翔、跳伞、登山等。想从事这些活动，一个首要的要求就是必须得身体好。这样的人在外表上看起来很强壮，心思也是非常缜密的。他们做事情总是非常小心，做一件事情之前往往总是把可能出现的问题全部仔细考虑清楚以后才行动，他们对"三思而后行"这一句话往往有比别人更加深刻的理解。他们的性格是比较固执和顽强的，一件事情一旦决定要做，就不会轻易改变，其中无论遭遇到多大的困难，他们也都能扛得住。他们很有胆识和魄力，敢于向一些未知的领域挑战。

第七章 日常习惯让你的内心不再隐秘

2. 喜欢打猎的人

喜欢打猎的人性格多是比较粗犷和豪爽的，很讲义气，凡事不会和别人太计较。他们深知社会之现实，优胜劣汰，适者生存，所以会努力使自己成为一个强者，因为只有这样才能更好地生存下去。他们有一定的胆识和魄力，很多事情都是敢作敢当，可称得上是顶天立地的人。

3. 喜欢手工艺品和刺绣的人

喜欢手工艺品和刺绣的人，多数是热情而富有爱心的，他们具有很强烈的责任感。他们的生活态度是积极乐观的，但并不会放纵自己。他们任何时候都知道什么是自己应该做的，什么是自己不应该做的。他们的自我认同感非常强，经常会为自己所取得的成就而暗自陶醉，从中获得满足感和成就感。

4. 喜欢收集钱币的人

喜欢收集钱币的人，性格相对而言是比较保守和传统的，不太敢于冒风险，接受新鲜事物的能力比较差。他们多具有很强烈的责任心，尤其是对自己的子女更是倍加疼爱。这一类型的人做事有始有终，追求完美，从来不会半途而废。他们对结果的重视程度往往要大于过程。

5. 喜欢表演的人

喜欢表演的人情感是很细腻的，希望能够尝试不同的角色，体验不同的生活。除此之外，他们的想象力还十分丰富，这样他们才能把不同的角色揣摩到位，表演逼真。但这一类型的人有点耽于幻想而不切合实际。

6. 喜欢木工制品的人

喜欢木工制品的人，动手能力都是比较强的，凡事都希望能够自己解决，而不依靠别人。他们的自尊心比较强，若总是靠别人，会使他们的自尊心受到伤害。他们多怀有强烈的自信，坚信自己会成功。他们对于新事物的接受比较快，敢于探险，喜欢进行探索和尝试。

7. 喜欢园艺的人

喜欢园艺的人凡事都追求一个循序渐进的过程，然后让其自然发展，水到渠成。他们具有一定的责任感，会时常有一些欲望，为了使这种欲望变成现实，他们会很努力地工作，然后在付出得到回报以后，会好好地享受自己的劳动成果。

8. 喜欢钓鱼的人

喜欢钓鱼的人做事的时候对于过程的重视程度往往要多于结果。他们在做的过程中能够体会到很多快乐和自我价值的肯定,但是对于结果的成败,则显得有些无所谓了。他们信奉的人生格言就是努力做了就问心无愧。他们在平日里显得比较散漫,看样子有些不在状态,可一旦有事情发生,他们往往能够以最快的速度调整自己,积极地投入其中,而且大多有很好的耐性。

9. 喜欢写作的人

喜欢写作的人思考能力是很强的,为人比较小心和谨慎,喜欢把自己的想法写出来,这样可以更方便地把自己的思路理清,他们有自己独特的见解和想法。

10. 喜欢抽象画的人

喜欢抽象画的人表现欲望相对比较强,他们希望能够有更多的人注意到自己。另外,他们的自我意识比较强,并不是十分在意别人对自己的看法,而喜我行我素。他们的行为在很多时候是相当古怪的,他们做事喜欢为自己着想,而很少考虑其他人的意见和感受。他们是相对独立的,而且任性固执,只愿意自己定规矩,自己遵守,而不愿意遵守别人制定的规章制度。

11. 喜欢飞机模型的人

喜欢飞机模型的人自我意识并不强。他们与喜欢不受人束缚和限制、自由自在的人恰恰相反,往往更乐于听命于他人的领导和安排,这样他们就不会感到无所适从了。他们缺少必要的冒险精神,凡事把安全保险放在第一位。在遇到困难的时候,他们往往会显得相当焦躁,这时候,只有出现一个领导者,指导着他们去做,他们才会逐渐地稳定下来。

12. 喜欢收集一些杂七杂八东西的人

喜欢收集一些杂七杂八的东西,例如啤酒瓶子、没用的盘子等的人,大多进取心比较强,他们在大多数时候都表现得相当忙碌,好像总有做不完的事情。他们的怀旧情结比较浓厚,从这一点可以看出他们是很重感情的人。他们不会过分地放纵自己,而且很懂得节约,欲望心不是特别强烈,在很多时候比较容易满足现状,有很强的自信心,会为自己所取得的成就而感到骄傲和自豪。

·第三节·
消费习惯：看出你的人生态度

只在别人看得到的地方花钱，是想买物质以外的东西

活在当今的社会，没有人会不花钱。不过，花钱也有不同的方式与用意。有的人，只喜欢在别人看得到的地方花钱，事实上，这是想买物质以外的东西，也就是赞同。

有一种人，无论干什么，都喜欢要最好的。比如，买昂贵的衣服，住五星级宾馆，坐飞机也要头等舱，吃饭要在高档的餐厅等，挥霍无度。他们不一定有钱，有的人只是收入中等，但是他们却买昂贵的礼物、穿着名牌、开着最好的车，过着奢侈的生活。如果你问他们一个问题：如果别人没有发现你花钱买的都是最好的、最贵的，你还会继续这样挥霍吗？他们通常会沉默。因为，如果他们出钱让自己的父母每年到国外去旅游而没人知道，如果他们有昂贵的收藏嗜好却没人知道，他们每周都要参加昂贵的私人活动也没人知道，他们一定会失落。因此，他们在那些别人看得到的地方花钱，只是想让所有人都知道自己有钱，都赞同自己的财富或者品位，这样会让他们感到骄傲和充实。

我们经常会遇到这样的情况。比如在咖啡厅，一名男子会骄傲地说："这次我请客。"有的时候，他怕和自己在一起的女士没有听到他慷慨的表示，还会再次诚恳地说道："这次我请客。"我们可能会想，不就是一杯卡布奇诺吗，值得这样大惊小怪？其实，他之所以这样小题大做，只是想得到你的赞同。因此，他如果不满意你当时的表现，就会继续提醒你，他是多么慷慨和富有，然后，期待得到你的肯定和赞赏。

与之相反，有的人却非常节俭，而这些节俭的人和挥霍的人有时却有相同的心理。比如，美国的乔艾琳·狄米曲斯曾讲述自己处理过的一个遗产纠纷案：刚刚过世的是一位一只眼睛失明的老妇人，在一栋房子里住了25年，生活简单朴素。她深居简出，买的东西都是最廉价的。她的丈夫在20年前就过世了，她一个人管理着几间公寓。人们都认为那是她的兴趣而不是职业。但是，她留下的遗产竟然至少有3300万美元！

是什么样的性格能让人有这么极端的表现？一方面是没有积蓄的奢侈，一方面是自我牺牲般的节俭。其实，他们都是因为自卑。极度奢侈和极度的节俭，都是自尊心太强的缘故。奢侈的人，想让别人看得起自己，不想被别人看低，所以他们尽可能地买昂贵的物品，在别人看得到的地方花钱，只怕别人不知道自己有钱。他们认为钱可以买来的不只是物品，还有自信和尊重。同样，过度节俭的人，认为不值得把钱花在自己的身上。

因此，我们可以看出，只在别人看得到的地方花钱，是想买物质以外的东西，即赞同和尊重。而无论是过度奢侈的人还是过度节俭的人，都有自卑的性格特点。

讨厌折扣促销的人最害怕和别人一样

在日常生活中，我们看到打折的物品、让利促销的物品，肯定都会忍不住进去看看。这种情况在女士中更常见。有人曾这样形容女性："她们见到打折的东西，都以为不要钱了。"确实如此，哪怕不是很需要，但是看到在打折，比较便宜，也会忍不住买一大堆回去的。

因此，有的人通过电视、报纸或者其他渠道得知某某商场打折的消息后，在打折的第一天，就会冲进店里抢购，而有的人却对打折的物品漠不关心。从这两种不同的现象，可以推断出他们不同的心理和性格。

比如，讨厌折扣促销的人，很害怕和别人一样。他们有自己的价值观和购物观，不是那种见到便宜的东西就改变自己原则的人。需要就买，无论价格；不需要的话，即使再便宜也不买。他们很强调自己的个性，所以害怕和别人一样。因此，他们不愿意做那些随波逐流的事，也不喜欢和别人拥有同样的东西。这样的人，大部分是独立意识很强的自信者，他们对各种事物或者人群都会适当地保持距离，不知不觉地采取疏远的态度。他们的优点是沉着冷静，不会在人群中失去自我，他们的缺点也是如此，会让人觉得他们冷漠而又顽固。

而有的人很喜欢打折的物品。他们一看到相关的消息，就会想："又打折了，我一定要多买，这很划算。"这样的人非常合群，要求被他人喜欢或认同的欲望很强。在人际交往中，他们很担心和别人发生不愉快，这样会深深地影响他们的情绪。他们也比较胆怯和保守，不想得到错误的答案或评价，承受挫折的能力也不强。而且，他们有很强的经济观念，也很看重金钱，所以才会在看到打折物品时急忙购买。不过，这样的人通常没有主见，贪小便宜，没有计划和原则，常人云亦云，随波逐流。

还有的人喜欢买礼包，所谓礼包，就是商场或者百货公司，在逢年过节的时候出

售的一种物品。有的礼包价格超高,有的礼包价格很便宜,不过礼包里面的物品一定比平时的价格便宜。但是,在购买之前,并不知道里面都有什么。有的时候,里面的东西可能你不喜欢,或者你已经有了,或者大小不合适等。因此,购买礼包具有风险性。所以,喜欢购买礼包的人,很少拘泥于自己的喜好,能够广泛地接受各种事物。他们不把风险当回事,喜欢刺激。他们是乐天主义者,很少后悔,总是向前看。他们也很会玩,不管做什么事都能乐在其中,并且喜欢热闹,喜欢节日。

总之,当商场或者店铺打折、出售礼包时,看哪些人被吸引、哪些人不为所动,可以判断出对方的大致性格。

掏钱速度快的人,最怕被人看不起

从一个人掏钱的方式和拿钱的习惯,可以推断出他的性格。因为从一个人掏钱的方式或拿钱的习惯,我们可以推出金钱在他心中的地位,从而判断出他是怎样的人。

比如,有的人掏钱速度很快。不管是吃饭,还是买什么东西,刚吃完或者拿到东西,就立马掏钱付账,这样的人其实最怕被人看不起。他们怕掏钱慢了对方会认为自己没钱,会看不起自己。因此,他们通常会在口袋里放一沓厚厚的钞票,目的是为了显示自己很有钱。他们认为钱是最好的身份象征。为了让别人知道自己有钱,他们有时还会把整沓的钞票拿出来张扬。在整理钱包时,也会把面值大的钞票放在外面,把小额钞票夹在里面。当你和这样的人接触时,应该要注意自己的语言,因为他们比较容易受到刺激。

有的人对钱比较粗心大意，喜欢把钱随处乱塞。如果你到他们家去，会发现到处都是他们随便乱放的零钱或者整钱。他们也很少把钱整整齐齐地放进钱包里，而是胡乱塞在钱包、手提袋、衣服口袋里。这样的人，一般对创作比较感兴趣，他们能够欣赏艺术和大自然的优美，把宇宙视为乐趣的源泉，而不认为金钱最重要。

有的人省吃俭用，用钱时十分谨慎。他们的成长经历通常比较坎坷，所以对没有钱的体会非常深刻。一般情况下，这样的人工作都很努力，因为他们知道只有努力工作才能摆脱贫困。但是，他们虽然知道勤奋工作，却不知道怎样与人相处，而且，由于他们把钱看得太重，也没有什么真心的朋友。

有的人非常喜欢把钱藏起来，因为他们经常担心被小偷光顾。这样的人一般很难相信别人，总是怀疑对方，严重者精神会有点不正常。他们对什么都不确定，买东西也没有明确的目标。有的时候，甚至因为到处藏钱，最后连自己都找不到了。

有的人会对钱斤斤计较。这种人一般分两种情况。第一种情况是，对任何金钱交易都十分小心，不管是零钱还是大钱，在付钱找钱时都会清点得十分仔细。这样的人，一般都有很重的猜忌心理。在他们看来，世界上到处充满欺诈，所有的人都不可信。另一种情况就是，他们可能会因为1块钱和别人争吵得面红耳赤，却肯花几万块去国外旅游。这样的人，没有什么金钱的概念，喜欢享受，比较任性。

有的男性在掏钱的时候要求女方付钱。这样的男人严重缺乏安全感，他们总是希望别人能够帮助自己。在买东西时，他们也总是挑那些有保修的商品。

前面说了掏钱速度快的人，还有一种类型是摊账时结算速度特别快的人。在中国，人们总是习惯于请客。我们总是觉得AA制有点伤和气，也显得太小气。不过，近些年来，我们也开始学着摊账了，因为这样可以避免浪费，也有利于长远交往。摊账，简单地说，就是单纯地以人数平均分摊所消费的金额。从这种消费习惯也可以看出一个人的性格。

比如，酒足饭饱后，大家都还在想着这顿饭谁请客的时候，就会有一个人站出来宣布"一人收多少多少钱"。很容易看出，这个人对金钱和摊账方面的执着。这样的人，做事情非常认真，并且有自己的原则，所以对人对己都会严格要求，态度比较强硬。他们总是在准确地计算着每个人应该摊账的金额，因此玩的时候总是不能放开心情好好享受。不过，他们重视礼仪秩序，对于那些随便的人会感到厌恶，并且总想改变对方，强迫对方接受自己的想法。

有的时候，在喝酒的场合，摊账的时候会有很大的价差，因为这时会因各自所喝的量而定。那些会以喝酒的分量决定摊账多少的人，考虑非常周详，连最细微的环节也会注意到，并有将其具体实行的能力。而大多数情况下，女士是不喝酒的，因此这种因为各自喝酒的量而摊账的方式会使女士比较高兴。并且，女士对连这个都能算出来的细心人士会有好感。由此可以看出，能够这样付账的男士，也是很有心机的。他们在避免自己多花钱的同时，还能够取悦女士。

通过一个人掏钱和拿钱的方式与习惯，或者这个人摊账的方式，都可以推断出这个人的性格。从一个人对待金钱的态度，最能看出这个人的内心。

"列出清单"的理性派和"随心所欲"的感性派

在我们购物的时候,有人会把所需的物品详细地开一个清单,有人却喜欢什么就买什么。通过他们在购物时的习惯,也可以推断出他们的性格。

具体地说,有的人在购物时,详细地列出要采购的清单,他们根据清单,只买真正需要的食材或者日用品。可以想象,他们的冰箱里会整整齐齐,甚至对垃圾的分类也认真仔细。这样的人,会给人以死板僵硬的印象,他们讨厌开玩笑或者恶作剧,不具备幽默感,更不要说风趣。他们的衣服总是可以穿很久,因为他们不喜欢变化。不过,这种人做事非常认真和执着,并且具有坚忍不拔的精神,是可以长久交往的对象。而且,他们不懂得变通,如果事情的发展没有按照预计的进行,就会令他们手足无措,所以才会那么重视计划。他们还害怕失误和由此带来的麻烦,因此才会开清单,以免忘记买一些东西或买错东西。

有的人在购物时,虽然不会列出清单,但是他们很会精打细算,也是属于理性派的。不管买什么东西,他们都会认真地挑选,比对价格,哪怕便宜1元钱也会多走几百米去另一家店。这样的人,都有很强的自制力。他们也有自己的目标,知道哪些是应该买的、应该在哪儿买。而且,虽然看起来有点儿计较,但是不会占别人便宜。不过,他们对品位不是很重视,经常会为了便宜买一些不是很好的东西。

购物前习惯列出清单的人

理性派 / 认真执着 / 目标明确 / 自制力强 / 可以信赖 / 缺少变通

无计划购物,喜欢就买的人

粗枝大叶 / 开朗豁达 / 头脑灵活 / 缺少条理

而另外一种人刚好相反,他们急急忙忙地去购物,没有什么计划。看到喜欢的就拿,有的时候因为购物的费用超过了身上带的钱,只好再退还一部分商品。这样的人,家里的东西肯定是胡乱放的,冰箱里也会杂乱无章。此种类型的人,属于粗枝大叶的感性派。他们的性格一般都是开朗豁达的,他们可以一边看着商品,一边想着别的事情,还要确认在钱不多的情况下,哪些东西可以去掉,所以头脑比较灵活。

与这些"随心所欲"的感性派相类似,还有一种人,也喜欢逛街,而且他们好像对什么东西都感兴趣,不过,究竟买什么,他们却拿不定主意。相较于狂热购物,他们还是更专情于凝望。什么东西,看看就好了,不是非要买下来不可。这样的人,一般都是很热情的,他们个性随和,对谁都很好。在工作上,也是积极能干型的。对于新鲜事物,他们一般都能津津乐道。不过,一般情况下,他们的心胸会有点狭窄,对一些事,看不开,有点斤斤计较。

总之,只要你细心观察一下就会注意到,从一个人的购物习惯和购物方式,可以体现出他的性格特点。下次你陪朋友逛街时,可以试一试,通过他们的购物方式,验证一下他们是不是这样的性格类型。

老是拿大钞付账的人,有些胆怯

在生活中,我们总是免不了要消费,而在付账的时候,我们可以通过观察他人的付账方式来推断这个人的性格。

比如,有的人总是喜欢拿大钞来付账,即使他们购物所花费的金额不大,但是他们仍然会拿100块或者50块的整钱出来。这样的人通常是很注重自己的形象的。因为他们觉得当着别人的面,打开钱包翻找东西会不好看,会让别人觉得自己小家子气。不过,如果他们看上去外表并不是很雅观,那就是说明他们是粗枝大叶的人,他们一般不会去考虑细节,所以才会随便抽出一张大钞,付账了事。还有一种情况,是他们不想在找零钱的时候让店员等,那样他们会感到不好意思,感到给别人添麻烦了。这样会让他们的心情不好,所以宁愿抽出一张大钞,让店员找,让自己等待。如果在递大钞的同时还说"不好意思,没有零钱了"等话,说明他们在人际关系上有些胆怯,时刻担心别人会对自己不满或者对自己产生误解。

而恰恰相反,有的人会在付账时付刚好的钱。他们得知应付的金额后,会坦然地翻钱包,找好零钱付账。这样的人,是注意细节的人。他们在思考问题时,任何细节都不会疏忽,对事物的看法也是黑白分明。如果他们和别人顶嘴的话,就会一条一条地分析。如果在翻钱包找零钱的时候,还会预先告知店员"请稍等",说明他们会坚守自己的看法和风格,不会胆怯,且个性率直。当这类人太固执自己的想法而走到极端时,他们就无法正确控制自己的行为,可能会和对方发生冲突,并使对方产生不快。

有的人总是喜欢用信用卡付费。即使购物所花费的金额较小,他们也是习惯于刷卡。这样的人分为两种情况:一种是只带卡不带现金;另外一种是把好几种卡并排放在钱包里,这样的人可能有一点爱慕虚荣。因为他们觉得金钱交易的行为很俗气,而且，也讨厌那些所谓的大款的派头。他们有时甚至会让人觉得棘手。不过，他们却很注重有逻辑的事物，做事干净利落，也不喜欢那些暧昧不清的关系。有的时候，会让人觉得他们没有人情味。

还有的人，会先算好钱再付账。比如，一件物品是 15.5 元，他们会给对方 20.5 元，然后让对方找给自己 5 元整。这样就需要迅速计算的能力，因此这样的人头脑比较灵活。而且，在计算之前，要保证自己不会出错，所以也是对自己的计算能力的自信，推展开来，这样的人也是比较自信的人。他们之所以不愿意让对方找自己一堆零钱，就是怕自己的钱包又大又鼓。

因此，在付账的时候，用零钱还是整钱，用信用卡还是现金，都能看出一个人的个性。

喜欢把钱存定期的人，比较稳重

当我们手里有了一些钱，我们就要考虑怎么处置这些钱了。在对待金钱上，每个人的态度都不一样，有的人有了钱会马上花掉，而有的人则会把钱存在银行里。就算存在银行里，有的人喜欢把钱存为活期，而有的人喜欢把钱存为定期。

喜欢把钱存定期的人，一般都是比较稳重的人，有的时候，他们甚至有点保守。不喜欢多变的生活，希望生活模式比较固定，生活习惯比较稳定。因此，他们平时的生活也基本上比较固定，比较有规律。他们喜欢有规律的生活，每天需要做什么、怎么做，都可以驾轻就熟地去应对，他们不希望自己的生活总是处于变化中，会觉得很

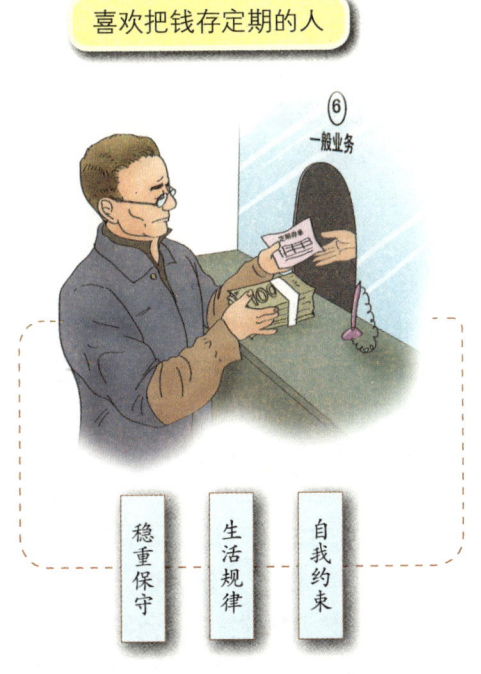

累；并不认为生活经常变化会有新鲜感或是浪漫气息，相反，他们会觉得这样的生活是种煎熬。而且，喜欢存定期的人，对自己的生活和经济情况都规划好了，只有一切都在掌握中，他们才敢于把钱存为定期。所以，这类人一般都是比较稳重的人。

试想，如果没有经过经济预算，而是草率地存了定期的话，万一有天急用钱，那就没有办法了。他们的稳重使他们不会让这种情况出现，这也是他们不喜欢经常变化的缘故。

而且，或许他们本身不是非常稳重的人，但是他们却能够通过将钱存成定期的行为来约束自己，使自己稳重而有计划。因此，这也有可能是他们所采取的一种自我约束，并且，他们会采取不同的行为来约束自己。

而有些人恰恰相反，喜欢把钱存为活期，这样的人，心理活跃，容易冲动。

喜欢把钱存为活期的人，心理上比较活跃。比如，有一天你去商场买鞋，逛着逛着看到一件衣服不错，试穿效果也不错，本来不是来买衣服的，但突然就改变了主意，先买了衣服。其实自己并不缺衣服，甚至衣服多得穿不完，但因为一时冲动，就把钱花了出去。因此，这样的人，心理上比较活跃，对生活的计划性不强，而平时的想法随意性又很强。所以，他们常常会为突如其来的想法买单。他们把钱存为活期，也是因为他们害怕被约束。知道自己的心理比较活跃，可能随时都有状况发生，因此，他们的钱必须是能随时动随时用的。他们存钱时心中就已经做了这样的打算，所以不敢存为定期。对这样的人来说，他们的钱是没有办法存为定期的，因为他们连自己也不知道自己下一次花钱会在什么时候，说不定就在下一分钟。

喜欢存活期的人，尽管想法有时候过于活跃，容易冲动，但另一方面他们也是在生活中比较有激情的人，跟这样的人在一起，永远不会觉得生活沉闷无味，永远不会觉得生活单调，他们总有办法让生活波澜壮阔起来，他们就像一个生活营养师一样，手里握着各种各样的生活调味品，该咸的时候就放点盐，该甜的时候就放点糖，总能令生活变得多滋多味。其实，冲动与激情往往就在一线之间。只要他们做的事不是太离谱，总是一个可爱的人。

喜欢买保值物品的人，比较有远见

当我们手里有了一部分钱后，有的人会存在银行，而有的人则会花掉。而花掉也有很多种方式，有些人喜欢买些不实用的东西，摆在家里图几天的新鲜，过两天就扔在了一边。而有些人则会购买一些能够保值的物件，这些物件即使过了几年甚至几十年以后还不会掉价，在赏玩的同时又有了收藏的价值。黄金的价格一升再升，正说明大家对保值物品还是非常青睐的。

喜欢买保值物品的人，一般都比较有远见。他们不会因为一时兴趣去买不适用的东西，而是通常有一个较长远的打算。就好比下象棋一样，他们不会像那些新手一样，走一步看一步，他们通常会走一步看好几步，有一种高瞻远瞩的特质。他们知道，什么是该做的、什么是不该做的。这样的人很会享受生活，他们对生活质量要求很高，

| 喜欢买保值物品的人 | 喜欢买打折物品的人 |

喜欢买保值物品的人：有远见、喜钻研、对生活质量要求高、精明强干、适合做生意

喜欢买打折物品的人：讲究实际、精打细算、理智精明、坚持己见、利益至上

每一天都不是随意度过。而且，喜欢买保值的物件，也说明他们对生活、对社会都做了很多的研究。你不要以为研究浪费了他们的时间和精力，他们会感到烦躁，实际上恰恰相反，他们甚至将这种研究也当作了对生活的一种享受，愿意钻到其中去揣摩，并乐此不疲。

而且，喜欢购买保值物品的人，一般都是些精明强干的人。首先，他们有一定的经济实力，这在一定程度上能够反映其人的能力。其次，他们能够对生活精打细算，让自己的生活变得很有味道。能够使买来的东西既满足自己的需要，又能够保值，是精明的。因此，这样的人最适合做生意，生意场为他们提供了最大的发挥空间。

另外，有一种人喜欢买打折的商品，这样的人多讲究实际。

喜欢购买打折商品的人，大多是讲究实际、比较现实的人。他们懂得精打细算，每一分钱都要花得物超所值。买东西的时候，他们最喜欢等商场打折或是节假日促销，可以省不少钱，尽管这些打折或促销的东西正在面临过时或是被淘汰，但他们并不看重，而更看重价格上的优势。因此，这些人，在生活中面对问题时也会表现得十分现实。他们常常理智地分析问题，那些让他们损失利益的事情绝对不会做。他们不会感情用事，也不会任性地去处理事情，而会从实际出发，理顺利害关系后再去处理。

这样的人，通常比较精明，但也很刚愎自用，遇事虽然会与他人协商，却会坚持自己的观点。他们会很满足于自己占优势而他人在无可奈何的情况下不得不放弃的感受。而有的时候，他们或许还有点唯利是图，对于可能到手的利益，会拼尽全力地去争取。

喜欢全家一起购物的人，重情重义

周末的时候，或者是节假日，我们一般都会出去购物。或者买一些生活用品，或者给自己置办几件漂亮的衣服。

有的人喜欢和朋友或者恋人一起购物，有的人喜欢自己去购物，还有的人喜欢全家老少一起出动。喜欢全家一起外出购物的人，一般情况下，属于重情重义的恋家一族。

这类人的性格比较憨厚。家庭在他们心目中的地位是无可替代的，他们对家庭有着强烈的责任感和深深的依恋，似乎一刻也不能离开家庭的怀抱。家庭很可能是他们一切行为最基本的出发点，直接影响着他们行为处世的习惯。而且，他们的家庭通常是非常和睦的，因为他们无时无刻不在想着自己的家，想着怎样让家人生活得更好。而且，他们不但对家庭、对亲人有着深深的感情，对待自己的朋友也是一样，一定会真诚相待。朋友有事，会尽量帮忙，有时候甚至为朋友不惜赴汤蹈火，即使损害自己的利益也在所不辞。因此，他们拥有许多朋友。总之，因为重情重义，所以他们拥有和睦幸福的家庭和一帮以心相交的朋友。

喜欢全家一起购物的人

- 情深义重，有很强的家庭责任感
- 比较恋家，心中总记挂着家人
- 对朋友真诚相待，不惜赴汤蹈火
- 价值观比较传统和保守
- 生活态度非常实际

喜欢全家一起外出购物的人比较恋家，不仅表现在愿意经常与家人在一起，还表现在无论什么时候都不愿意在外面停留太久，只想快点回家。他们每去一个新的地方都会给家人带回这个地方的特产，脑子里想的都是家人。他们会考虑到每一个家庭成员的喜好，并给他们带回喜欢的物品。在家庭成员过生日或者别的节日时，更是会给他们带来惊喜。不过，如果家庭成员中有人出现病患或是意外事故，那对他们将是相当大的打击。

另外，喜欢全家人一同出外购物的人，也多有较传统和保守的价值观。在别人看来他们整天围着家庭转，生活似乎太乏味了，但他们自己却很满足于目前的这种生活。他们喜欢和家人在一起，无论干什么，都尽量不与家人分开。他们觉得和家人在一起才是最幸福的。而且，他们也较有安全感，无论在外面受到什么打击，只要回到家，就会感到很舒服，心就安定下来了。

这样的人，生活态度也是非常实际的。他们选购的物品大多是既经济又实惠的。而且，他们喜欢全家一起出动购物，也是为了让每个人都能买到自己最想要的东西，而替家人买东西，有可能买到的东西家人不喜欢。

当我们看到一个人，尤其是男人，领着全家人外出购物时，我们就可以初步判断出，他是一个重情重义，而且非常恋家的人。

常做财务计划的人，大多有远见

有人在花钱时不会计划，看到喜欢的物品就买。而有的人却喜欢做财务计划，这样的人，通常会表现出较强的理性意识，看问题也比别人站得高看得远，因此比较有远见。

常做财务计划的人，更多的时候是从大处着眼，喜欢站在高处审视问题，从而保证了整个计划的正确制订。可以想见，古今中外从来没有任何一个人能够闭门造车，在自己的小天地中制订出惊天动地的大计划。所以，他们是一群思接千载、视通万里的人，有着无比广阔的胸怀。

通过财务计划的制订和实施的一系列过程，也可以看出他们的性格。喜欢做财务计划的人，在做计划之前，首先会分析客观形势，根据具体问题具体分析的原则，把各个环节和与财务问题相关的方方面面统筹兼顾到，来个全面把握，以免盲动。他们依据实际情况，从实际出发，分清问题的先后主次，然后理性地分析财务上的大小问题，每个细节都不放过。他们在每个问题解决之前绝不蛮干，绝不会因头脑一时发热而丧失理智。一旦计划实施，他们更会处处小心、步步为营，对以后的每一步棋无不深思熟虑。他们往往从全盘计划出发，考虑每个小计划的实施，因为小计划的实施往往影响着整个计划。他们在计划实施过程中不投入丝毫个人感情，思考、分析问题时更是公私分明，有时甚至表现得有些不近情理。

因此，常做财务计划的人，在财务问题上有一本明细账，或者记在专门的财务计划本上，或者记在各自的心中，并时时根据实际情况修改更正，确保计划实施的有效性。他们大都认真仔细，很少有马虎的时候，对待计划更是一丝不苟，没有丝毫的含混糊弄，他们清醒地认识到每一分钱都必须花得有凭有据，这样才能确保全盘计划的万无一失。

总之，喜欢做财务计划的人都是理性思维发达的人，很少感情用事，而且，很多都是有远见的令人羡慕的成功人士。和这类人相反，有些人花钱比较随意，这样的人，多进取心不强。

花钱十分随意的人，对花钱这件事本身缺少计划，完全根据自己的兴趣爱好，喜欢什么就买什么，不去考虑以后的日子或是意外情况的发生，过一天算一天。他们整天生活得浑浑噩噩，不知道自己究竟为什么而活，找不到自己活着的目标，所以也不去奋斗，缺乏进取心。而没有进取心，也就见不到那耀人眼球的理想之光，听不到遥远的理想的呼唤。没有进取心，生活就没有滋味，世界也会暗淡许多。因此，他们对什么都无所谓，觉着什么都可有可无，不去计较得失成败，在他们看来无论什么都没有本质区别。而且，花钱十分随意的人，把人世间的一切看得很淡，爱情、亲情、友情对于他们不是什么了不起的大事。面对丢失爱情的危险，他们往往不急不躁，仿佛很看得开，其实，这也是缺乏进取心的表现。

花钱十分随意的人，表面上很风光，显得率性潇洒，可是内心是十分空虚的，内心没有可供坚守的东西，更缺少理想的指引。他们不知道理想为何物，更不知道为了心中的理想而奋斗是何滋味。他们完全没有竞争意识。不管世界变化发展有多快，他们始终以自己的步伐前进，从来不去想如何加把劲跟上时代的步伐，他们从来没有过

喜欢做财务计划的人

从大处着眼 ｜ 理性 ｜ 注重细节 ｜ 公私分明

花钱十分随意的人

内心空虚 ｜ 缺乏竞争进取意识 ｜ 自我感觉良好 ｜ 办事随性 ｜ 没有人生计划

危机感，一直觉得自己生活得还可以，自我感觉良好。自己没有进取心，却经常嘲笑别人奋斗得太辛苦，不如自己活得潇洒。所以，花钱时十分随意的人，通常没有目标，找不到人生的方向，干什么都没有计划，说话办事随性而为，没有进取心。

花钱时犹豫不决的人，多优柔寡断

不管是什么，有的人看中就买，十分果断，而有的人正好相反，不管买什么，只要到了掏钱的时候，就开始犹豫，总要货比三家。这样的人，明摆着不是一个爽快人，性格多优柔寡断。

生活中，有许多这样的人。他们在买东西时，看中了某件商品，却不轻易拿下，他们总是相信后面还有更好的或是更便宜的在等着他们，本来很简单的一件事却被他们搞得复杂无比，这都是他们优柔寡断的性格所致。他们从来不相信一分价钱一分货，总想用最少的钱，买最多、最好的东西，于是不顾因走路太多而酸疼的两腿，非得跑到别处看看一模一样的商品并问问价钱不可。从买东西到决定自己前途命运的大事，他们优柔寡断的性格无所不在。

因此，当你遇到花钱时犹犹豫豫的人，你就要注意了。这样的人总是优柔寡断，还有点贪小便宜的心理，不过，如果你想和他们交朋友，也用不着主动，等到相处久了，他们自然会发现你的优点，到时你再抛去友谊的橄榄枝就不会因他优柔寡断的性格而不自在。

和花钱时犹豫不决的人相似，有些人同样是在买东西时不会特别干脆。不过，他们不是因为优柔寡断，而是因为比较节省。尤其是那些有钱而节省的人，节省是因为对家庭有很重的责任感。

这类人首先是成功人士，作为事业上的佼佼者，对事业的认真负责必定是每个成功人士的秘诀之一。而一个事业有成的人，还继续保持着节约的习惯。很显然，他们是在一如既往地时时刻刻为自己的家庭负责。即便有钱也不乱花，考虑到自己的父母年事已高，该如何让他们有个幸福安康的晚年，给他们买什么样的保险。作为伴侣，他们一定对爱人负责到底。对于孩子，必定会关怀备至。

不管是为事业还是家庭，有钱而节俭的人，都是努力把自己的角色把握好，时时意识到身上背负的责任的人。

在生活中，我们经常会看到在各种场合，两个人你争我抢着要付账的场面。两个人互不相让，有时甚至到扯破对方衣服的地步，从他们身上我们就会发觉一种不拘小节的豪爽性格。这种经常抢着付账的人，在朋友们中间肯定有着很好的口碑，都是众人争相结交的对象。而且，性格豪爽，讲义气，做事从不拖拖拉拉，更不可能跟朋友们玩虚的。

这类人，绝不贪图蝇头小利，绝不是那种对自己有好处的事情才做，没好处就走得远远的唯利是图者。他们都是重情重义、不拘小节的仗义之人。而且，只要是他们力所能及的事，会竭尽全力想方设法办到。他们有着自己的为人处世原则：把朋友们的利益放在第一位，宁愿自己吃亏也不损人利己。

·第四节·
习惯动作：细节表现人心

下意识动作和他的真实想法

很多时候，人的一些下意识动作，往往透露了其内心的真实想法，因为人虽然是理性动物，但却不能完全控制自己的下意识动作。当我们感到兴奋、激动、高兴时，除了面带笑容、眉毛舒展之外，往往还会振臂欢呼，击掌庆贺，借着全身的动作将欢乐表现出来。当我们感到紧张、恐慌时，往往就会情不自禁地握紧拳头，全身也变得较为僵硬。

人常常通过手足活动来表露感情。有时，我们想隐藏面部表情，但很容易引起指尖和脚的活动，将体态活动变为频繁的局部活动，即把感情所表露出的张力转换成了活动量。而所有这些活动都是在无意识的状态中进行的。一般来说，一个人有意识的动作，多出自表演、自耀的目的，而无意识的动作却是发自自然、出自天性的。正因为如此，通过一个人的一些无意识动作，可以知晓他内心很多真实的想法或情绪状态。

人的无意识动作与神经的类型有关。我们在观察他人时，与其看他们的体格，倒不如以他们强烈的感受性来分析他们的性格来得妥当。由于他们强烈的感受性，对于自己身边的事情，都有非常敏感的反应，因此常有留意周围人的动静的习惯。

我们在打电话的时候，有时会玩弄电话线，此种动作也是由于潜意识中无法以语言充分表达思想所采取的手的辅助作用，比如我们在众人面前演讲时，情绪一紧张，就会自然而然地比手画脚，或者开始扭动麦克风线。我们面对外国人时，假使不能以语言充分表达思想，通常也会借助手脚来表情达意。

当你去朋友家做客时，虽然主人依旧和你像往常那样天南地北地神侃，但是你如果发现他不停地弹烟灰或者用手指像弹钢琴般地轻敲椅子扶手，或者不时移动一下桌子上的东西，那么，此时你最好站起来告辞。别看他的表情是那么热忱，他手发出的那些无意识动作在无意中已经告诉你，他开始感到心烦意乱，提醒你该走了。

在彼此信息交流最旺盛的时候，频频出现弹指、搔鼻、拭脸等与交谈内容无关的动作时，表示做出该动作的人，并没有认真倾听对方说话。很多时候，这种下意识的动作，是表示不耐烦的一种无言的信号。

无意识的动作，有时候也可以制造一种企求别人的信号。比如，我们经常可以看到一些子女在外工作的独居老人，他们经常不由自主地玩弄一些小东西，这是他们在

第七章 日常习惯让你的内心不再隐秘

细 节	在与人交谈时对方频频出现如搔鼻、拭脸等动作
透露出的信息	对方并没有全神贯注在听你说什么，而且可能已经不耐烦

细 节	在做客交谈中，当你发现主人用手指像弹钢琴般地轻敲椅子扶手
透露出的信息	主人也许已经无意再继续谈话，你该告辞了

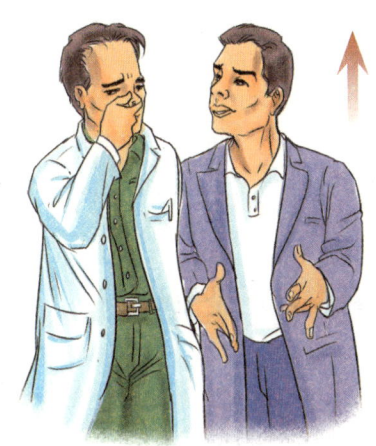

——○这种时候你能否知道自己已经不受欢迎了呢？○——

向外界传达这样的信息：我们很寂寞，多希望有人来陪陪我们啊！如果一个人不了解独居老人们这个无意识动作的含义，常常会对他们的这些小动作感到困惑不解。

潜意识中的遗忘

在生活中，我们常会因为不愿意做某件事，而做一些出乎自己意料，却能让自己避免做那件事的事情，比如说在买东西时会糊里糊涂忘记付钱。

精神分析大师弗洛伊德就曾犯过这样的无心之错，一天早晨他没有付钱就离开了他每天买雪茄的烟草店。这当然不能说大师想赖账，因为他也赖不了账，店里的每一个人都认识他，每个人都可以随时向他要钱。这件事引起了大师的注意，为什么自己会出现这种行为？经过琢磨，大师发现这个小小的忽略可能与前一天他筹划的家庭预算有关。

再举个例子：

有位男士在迫不得已的情况下答应陪太太去参加一个不想参加的宴会，他磨磨蹭蹭地打开衣箱想拿礼服时，却忽然想要去刮脸，可是，当他刮完脸回来，却发现衣箱已经锁上了。他四下里找钥匙,可是钥匙却没有了踪影,碰巧锁匠也不在。"万般无奈"之下,男人的太太只好取消了赴宴。第二天找来锁匠打开衣箱时,却发现钥匙就在里面。

太太是个明白人,知道这是丈夫的"无心"之过,原谅了他。可是,静下心来想一想,丈夫把钥匙放错地方真的没有原因吗?别忘了,他可是一点都不想去参加这个宴会的。

从这两个例子,我们不难发现所有人,即便是德高望重者,只要涉及金钱、财富和有违自己意愿的事情,就会或多或少地产生类似上面故事的暧昧之举,如忘记付钱以减少生活开支、把钥匙锁在衣箱里以避免去参加宴会等。

这种暧昧的行为不是没有依据的。心理学家认为它来自婴儿期吮乳的原始食态,造成抓住每一样东西(以便塞入口中)的期望,虽然长大了,已经接受了文明的熏染和训练,还是不能完全消失。也就是说,由于在潜意识里人仍然存在这样的倾向,所以才会在行为上产生许多无心之过。

走在左边还是右边

人们常说,"以行观人"是有一定道理的。那什么是"以行观人"呢?简单地说,所谓"以行观人"就是通过观察一个人,尤其是一对恋人,走路时的位置可以了解到关于他或他们的很多重要信息。

通常情况下,一对恋人并排走路时,男方一般会走在女方的右边,通常这个位置是属于支配者。但如果两人位置是一前一后的话,前者的心理往往是非常骄傲、不屑一顾的,甚至还有点唯我独尊的味道,后者就向外界传达出对前者有一种敬畏,甚至有点畏首畏尾的谦卑态度。

选择走在对方右侧的人
- 掌握主动权
- 居于主导
- 自大倔强
- 有优越感

选择走在对方左侧的人
- 温顺服从
- 少有争执
- 耐心较好
- 屈己待人

一般情况下，选择走在对方右侧的人，多半是掌握有主动权，在两人的关系中处于主导地位，在二人世界中具有绝对的权威，在心理上也具有较强的优越感，喜欢对方绝对服从自己，个性上也较为倔强，有时还有点自大的倾向。与之相反，走在对方左侧的人，是被动型的人，很多时候显得温顺、听话，情愿听从对方对自己的安排。他一般不会主动发表意见，也很少会和别人发生争执，更不会一意孤行，坚持自己的观点或看法。这样的人个性温和，喜欢与世无争，耐心较好，经常会委曲求全，遏制自己的个性。

如果一对恋人都喜欢走在对方右侧的话，他们就得小心了，因为他们很可能会因为各自喜欢张扬自我而与对方发生冲突。凑巧的是，两人的性格都较为倔强，一旦发生争执，两人极有可能会谁也不会让谁半点，从而可能会让小矛盾演变成大矛盾。

如果一对恋人都喜欢走在对方左侧的话，这就意味着双方都有优柔寡断的一面。正因为这个原因，两人都不愿和对方发生冲突，所以，他们的相处会很平静，也很协调。一般来说，只要双方都多为对方着想，多了解对方，就会有很令人羡慕的恋情。

如果一对恋人，其中一人喜欢走在对方的左侧，而另一人喜欢走在对方的右侧，这就说明他们是"天造地设"的一对。他们不仅相处得愉快、协调，还会因为彼此性格的互补而使他们的恋情坚如磐石。

喝酒的习惯动作

心理学家通过研究发现，通过观察一个男人或女人握酒杯的姿势，往往能知晓其大概的性格和心理特征。

如果一个男性喜欢紧紧握住酒杯，同时用拇指紧按着杯口

这样的男性性格外向、豪爽，喜欢直来直去。那种婆婆妈妈、斤斤计较的人，他们是最瞧不起的。在与人相处时，他们非常热情、友好、直率，因此深得朋友的喜爱。做事时，他们很有魄力，常常是敢说敢做，正因为如此，他们有时显得有点莽撞。

如果一个男性喜欢用双手抓住酒杯

这说明其性格较为内向，逻辑思维严密，喜欢思考问题，冷静是他最大的特点。在与人相处时，他"信奉君子之交淡如水"的原则。他的朋友不是很多，但都是挚友，很少有"酒肉朋友"。做事时，他喜欢三思而后行，凡事都要做好相关的计划，然后才开始行动。

一个男性喜欢把杯子紧握在掌中，同时用拇指扣住杯子的边缘

　　这表明其性格较为柔顺，为人忠厚，具有较为开阔的胸襟。在与人相处时，外表看来他可能对别人的态度不是很温柔，有一种难以接近的感觉，但如果了解了他的心理之后，你会发现他其实是一个非常有趣的人。做事时，他非常有主见，往往有自己的独到看法和做事方式。试图改变他的做事方式往往是一件非常困难的事，除非你有充足的理由。

一个男性喜欢用双手捂住杯子

　　这说明其城府很深，善于伪装自己。这类人在和他人打交道时，往往会笑容满面，实际上一点人情味也没有。他们从不肯在别人面前暴露自己半点，也从不喜欢将自己的事告诉朋友，所以，他们的朋友，尤其是知心朋友往往是寥寥无几的。

一位女性喜欢玩弄自己的酒杯

　　这说明其性格较为活泼、直率、爽朗，具有较强的自信心，是非观念也非常明确。与人交往时，不会斤斤计较，待人较为宽和。做事时，她从不会犹豫拖拉，而是非常利落和干脆。

一个女性总喜欢把手中的空酒杯翻来覆去玩耍

　　这说明其有较强的虚荣心，喜欢表现自己和炫耀。有些时候，她还有点任性，甚至有点飞扬跋扈。在参加一些宴会或聚会时，她极有可能会大胆地向自己心仪的男子卖弄风情，以吸引对方的注意。与人交往时，她往往具有较强的针对性，喜欢去结交那些较有权势的人。

一个女性习惯于一只手紧握酒杯，另一只手则无目的地划着杯沿

一个女性喜欢握住高酒杯的脚，同时食指前伸

这说明其性格较为稳重，喜欢沉思，有比较独立的个性，不会轻易地向世俗潮流低头，具有一定的叛逆性，但表现方式不是特别明显。她也较为喜欢结交朋友，对人也比较真诚、热情，所以其人缘还颇为不错。做事时，她不喜欢张扬出风头，仅会默默无闻地做好自己该做的事。

这种人妄自尊大，常常不把别人放在眼里。同时，也较为世故，只对有钱、有势、有地位的人感兴趣，而对那些"寒士"或是比自己差的人，往往会嗤之以鼻。做事时，较缺乏责任心，知难而退，容易出现虎头蛇尾的状况。但在做事时各种准备工作往往会做得较为细致。

需要注意的是，以上结论仅是一个总体上的、大概的结论，而不是一个全面、准确的结论，具体到每个特殊的个体，可能会存在一定的差异。

吸烟的习惯动作

1. 两种吸烟者

概括地说，吸烟的人可以分为这样两大类：主动吸烟的上瘾者和社交场合需要的被动吸烟者。但是，不论是主动吸烟者还是被动吸烟者，他们很多时候之所以吸烟，都是其内心矛盾和混乱的一种外在表现。

研究表明，小口、快速地吸烟会刺激吸烟者的大脑，提高大脑的兴奋度和警觉性，而较慢吸烟则具有一定的镇静作用。一般来说，主动吸烟上瘾者较为喜欢独自一人抽烟，同时，依靠烟中的尼古丁的镇定作用来释放心中的压力。社交场合需要的被动吸烟者不同于主动吸烟上瘾者，他们通常在各种聚会、商务活动中，或者是在喝酒的时候才会吸烟。所以这类人吸烟往往是一种社交展示，仅是为了给对方留下某种印象。当然，不可否认，在那些被动吸烟者中，肯定也有人吸烟不仅仅是为了给别人留下某种印象，有些时候，他们吸烟同主动吸烟的上瘾者一样，也是为了释放心中的压力（也可能为了掩盖心中的紧张情绪）。在社交场合中抽烟时，通常那些被动吸烟者从烟点燃到熄灭的时间中，只有20%的时间在快速、小口地吸烟，其余80%的时间里，他们会做出一系列其他的姿势和动作。

在一份问卷调查中，近85%的"烟民"都认为，吸烟的时候他们的压力会减小。

事实果真如此吗？最新科学研究发现，吸烟的成年人的平均压力要比那些不吸烟的人稍微高出一些，同时，一旦养成吸烟的习惯后，吸烟者的压力会随之上升。由此可见，吸烟根本无助于控制情绪，与之相反，吸烟者一旦对烟中的尼古丁形成了依赖性，反而会增加他们的压力。吸烟所谓的放松作用仅仅在于，吸烟者在吸烟时所获得的尼古丁能够减缓他们身体缺乏尼古丁而产生的紧张和焦虑情绪。也就是说，吸烟者在吸烟的时候，他们的心情是平常的，而他们一旦停止了吸烟，却感到了压力。这就意味着，要想让一个吸烟者恢复平常的状态，它就必须随时在嘴上叼一支香烟。

因而，很多科学家都主张，无论是主动吸烟的上瘾者，还是社交场合需要的被动吸烟者，都应该戒烟。因为戒烟能减小身体对尼古丁的渴求，从而也就减少了心理压力。不过戒烟，尤其是对那些已经吸烟上瘾的人来说，可谓是一件痛苦的事。因为通常情况下，在戒烟的前几周，戒烟者都会出现心情烦躁、焦虑不安等症状，这往往会让很多戒烟者望而生畏，从而打消了戒烟的念头。但是，如果你挺过了前几周的"艰难期"后，随着身体对尼古丁依赖性的减弱，这种状况很快就会得到较大改善。到时，再假以时日，你就可以把自己"烟民"的帽子摘下来了。

2. 吸烟与性格

吸烟虽然有害健康，但还是有不少人依旧我行我素，正由此，通过观察一个人吸烟的特点，如吸烟的方式、喜欢抽什么样的烟等，我们可以大概知晓他的情绪特征或性格特点。具体来说，就吸烟的方式而言，如果一个人吸烟的时候是吸一口烟，弹一下烟灰，则说明其此时正处于心情凝重或是烦躁的阶段，再或就是处于进退两难的尴尬境地之中，不知道下一步该如何做。有时，此种姿势也表明吸烟的人正处于紧张的思考阶段。当然，有时候，一些人也可能会故意摆出此种姿势，以显示自己的不凡，或是炫耀自己，以吸引别人的眼球，从而满足自己的虚荣心。

如果一个人吸烟时总会把抽口弄湿，则说明其性格多变，情绪往往也是起伏不定。做事时，有时爱意气用事，缺少规划性，所以常会碰得"头破血流"。很多时候，往往会因为异性问题而与别人发生纠葛，从而损害自己的人际关系。

如果一个人吸烟的速度很快，则说明其性格较为急躁，脾气也较为火爆，容易发怒。在与人交往时，他的好恶、是非观念非常清晰，绝不会因为私情偏袒要好的朋友，也正因为如此，他深得朋友们的喜爱，人际关系非常的不错。做事时，他往往有急功近利的思想，喜欢贪多求全，结果是顾此失彼。因而他如果是单纯地从事某一件工作，往往能把它做得非常出色、漂亮。当然，如果一个人偶尔出现快速、大口吸烟的情形，则说明其现在肯定处于焦虑的情绪状态之中。

如果一个人在吸烟时经常忘了弹烟灰，则说明其对自己缺乏信心，有较强的自卑感。在他看来，整个世界都是灰色的。有些时候，很多事情他明明努一下力就可以做到，但由于缺乏自信而放弃了，而看到别人轻易做成后，他又追悔莫及。与人交往时，他常常会显得较为谦卑，有时甚至还有点卑躬屈膝。不过，他对人却是非常真诚的，几乎不会跟人玩什么阴谋诡计。此外，如果一个人在工作或是开会的时候出现忘了弹烟灰的情形，则说明其正在专心致志思考问题。

如果一个人抽几口就把烟灭掉，这就相当于画上了一个句号，表示他要去做另一件事情，而且这件事情他已经下定决心非做不可，其灭烟的行为可以看作是对自己决定的再一次肯定和鼓励。当然，有的时候一个人做出此种动作，可能表明其此刻心情非常糟糕，把烟卷当成了一个出气筒。

如果一个人喜欢随时在自己的嘴角上叼一支烟，则说明其性格较为倔强、叛逆，有时候其外表看起来可能会给人放荡不羁的感觉，实际上他富有正义感，侠义心肠，喜欢"多管闲事"，好打抱不平，多不拘于小节，因而其人缘关系颇为不错。不过，他的心理承受能力较差，一旦自己的能力没有得到别人的认可，或是工作中遭到了失败，他要么是强烈反抗，要么就是从此一蹶不振，而且往往是后者居多。

如果一个人喜欢仰起头用嘴角抽烟，则表明其具有较强的独立意识，同时对自己充满了信心。他喜欢"流自己的汗，吃自己的饭"，不会接受别人对自己的施舍，很多事情都坚持一定要自己动手。不过处事过于勉强又自视过高，通常会使他与周围的人格格不入。所以，在很多人眼中，他是那种很难以让人接近的人。不过事实并非如此，他其实是那种"外冷内热"的人，一旦与他交往一段时间后，就会发现他其实是一个很重感情的人。

如果一个人总喜欢把烟吸到抽口也舍不得丢掉，虽然这种人很节俭，但却较难持家，因为与其省下那么少的钱，倒不如把烟完全戒掉，但要他把烟戒掉，往往会比登天还难。一般来说，这种人工于心计，在待人处世上，常常是处心积虑，猜疑心非常重。他很少会对自己的朋友，哪怕是亲人，袒露自己的心事。所以其人际关系较为糟糕，有些时候，由于太处心积虑，反而会让自己失去一些机会。

就吸烟的种类而言，通过观察一个人吸什么样的烟，也能了解他大概的性格特征。

不太在意香烟的品牌

这说明其可能还没有真正成为烟民，他吸烟可能仅仅是为了好奇或好玩。一般来说，这样的人性格较为温顺，喜欢随遇而安，缺少主见和原则性，往往是人云亦云。此外，这类人缺乏坚强的毅力，一旦遇到困难、挫折，就会打退堂鼓，从不肯认认真真做一件事，当然更不用说什么为理想而奋斗了。所以，很难成就一番自己的事业。

喜欢抽洋品牌烟

这说明其虚荣心较强，喜欢追逐潮流，也喜欢在别人面前表现自己。其对金钱有较为强烈的渴望，但绝不是一个吝啬鬼或守财奴，很多时候为了在别人面前炫耀自己，即使一掷千金也在所不惜。其对生活的要求颇高，但又不愿意为之奋斗，故而常常陷入"心比天高，命比纸薄"的尴尬境地之中。

喜欢抽雪茄

这说明其性格较为倔强，常常是"明知山有虎，偏向虎山行"，也不会在任何压力或权势面前低头。与人交往时，非常直爽、豪放，从不拘泥于各种繁文缛节，因而深得朋友的喜爱。这种人还勇于负责任，从不会推卸自己的责任。在一些危急时刻，还敢于临危受命，这就使其很多时候能受到大众的支持和拥戴。

喜欢用名贵烟盒来装价格低廉的香烟

这种人对金钱充满强烈的渴望，但是又不肯做出半点努力，成天做着一些不切实际的发财梦，结果当然是连一分钱的财也没有发。在与人交往时，他几乎不会真心对待自己的朋友，往往是见异思迁，因而其知心朋友几乎没有。

此外，根据法国动作心理研究家贝尔杰的研究，一个人捻熄香烟的方式，也能反映他的性格特征。

轻轻敲打熄灭自己的香烟

这种人十分注意自己在别人眼中的一言一行，做事时非常谨慎小心，从不会莽撞行事。在与人交往时，对对方非常谦逊，显得彬彬有礼。不过，有些时候由于他太过于谨慎，以至于有时不能完全将自己的意见传达给对方，同时，在该"断"的时候显得犹豫不决，以至于错过了一些好机会，致使局面变得更复杂。

随便将一个仍在冒烟的烟蒂扔进烟灰缸

这种人性格较为懒散，凡事喜欢以自我为中心，有时显得较为自私。他们做事不严谨，喜欢打马虎眼，故而经常遗忘或丢失东西，同时别人托付给他的事往往会无疾而终，如果被人追问原因，还会振振有词地为自己辩护。

将烟蒂以按压的方式熄灭

这往往是其发泄心中不满或是某种欲望的表现。一般来说，这样的人性格非常倔强，有时甚至有点偏激，遇事非常容易激动。这类人的精力较为充沛，但无法恰当处理自己心中的各种欲望，故而常常处于焦虑、急躁的情绪状态之中。不过，他们在做事时较为积极，很少半途而废。

经常用脚踩熄烟蒂

这种人较为好强，喜欢争强好胜，具有一定的攻击性，不会轻易认输。他们往往能说会道，词意尖锐，喜欢讽刺、打击别人。正因为如此，其人际关系不是很好。不过，一旦对某人产生好感，就会积极主动地向对方表明自己的意思。此外，其独占欲望非常强烈。

有趣的是，一些人吸烟时慌慌张张，一些人吸烟则波澜不惊，还有一些人吸烟时姿态优雅，也有一些人吸烟仅是让自己加入"烟民"的行列，当然有些人吸烟是为了掩饰自己的紧张情绪。吸烟的动机大相径庭，其姿势也因人而异，由此我们可以从中窥见那些吸烟者的"烟品"和性格。

抽烟时手掌向外的人性格非常外向，颇有点"人来疯"的特征。有些时候，他们可能会感到一些迷茫和不安，需要一个人领导着逐渐找回已经或是正在丧失的自我。他们跟谁都谈得来，十分喜欢与各式各样的人来往，如果让他们独处一段时间，他们通常会受不了。他们对生活往往是追求其丰富多彩，而讨厌一成不变的任何东西。

经常用指尖夹烟的人性格较为温和、亲切，攻击欲望不是很强烈。他们对自己的信心不是很足，很多时候总喜欢用悲观的态度去看待一些事情，这往往使他们活得很累。他们的心地较为善良，做事总会为别人留下一定的余地，他们也不太喜欢冒险，一般不会去做风险性较高的事情。他们的生活态度较为严格，做任何一件事情都会认真地对待，并且喜欢追求高效率、高质量。

把大拇指放在嘴边吸烟的人性格较为倔强、坚强，同时也具有较强的理性，富有独立性，但也有点自负。很多时候，他们都懂得如何进行自我反省、自我沉淀，从而留下对自己有用的东西，而将那些可有可无，甚至是一些糟粕的东西抛弃。这种人最不能容忍别人（尤其是认为不如自己的人）对自己发号施令，很多时候，如果自己不发表一点意见，他们就会觉得不对劲儿。他们做事时不会死脑筋，一条路走到底，而是在几条路中选择最便捷的一条。

敞开手指拿烟的人较为敏感而细心，他们的情绪波动较大，颇为任性。因为他们较爱逞强，所以不太亲近别人，但实际上他们是随和，且较为喜欢与人交往的人。虽然他们较为任性、喜欢逞强，但为人较为真诚、坦率，即使遭到别人误解，他们往往也会尊重对方。

用指腹夹烟的人性格较为稳重，思想也比较单纯和传统，富有同情心和正义感，是毫不含糊且可以信任的人。他们对自己往往有清醒的认识，不仅知道自己的优点在哪里，更知道自己的缺点在哪里，懂得如何扬长避短。他们对自己充满了信心，相信只要经过自己的一番努力，肯定能实现心中的梦想。

3. 男性和女性之间吸烟的区别

一说到吸烟，可能不少人不由自主地就会和男性联系到一起。其实，当今不少女性也加入了"烟民"的行列，如《蓝天使》里的玛德琳是抽烟的，被誉为"冰山美女"的嘉宝是抽烟的，《半生缘》里的梅艳芳饰演的角色也要抽烟。当然，也有很多普普通通的女性也在"默默无闻"地抽着烟。当女性用她们的纤纤玉指娴熟、自然地夹着香烟，袅袅升起的青烟若隐若现，像一层薄薄的面纱遮住了她们美丽的容颜。虽然同是吸烟，但女性和男性在吸烟的目的、方式、姿势，以及在香烟种类的选择上等方面却存在着较大的差别。

研究表明，吸烟的女性绝大多数性格外向，至少吸烟后的女性性格会外向化。外向型的女人吸烟多为追求烟草的刺激，而内向性格的吸烟者，则是靠抽烟使自己镇静。男性则不同，在所有男性"烟民"中，性格外向和性格内向的人几乎各占一半，在一些地方，性格内向的"烟民"还占有多数。外向型的男士吸烟多为展示自己的潇洒，而内向型的男士吸烟多为控制自己的情绪或是掩盖自己的紧张、尴尬。

在吸烟方式上，女性"烟民"通常会把香烟高举，手腕向后扳，同时露出手腕；也有一些女性在吸烟时喜欢将香烟叼在嘴角，烟头微微向上，或者在用手夹烟时喜欢将小指扬起；男性吸烟的时候，他们通常会伸直手腕来避免自己看上去缺乏男性气概，每吸一口烟后他们就会把拿着烟的那只手放在胸部以下，这样就能在任何时候让自己的身体不受到外界的侵犯或伤害。有些时候，男性在抽烟的时候会把香烟夹在手里，尤其是当他们想要不露声色的时候，他们会把香烟藏在手心。

就吸烟的目的而言，那些在各种宴会或聚会上"明目张胆"吸烟的女性，往往是想通过此举来向在场的男性展示自己的个性，以便让自己成为男性注目的焦点。当然，有些时候，女性吸烟则主要是为了宣泄自己的某种情绪或是控制、稳定自己的心绪。男性吸烟有的是为工作的需要，有的人则是为了让自己"不落伍"，当然也有不少男性吸烟者之所以吸烟，主要是想通过此举来缓解自己的精神压力。因为男性在容易产生极大的心理压力，吸烟也就成了他们放松自己的一种不可替代的方式。

4. 抽烟是一种性感的展示

抽烟不仅是缓解压力、释放心情的手段之一，有时候，它也是一种性感的展示。如果你细心观察一下那些"女烟民"，会发现这样一个有趣的现象：她们在吸烟的时候很喜欢露出自己的手腕，进而向男性展示她们婀娜多姿的身体。她们将颜色、大小不一的各种香烟含在双唇里吮吸，极具诱惑的意味，会让不少男性情不自禁地对她们想入非非、浮想联翩。反观男性，他们非常喜欢通过吸烟来展示自己的男子汉气概。一般来说，男性在吸烟的时候往往将香烟藏在自己的掌心，这样既会让他们在女性眼中充满诱惑力，也会凸现他们的男性魅力。

其实，早在20世纪以前，人们就把吸烟作为一种求爱的方式。通常情况下，如果一位男士为某位女士主动点燃香烟，这位女士就会在该男士为自己点烟的时候触碰一下对方的手，以示自己的谢意。此外，一些女性在感谢男性为自己效劳的同时，还会长时间含情脉脉地凝视着对方。

然而，如今在世界上很多地方，吸烟，尤其是女性吸烟，已经是一种司空见惯的事了，所以，通过吸烟来表达爱意的方式也几乎不复存在了。很多时候，女性在吸烟时所展现出来的女性魅力是她们当时表现出来的一种顺从态度，换句话而言，女性在吸烟的时候，微妙地表明了自己在男性的劝说下，可能会做出一些对自己不是很有利的事情，比如喝酒。虽然在很多地方，故意对着一个人的脸吐烟是很不礼貌的，但是，在一些国家，如果一个男性对女性做出此种姿势，这就表明他对对方很感兴趣。

5. 吐烟圈也会暴露你的性格或情绪

很多人在紧张的时候都喜欢用抽烟来缓解心头的压力或是掩盖自己的情绪，但是也许你不知道，他们已把自己的很多秘密通过吸烟时的一些小动作告诉给了别人。其中，吸烟时吐烟的样式就是他们暴露自己心情或性格特征的重要信号之一。

一般来说，通过观察一个人吸烟时的朝向，可以判断他的性格是积极的，还是消极的。如果一个人在吸烟时喜欢朝上吐烟，则说明其对自己充满了自信，并具有较强的优越感。无论是对工作，还是对生活，其态度都是非常积极的，他坚信"没有比脚还长的路，没有比人还高的山"。

如果一个人在吸烟时喜欢朝下吐烟，则说明他对自己缺乏信心，较为多疑。很多时候，他都抱着一种较为消极的态度去对待生活、工作，因为在他看来，痛苦、不幸占据了人生的大部分。

如果一个人朝下吐，且是由嘴角吐出烟时，则暗示此人的人生态度非常消极或灰暗。当然，这都不是指把烟吐向别人的情况，而是指比较典型的情况。这种情况在很多电影里十分常见，比如那些黑帮或犯罪集团的首领，经常被描绘成强悍、凶狠的角色。这些人在吸烟的时候，常常是靠坐在椅子上，斜仰着头，不时把烟吐向天花板，以此来显示自己的优越性和强悍。相反，那些地位卑微，处于弱势群体的人，常常把香烟用食指和拇指倒扣在手里，从嘴角把烟吐出来。

一个人吐烟的快慢往往与他当时的情绪状态有很大关系，如果一个人吸烟时吐烟的速度很快，则说明其现在正处于一种积极、充满自信的状态之中，同时，他此刻还具有较强的优越感。反之，如果一个人吸烟时吐烟的速度较慢，则说明其现在正处于一种消极、压抑，或是失望的情绪状态之中。就拿玩牌来说，当一个吸烟的人拿到一手好牌后，他往往会充满自信地朝上吐烟；反之，当他手气不好，拿到一手"烂牌"时，他往往又会朝下吐烟。正因为如此，很多玩牌的高手往往通过观察对手拿牌后吐烟的朝向来判断他们手上牌的好与差。不过，如果玩牌高手们哪天遇到比自己更善于"察烟观色"的对手，他们往往会血本无归。因为这些"高手"不仅善于观察他人的身体语言，还善于伪造一些身体语言姿势来麻痹对方。比如，他们拿到一手好牌后，肯定不会喜形于色，而是会在那骂骂咧咧，并把牌随便往桌上一扔，将两只胳膊交叉在一起，做出一副准备投降的样子。与此同时，他却静静地为自己点上一支烟，悠闲地吸着，并向上喷着烟雾。此时，如果对方心里窃喜自己此次赢定了，并压上自己所有的赌注，很有可能他会在这一次输个精光。

很多有丰富经验的销售员就十分谙熟这一点，他们在向吸烟的顾客推荐商品时，如果发现他朝上吐烟，满脸悦色，则说明他这次推销成功了；反之，如他发现顾客朝下吐烟，心里就会暗暗叫苦，因为顾客此举表明对自己推荐的商品并不感兴趣。这种情况下，他就会迅速改变策略，向顾客推荐其他商品，好让他有时间重新考虑自己的决定。

一般来说，抽烟时喜欢吐烟圈的人，一个比较突出的特点就是有比较强的支配欲和占有欲，喜欢以自我为中心，凡事喜欢我行我素，不愿被任何规则、条款束缚。他们的性格较为外向，喜欢与人交往，较为仗义和慷慨，不喜欢斤斤计较，很多事情只要说得过去就行了。所以，他们的人缘很是不错。

此外，从鼻孔喷烟往往是自傲、自信的象征，但如果一个人在用鼻孔喷烟的时候，把头朝下，则说明其欲给对方一个凶狠的印象，当然也有可能此时他的心情正处于一种非常糟糕的状态之中。

戴眼镜和化妆的习惯动作

1. 怎样辨识和眼镜有关的身体语言

心理学家通过研究发现，几乎人们所用的每一件东西，都有助于他们做出许多表明自己情绪或性格特征的姿势。而那些善于察言观色的人正是通过观察一个人在使用某件物品所做出的各种动作来洞察别人的内心世界的。

人们用各种物品做出的动作可谓是多种多样，戴眼镜也不例外。其中，人们用眼镜做出的动作中，最常见的是将一只眼镜腿放进自己的嘴里。这个动作有什么含义呢？一般来说，一个人故意把某些物品放在嘴唇上，或者是直接放进嘴里，是为了重温他在婴儿时期吮吸母乳时所获得的安全感。这就是说，一个人故意将一只眼镜腿儿放进自己的嘴里，也是为了让自己心理上获得一种安全感。这同孩子吮吸手指，成人叼含一个烟斗，是一样的道理。

除了故意把眼镜腿儿放进嘴里这一姿势外，还有很多与眼镜有关的身体语言也能反映一个人的思想情绪或性格特征。如果你戴眼镜的话，别人会觉得你是一个勤奋、聪敏的人，尤其是你在与对方第一次见面时。行为学家的问卷调查也证实了这一点，在参与调查的人群中，90%以上的被调查者都认为，那些戴眼镜的人看上去比没有戴眼镜的人要聪明得多。不过，这种感觉不会持续太久（一般在5分钟左右），一旦与人交谈一会儿后，一个人聪明与否就会"原形毕露"了。所以，明智的选择就是，只有在简短的面试中，才能考虑故意去戴一副眼镜，这可能会给面试官一个好的第一印象。但是，如果你戴的是深色或是镜片过大的眼镜，很有可能，你看上去就没有那么聪明了。因为深色眼镜或是镜片过大的眼镜会使一个人看上去很严肃、很古板，甚至还会给人一种老气横秋的感觉。

很多时候，在商务或社交活动中戴上一副眼镜，往往会给人受过良好教育、聪明、勤奋、真诚的印象，尤其是当你的眼镜框越重时，给人的这种印象会越强烈，不管你是男性还是女性。这可能是因为很多成功人士所戴的眼镜通常都有较重的边框吧。所以，在很多商务场合中，眼镜通常是身份的象征。

2. 拖延时间的策略

眼镜作用可谓多矣，既可以用来辅助眼睛观物看路，也可以用来彰显一个人的身份地位，还可以用来遮阳。除了这些作用外，眼镜还有一个重要作用——帮助一个人在某些时候拖延时间。

利用眼镜来拖延时间在很多商务场合中十分常见，其中屡试不爽的姿势就是故意将眼镜腿放在嘴边，以此来拖延做出决定的时间。比如，在没有硝烟，却异常激烈的商业谈判中，当一方要求另一方做出最后决定时，被动的一方如果还没有考虑好是否要接受对方提出的条件，或是对对方的某些地方存在疑问的时候，他们就会把眼镜的一条腿放在嘴角边，有时还会若有所思地点点头，但不会给出明确的答案。除了这种常见的姿势外，那些戴眼镜的人还会采用另一种方法来获得更多的思考时间，即故意不断地将眼镜摘下，然后慢条斯理地在那里擦拭镜片。一般来说，有丰富经验的谈判专家在看见对方做出此种姿势后，往往不会催促对方马上给出明确的答复，而是安静地坐在那儿，什么也不说。

根据上述利用眼镜拖延时间的姿势，了解了对方内心真实的想法后，你便可以在各种谈判中相机而动了。比如，对方若是在擦拭镜片后又迅速戴上眼镜，且不会在短时间内再取下，则说明其打算进一步进行商谈，但心中可能还存在一定的疑惑，或想再看看各种数据资料。遇见这种情况，你就应该主动挑明，问问对方在哪些地方还在疑惑，同时将自己这一方的相关数据资料递给对方；如果对方在和你进行一段时间的谈判后，把自己的眼镜摘下叠起，放在一边，这说明他已不再打算和你进行谈判了。此种条件下，如果你一再纠缠着对方进行谈判，肯定会事与愿违。如果对方在和你进行谈判的过程中，把自己的眼镜摘下，并随便地往桌上一扔，则说明他反对你提出的建议或是条件，此种情况下，你最明智的做法是收回自己的提议或是建议，当然，也可以主动提出结束这次谈判。

3. 请摘下眼镜和对方谈话

如果你是个戴眼镜的人，眼镜足可以成为你和别人成功交流的道具，即说话时摘下眼镜，倾听时再戴上眼镜。

这样做看似很麻烦，其实不然。这样做能够帮助你让对方感到放松，更好地控制交流。因为，在你的引导下，听话者很快就会明白当你把眼镜摘下的时候，就是你说话的时候，当你再戴上眼镜的时候，就是轮到他说话的时候了。

这样，你们的交流能不顺畅吗？

4. 戴隐形眼镜所产生的效果

对于近视眼来说，隐形眼镜的发明真可谓是一大福音，因为隐形眼镜不仅能使人的鼻梁变轻松，还能让人的瞳孔看起来更大、更湿润，因为它能反射光线，还会使人看上去更加温和、性感。这在社交场合中是很有益的。

可是，任何事情有利就有弊，在商业场合中，隐形眼镜带来的效果就不大乐观了，尤其是对女性而言。当女性在竭尽全力地劝说客户接受自己的意见时，客户却被自己的眼睛所吸引，全没听见自己说了什么！

5. 把墨镜戴在头上所产生的效果

炎炎夏日，不管从美学角度，还是健康角度，墨镜都变得炙手可热。并且爱美的人士还有了新的发明——把墨镜戴在头上用作装饰。

这是一个不错的发明，因为，墨镜总会让人看不清墨镜下的眼睛，进而让人对戴墨镜的人产生多疑、秘密和不安的印象，尤其在开会时，某个人如果留给别人如此的印象，则一定不是什么好事情。而在开会时，如果把墨镜戴在头上，会使人看起来好像在头上添了两只有神的大眼睛一般，其效果就像是婴儿的大眼睛或者是拥有大眼睛的玩具一样，会给人留下轻松、年轻和帅气的印象，让人产生好感。

6. 眼镜和化妆的力量

对很多女性来说，眼镜和化妆是她们增强自己魅力、吸引别人注意的重要手段，尤其对于那些职场女性来说更是如此。心理学家下面的这个实验也证实了这一点。

实验中，心理学家让4个外貌相似的女性服务员穿着相同的服装在某个大商场销售电子商品。这4个服务员每个人都有自己的销售柜台，其中第一个女服务员戴有眼镜，化了妆；第二个女服务员没有戴眼镜，也没有化妆；第三个女服务员没有戴眼镜，但化了妆；第四个女服务员戴有眼镜，但没有化妆。当这4个女服务员各自到达岗位后不久，便有顾客来到她们柜台前询问或购买她们销售的电子商品。而此时，心理专家便在一旁开始了统计，他发现这些顾客平均会在柜台前逗留2~5分钟的时间。随后，心理学家又随机问了那些刚离开4位女服务员柜台的顾客，让他们说说那4个服务员的性格和外貌特征，并让他们从一张单子中选出最适合用来形容这些服务员的词。

这些顾客给出的答案几乎和心理学家预料的结果一模一样。在被询问的顾客中，90%的人认为那个既戴有眼镜又化了妆的女服务员性格最为外向，也显得十分自信、大方。不过也有少数女性顾客觉得这位既戴眼镜又化妆的女服务员比较冷淡、自傲，可能是因为她们觉得那位女性服务员是她们潜在的竞争对手。不过，男性则从来不会这样认为。与之相反，在被询问的顾客中，85%的人都认为那个既没有戴眼镜也没有化妆的女服务员无论是在个人形象展现方面还是在个性展示方面，都是最差的。而此时有没有戴眼镜则对于顾客的评价则无足轻重了。那个化了妆但没有戴眼镜的女服务员，无论是在外表上，还是在个性、个人能力的展示上都获得了顾客们这样的评论：性格外向活泼，口齿伶俐，漂亮大方。很多顾客仅认为她在与人交往的技巧方面，比如说如何倾听别人说话和如何让顾客相信自己的话等方面存在一定的欠缺。

有趣的是，大多数女性顾客一眼就能准确判断女服务员是否化过妆，但是很多男性顾客却记不住该服务员是否戴有眼镜。更为有趣的是，几乎所有的顾客都认为那4个女服务员中化了妆的两位所穿的裙子要比没有化妆那两位所穿的裙子要短（实际是一样长的），这就意味着化妆会使一个女性在别人眼中，尤其是男性眼中显得更为性感。由此可见，化妆能使女性看上去更加美丽、性感、自信和聪慧。而在职场，如果一个女性在化妆的同时再戴上一副眼镜，往往会给对方极为深刻的印象。

第八章
兴趣爱好会让人读懂你的心

·第一节·
休闲娱乐：表现人心的显示场

生活中每一个人都有自己的休闲娱乐方式。有的喜欢跳舞，以此来放松自己，缓解白天的工作压力；有的喜爱艺术，以此来陶冶自己的情操；有的喜欢慢慢地、很潇洒地、轻松自如地漫步遛弯。在今天的城市里，几乎每个人都有自己的休闲方式，每个人都懂得让自己高兴地度过美好的闲暇时间，并为此不遗余力。不过，从人们五花八门的休闲娱乐方式中，我们也可以看出他们不同的性格特征。

从音乐的爱好得出人的性格规律

音乐是全人类共通的语言之一，在我们的生活中是离不开音乐的，离开了音乐的生活会显得特别的枯燥和无味。

或许每一个人都曾有过被某一首音乐作品感动的经历。音乐是一种纯感觉性的东西，听音乐的时候喜欢听哪一类型，就表明他在这一方面的感觉比较好，而这种感觉很多时候又是与一个人的性格紧密相连的。

1. 喜欢听古典音乐的人

喜欢听古典音乐的人，一般是理性成分占多数的人，他们在很多时候要比一般人懂得如何进行自我反省、自我积累，将那些可有可无的，甚至是一些糟粕的东西抛弃。这样的人大多很孤独，很少有人能够真正地走入到他们的内心深处去了解和认识他们，所以音乐在一定程度上成了他们的心灵伙伴。

2. 喜欢摇滚乐的人

喜欢摇滚乐的人，大多有些愤世嫉俗，他们需要以摇滚的形式来宣泄自己心中的诸多情绪。他们会常常感到迷茫和不安，需要有一个人领导着逐渐地找回已经丧失或是正丧失的自我。他们很喜欢与一些自己志同道合的人交往，他们害怕孤单和寂寞。

3. 喜欢乡村音乐的人

喜欢乡村音乐的人，多是十分敏感的人。他们对一些问题常会表现出过分的关心，为人多较圆滑、世故、老练、沉稳，轻易不会动怒。他们的性格一般比较温和、亲切，欲望并不强，比较喜欢稳定和富足的生活。

4. 喜欢爵士乐的人

喜欢爵士乐的人，其性格中感性化的成分往往要多于理性，他们做事很多时候都只是从自己的感觉出发，而忽略了客观的实际。他们喜欢自由自在的、无拘无束的生活，希望能够摆脱控制自己的一切。他们对生活往往是追求丰富多彩，而讨厌一成不变的任何东西。他们的生活多是由很多不同的方面组成的，而这些方面又总是彼此互相矛盾，从而给他们在表面上笼上了一层神秘的面纱，使他们在人前永远具有十足的魅力。

5. 喜欢歌剧的人

喜欢歌剧的人，性格中有很多比较保守、传统的成分，他们多是比较情绪化的人，但在大多数时候都懂得控制自己的情绪，不会随便地发作。他们做事比较认真和负责，对自己很苛刻，总是要求表现出最好的一面，而努力做到尽善尽美。

6. 喜欢背景音乐的人

喜欢背景音乐的人，想象力是特别丰富的，而他们的生活态度却有点脱离现实而耽于幻想，这就使他们有许多必然的失望。不过还好，他们比较善于自我调节，能够重新面对生活，只不过幻想并没有减少。他们的感觉相当敏锐，往往能够在不经意间捕捉到许多东西。他们喜欢与人交往，哪怕是不熟悉的人。

7. 喜欢流行音乐的人

简单是流行音乐的主旨，这并不是说喜欢流行音乐的人都很简单，但至少他们在追求一种相对简单和自由自在的生活方式，而让自己轻松快乐一点。

8. 喜欢颓废音乐的人

喜欢颓废音乐的人，多有自卑感，他们的性格较为矛盾。他们讨厌一个人的孤独和寂寞，渴望与人交往，但他们又很难与人建立起相对较好的交往关系。在这种情况下，他们会产生一种很叛逆的心理，颓废音乐正使这种心理得到了满足。

对爱好舞蹈的人的性格分析

跳舞是人类通过肢体语言进行沟通的方式，它超越了所有的文化，是社会化过程中相当重要的一环。舞蹈就像语言一样，不断演进，同时体现出社会的价值和历史变迁。一个人跳舞的方式和喜爱的舞蹈，比说话更能透露出一个人的个性，人可以用嘴撒谎，但是用跳舞来撒谎却是难上加难。

1. 喜欢芭蕾舞的人

喜爱芭蕾舞的人一般多有很强的耐心，能够以最大限度的忍耐心把一件事情完成。他们也很遵守纪律，具有一定的组织性。他们有一定的理想和追求，常会为自己设定下一些目标并努力地去完成它们。除此以外，他们的创造性也是很突出的，常会有一些与传统背道而驰的惊人之作。

2. 喜欢跳踢踏舞的人

喜欢跳踢踏舞的人多数精力充沛，表现欲望强烈，希望能够引起别人的注意。在遭遇失败和磨难的时候，他们能够坚持下来，从而渡过难关。他们不会轻易浪费时间，能够随机应变地处理事情，沉着冷静，懂得如何进退，以保全自己。

3. 喜欢探戈的人

喜欢探戈的人大多是不甘于平庸的，他们总是追求生活的绚丽多彩，最好还要带有一些神秘性。他们很重视一个人的内涵和修养，在他们看来，这可能是比其他任何东西都重要的。

4. 喜欢华尔兹的人

喜欢这种舞蹈的人多是十分沉着稳重，为人比较亲切、随和，有一定的社会经验和阅历的人。在为人处世、待人接物等方面，他们总会表现得十分得体、恰到好处，在无形之中流露出一种成熟而又高贵的气质和魅力。

5. 喜欢拉丁舞的人

拉丁舞包括了森巴、恰恰、马林巴、亲波萨舞等。喜爱这些舞蹈的人，大多是精力充沛而又魅力十足的，他们有很强的自我表现愿望，希望能够引更多人的目光，而实际上，他们也很容易引起别人的关注。

6. 喜欢跳交际舞的人

喜欢跳交际舞的人大多很乐意与人交往，对人与人之间那种相对频繁和友好的互动关系更是情有独钟。他们在为人处世方面多是比较小心和谨慎的，而且具有较强的组织和创造能力。

7. 喜欢跳摇滚舞的人

喜欢跳摇滚舞的多是一些年轻人，毕竟这是一种需要耗费大量体力的舞蹈，人上了年纪，即使是喜欢，也不大可能跳了。无论是喜欢跳的还是只能喜欢而无法跳的，他们大多是充满了叛逆思想的人。摇滚往往更容易使人宣泄自己心中的不满情绪，因此他们的思想大多是比较时尚、前卫的，但这些时尚、前卫的思想往往又很难被人理解。

8. 喜欢爵士舞的人

爵士舞基本上来说是一种即兴的舞蹈，喜欢这种舞蹈的人，多具有灵活的随机应变能力。他们在为人处世方面多不拘小节，而且具有一定的幽默感，这种幽默感并不是故意表现出来的，而是一种机智和智慧的自然流露。他们很喜欢和很多人在一起，但如果只是一个人也能够寻找和创造乐趣。

从旅游偏好窥探人的性格

心理学家认为，了解一个人喜爱的旅游方式，可以推测出一个人的潜在性格。不妨拿自己进行比较，便可以探究其真实性。

1. 喜欢欣赏风景

喜欢欣赏风景的人不想被局限于斗室之内，呆板的工作往往令他们感到烦躁，他们是精力充沛的人，而且很有幻想，任何生活中的新责任或新体验，都会让他们大为兴奋。

2. 喜欢漫步海滩

喜欢漫步海滩的人个性略带保守与传统，爱好孤独，有一种离群索居的欲望。不过，由于这种人对朋友和人际关系都很冷漠，所以他们会

是好父母，因为他们会把所有心思都放在孩子身上。

3. 喜欢参加旅游团

喜欢参加旅游团的人是很理性的人，做什么事情都喜欢计划得井井有条，不期待任何惊奇的意外之旅。此外，他们个性豪爽，喜欢与别人分享一切，而且当别人懂得欣赏他们的时候，他们会格外高兴。

4. 喜欢到各地去探访朋友

忠诚是喜欢到各地去探访朋友的人的最大优点，也是他们做任何事情的最大动力。在探访朋友或亲戚时，会让他们有踏实感。他们还是实事求是的人。

5. 喜欢出国旅行

喜欢出国旅行的人，生活中的变化会让他们觉得很刺激。他们充满幽默的个性，不容易被生活的重担压倒，过着自由自在、毫无拘束的生活。

6. 喜欢露营

喜欢露营的人是传统思想的拥护者，拥有崇高的道德标准，个性独立，富于创造性。这种人的人生观是讲究实际、讲究客观的。

7. 热衷于登山

当你问一个将要去度假的人，希望从事何种消遣时，如果他以登山回答的话，那么你就可以判断他是个内向型的人。内向型的登山爱好者，以攀登和征服人烟稀少、人力难及的险峻高峰为目标。对于大自然的险峻、壮观以及美丽，他们又爱又恐惧，虽然敢于对它挑战，但是，始终不把它当成享乐的休闲对象，他们一向以真挚的态度对待那些他们想要征服的高山大川。如果外向型的人说"我也喜欢大山"，这时你不妨认为——充其量，他只喜欢去那种能够吃野餐的小山丘罢了。

从读书看人的性格特征

在心理学家眼里，读书不仅能增加一个人的知识和内涵，还能在某种程度上反映出一个人的性格和心理。从一个人喜爱看的书，可以分析出其性格和心理。

1. 喜欢读言情小说的人

喜欢读言情小说的人是重感情的人。这种类型的人非常敏感，生性乐观，直觉敏锐，一般很快就能从失望中恢复过来，东山再起。

2. 喜欢看传记的人

这类人有好奇心重、谨慎、野心勃勃的性格。他们在做出决定之前，一定会研究各种选择的利弊得失及可行性，绝对不会贸然行事。

3. 喜欢看通俗读物的人

喜欢看诸如街头小报、周刊、八卦杂志等的人，一般都富有同情心，乐观开朗，经常利用巧妙的言辞带给别人欢乐。这种人总有源源不断的趣味性话题，经常成为办公室里或社交场合中颇受欢迎的人物。

4. 喜欢浏览报纸及新闻杂志的人

这类人大多属于意志坚强的现实主义者，并且易于接受各种新生的事物。

5. 喜欢读漫画书的人

这类人一般都喜欢玩乐，性格无拘无束。

6. 喜欢读侦探小说的人

这种人勇于接受现实中的挑战，善于解决各种各样的问题，别人不敢挑战的难题，他们也愿意去应付。

7. 喜欢看恐怖小说的人

这种人多半因为生活太沉闷，使得他们想要寻找刺激及冒险。

8. 喜欢读科幻小说的人

这种人大多是富有丰富的幻想力和创造性的人，多着迷于科学技术，喜欢为未来拟订计划。

9. 喜欢翻阅财经杂志的人

这类人多喜欢竞争，争强好胜，最喜欢把他人比下去。

10. 喜欢读妇女杂志的女性

喜欢读妇女杂志的女性，她们大都上进心强，希望自己成为女强人，希望事事都表现得超人一步。

11. 喜欢读时尚杂志的人

这类人非常在意自己的外貌，十分顾及面子，在日常生活中会尽力改变自己在别人心目中的形象。

12. 喜欢读历史书籍的人

此类人富有创造力，不喜欢胡扯、闲谈，宁愿花时间做些有建设性的工作，而不愿去参加无意义的社交活动。

从益智游戏来观察对方

"益智游戏"就是以新方法运用旧知识来解决问题。经常接触与之相关的游戏，会使一个人逐渐地变得更聪明和灵活。不同的人会喜欢不同类型的益智游戏，喜欢是因为他在这一方面感兴趣，这就是人性格的一种体现。通过喜欢的益智游戏往往也能对一个人进行观察、了解和分析。

1. 喜欢魔术方块的人

喜欢魔术方块的人大多自主意识比较强，他们不希望他人把一切都准备好，而自己不需要花费什么力气或心思；也不喜欢把他人的思想和意见据为己有，而是热衷于自己去钻研和探索，哪怕这需要漫长的过程和昂贵的代价，也不会改变初衷。他们具有很好的耐力，对某一件事情，别人在感觉不耐烦的时候，他们也还能坚持如一。他们心思灵巧，触觉相当灵敏，喜欢自己动手制作一些小玩意。

2. 喜欢拼图游戏的人

喜欢拼图游戏的人的生活常常也像拼图一样，好不容易把一幅完整的图形拼好，紧接着又会变成一块块的碎片，他们的生活常常会被一些意料不到的事情所困扰和左右，有时甚至使长时间的努力和付出都付诸东流。不过值得庆幸的是，这一类型的人具有一定的忍耐力和信心，在挫折面前不会被击垮，而能够保持奋斗的精神。他们坚信一切都可以重新开始。

3. 喜欢纵横字谜的人

喜欢纵横字谜的人多是做事非常注重效率的人。他们希望在最短的时间内花费最少的精力最大限度地完成某件事情，可这在某些时候是不现实的。他们很有礼貌和教养，在与人相处时彬彬有礼，表现出十足的绅士风度。他们多有坚强的意志和责任心，敢于面对生活中许多始料不及的困难和灾难。

4. 喜欢玩几何图形游戏的人

喜欢玩几何图形游戏的人多是比较聪明和智慧的，他们对某一事物，常常会有自己独到的见解，而不是随大流。他们有很强的自信心，生活态度积极向上，在思想上比较成熟，为人深沉而内敛，常常是一副成竹在胸的模样。在做一件事情之前，他们多是要经过深思熟虑，前前后后把该想的都想到，在心里有了大致的把握以后，才会行动，这样即使出现什么变故，也能很快地找到应对的策略。

5. 喜欢数字类益智游戏的人

喜欢数字类益智游戏的人大多逻辑思维能力比较强，他们的生活多是极有规律的，有时候甚至达到了呆板的程度。他们在为人处世等各方面并不会随机应变，而是过分的有棱有角，结果，既伤到了别人，也给自己带来了伤害。

6. 喜欢智力测验的人

喜欢智力测验的人对生活的态度虽然是非常积极和乐观的，但有时候并不了解生活的本质是什么。他们的生活没有什么规律，而且对于各种事情的轻重缓急并没有一个清楚的认识，常常会将时间、精力甚至财力浪费在没有任何意义的事情上，结果反倒将正事耽误了。可是他们并不为此而懊恼或后悔，相反却还找各种理由安慰和劝导自己。

7. 喜欢神秘类益智游戏的人

喜欢神秘类益智游戏的人性格中最突出的特征就是疑心比较重。在他们看来，这个世界上好像没有一样东西是可信的，他们对任何事物都表示怀疑，而这怀疑常常又是没有任何依据的。他们对某些细节及一些微小的差别总是表现得极其敏感，而这往往又会成为他们为自己的怀疑所找到的依据。他们会不断地对别人进行指控，但紧接着又会为没有充分的证据进行说明而感到苦恼。

8. 喜欢在一张照片中寻找错误的游戏的人

喜欢在一张照片中寻找错误的游戏的人，活得多不轻松，常常会被一些没有任何理由的烦恼困扰着。尽管目前的形势是一片大好，可他们却往往要朝着坏的方面想。他们的胸怀不够宽阔，很少注意到别人的优点，却总是盯着缺点不放。

·第二节·
运动方式：不同的思维定式

提到"运动"，你会联想到什么？健身、减肥、娱乐、休闲，还是其他更具创意的答案呢？不管其目的如何，通过长期的细致入微的观察，我们就会发现，当人们选择了某种运动时，便透露出其在身心两方面的需求，从中展现了他某方面的个性。

所以，当我们认识一个新朋友并想了解他的个性特征时，别忘了问他："你喜欢做什么运动？"然后再慢慢观察他的个性，也许你会得到意想不到的收获。

酷爱不同球类运动的人

人是一种动物，其关键就在于"动"，所谓的"动"，其中就包括身体运动。其实运动对于人而言是一种必不可少的生活方式，而生活当中绝大多数人也都在运动。不同的人会热衷于不同的运动方式，这也是人性格方面的流露。

1. 喜欢足球的人

足球运动本身就是一项很刺激的运动，能让人兴奋。喜欢足球的人应该是相当富有激情的，对生活持有非常积极的态度，有战斗的欲望，干劲十足。

3. 喜欢篮球的人

喜爱篮球的人多有较远大的理想和目标，他们经常对自己抱有很高的期望，希望自己能够比他人出色，站到别人前边去。为了达到这样的目标，他们可以作出很大的牺牲和努力。这其中可能避免不了要遭遇失败，但他们失败以后多不会被击倒，不会一蹶不振、灰心丧气，与之相反，他们的心理素质比较好，能够重新站起来，再接再厉。

2. 喜欢排球的人

喜爱排球的人多是不拘小节的，他们在做一件事情的时候，对过程的重视程度往往要超出结果许多倍。

4. 喜欢打网球的人

喜爱打网球的人大多是具有比较高文化素养的人，因为网球运动本身就具有贵族的气息和很高的格调。喜爱网球运动的人从整体上来说，大多是属于文质彬彬、有涵养的那一种人，他们会在各个方面严格要求自己，使自己达到一个相对比较高的层次，并力求至善至美。

5. 喜爱高尔夫球的人

高尔夫球是一种象征着地位、财富和身份的贵族消遣，喜爱并不一定都能玩得起，凡是能够玩得起的人，大都是有比较强大的经济实力做支撑的，而其本人也可以称得上是个成功者。他们能够成功是具备了成功者必备的素质：宽阔的胸怀、远大的理想、不达目的不罢休的精神和坚强的毅力。

喜欢冬泳的人

喜欢冬泳的人，意志力都比较坚强。这种人喜欢保持冷静，做任何事情时，从不贸然行事，认为遇上再严重的险境，能保持清醒的头脑是最为重要的，不希望被强烈的情绪左右自己的判断力。

在公共场合，他们很少批评和指责别人，因为他们觉得这样做容易树敌，当然他们私底下对每个人、每件事都有独到的见解，他们从来都十分相信自己的分析能力。

冬泳者在事业方面总是追求很高的专业知识和地位，希望得到别人的赏识和尊重。由于冬泳者冷静的个性，或许在某些方面难以得到异性的青睐，因为在对方看来，这种人显得不够热情，不那么容易亲近，这是这种人的短处。如果他们能在大众场合多表达一点自己的感受，抒发一下自己的感情，那么别人也许就不会觉得他们那么冷漠了。

喜欢步行运动的人

把走路当成一种运动方式的人，为人处世就和走路一样，既不稀奇也不时髦，但是一直坚持下来，从中受到的益处却是无穷无尽的。他们没有很强的表现欲望，对能够很好地表现自己的事情并没有多大的兴趣。他们只是保持着相对的沉着、稳重，做自己该做、能做的事情。他们很有耐心，并且也有信心做好每一件事情。

喜欢器械运动者

购买运动器材，在家里做运动的人，可能是个冲动的人，因一时冲动，想买运动器材，结果就买了。可是通常都锻炼不了一段时间，因为家里事情比较多，比较烦琐，而且他们也没有那么坚强的毅力。

·第三节·
兴趣偏好：判别他人的性格及品位

兴趣偏好是一个人的性格镜子，每一个人的爱好及兴趣与他的性格都有着密切的关联，而同一类型性格的人，在兴趣偏好方面也有着大致相同的范围，因而有时候只要知道一个人的兴趣，就可以大致判断他的性格及品位。

心理学医生麦吉尔博士在对病人治疗的过程中，就通过病人的个人爱好，帮助他们分析和认清自己的特征，使他们主动摆脱心理疾病。这为我们通过兴趣爱好了解性格提供了科学的理论依据。

从喜欢的宠物看人的心理

小的时候，我们爱护自己的宠物；长大后，由于工作繁忙，我们只能看小朋友为了争夺宠物而又哭又闹，而缺少时间养一只自己喜欢的宠物；到了退休的年龄，又像孩提时那样照顾自己的宠物。养宠物是一种休闲方式，喜好不同，宠物自然相差悬殊，但是从心理学角度来看，不难发现其中的一个共性，那就是通过人们喜爱的宠物通常可以了解他们的真实性格。

1. 喜欢养猫的人

这种人崇尚独立自主，讨厌随声附和，喜欢直来直去，从来不委曲求全、言不由衷。他们喜欢宁静和恬淡的生活，抑制感情流露，很少有人能进入他们的内心世界。他们也严于律己，不喜欢随随便便，让人感觉不到热情和活力，有时难免矫揉造作。

2. 喜欢养狗的人

这种人随和温顺，显得格外亲切，但喜欢随波逐流，总是顺着别人的想法去做事。他们外向，不喜欢寂寞孤独，整天嘻嘻哈哈，与左邻右舍关系融洽。他们交际能力出众，爽快开朗，人情味浓，胸无城府，真实想法通常会从脸上或行为举止当中表现出来。

3. 喜欢养鸟的人

这类人性格细腻，同时会精心地装饰属于自己的空间。他们不喜欢烦琐的人际关系，养鸟使他们自娱自乐，帮助他们打发多余的时间和寂寞，鸟成为生活中不可或缺的伙伴。

4. 喜欢养鱼的人

这种人有生活情趣，是充满自信的乐天派，对事业和生活没有过高的奢求，只想平平安安度过每一天。有人说他们胸无大志，但其一生快乐却也令人羡慕。

从对水果的喜好看对方

通常，喜欢水果的人是憧憬母爱的善良性格的人。不过，从"选择最喜欢的水果"这一点，却可判断出这个人的性格或个性。

从对水果的喜好看一个人	
喜欢葡萄	这种人属于郁郁寡欢，喜欢躲在自己的象牙塔内的类型。他们具有美的意识或强烈的诗情和幻想力，很富个性，虽然第一印象给人冷漠的感觉，但是在交往之后会渐渐发现其内心是非常善良的
喜欢菠萝	这种人热情、专注执着、具有远大的梦想，喜好刺激或变化，凡事一头栽入其中埋头苦干，还最讨厌固定模式的生活
喜欢香蕉	这种人有时的任性举动会令别人伤透脑筋，不过他们很富有灵活简捷的行动力，具备和任何人都能成为好友的社交能力，性格开放 如果为女性则属于稍带阳刚气的类型
喜欢葡萄柚	他们对健康或美貌极为关心，是理想高的浪漫主义者，讨厌"平凡"，对任何事都极其关心，求知欲强烈
喜欢哈密瓜	这种类型的人外表典雅与内敛，然而胸怀大志或具有崇高理想，是属于积极向上的类型。他们讨厌对别人言听计从，会明显地体现出贯彻自我理想、信念的态度
喜欢苹果	这种人属于将事情处理得井井有条的认真型，谦恭有礼、凡事追求"恰到好处"
喜欢梨	这种人也是能控制自我欲求的认真型。他们处事慎重，以诚信坚定为生活目标，具有抑制自己、凸显别人的一面，但有时想法过于消极

续表

喜欢橘子	这种人是个性温和，与任何人都能步调一致、令人安心的人。他们特别重视家庭生活，喜欢与众人谈话，与志同道合的人共餐
喜欢樱桃	这种人属于优雅、美的意识敏感，对于流行时尚会发挥个人品位的类型。不过，他们理想虽高却内向而缺乏执行力，不擅长在他人面前提升自己的形象
喜欢柿子	他们略带保守，生活朴素，在金钱方面绝不浪费，因此也具有成为巨富的潜质。
喜欢木瓜	这种人属于极为个性的类型，充满着对某种新鲜的刺激或奇特行为的期待感，讨厌受束缚。他们极具幽默感，擅长与人相处。不过冷热变化极快，稍欠执着的耐力

从喜欢的汽车观察对方

从现代经济水平来看，每一个人、每一个家庭都拥有一部汽车，这几乎是不可能的。但无法拥有，并不代表着人们就对汽车没有了解。虽然没有汽车，但对汽车津津乐道，甚至达到痴迷程度的人也比比皆是。喜欢、痴迷于什么样的车子，往往是个人品位的浓缩，由此也可对一个人的性格有个大致的了解。

1. 喜欢进口车的人

喜欢进口车的人大多属于现实的利己主义者，他们缺乏集体的团队精神，凡事只要能给自己带来益处，就会全盘接受。他们虽然也有很强的交际能力，但其中多以物质利益为纽带。

2. 喜欢吉普车的人

喜欢吉普车的人多有很强的好胜欲望，希望别人远远地落在自己的后边，自己永远保持第一名的优势。而且他们有较强烈的自主意识，希望走一条完全属于自己的路。

3. 喜欢旅游车的人

喜欢旅游车的人多是比较节约、勤俭，能够精打细算过日子的人。他们总是能利用有限的时间、精力和金钱做出价值更大的事情来。他们在很多时候会赢得别人的尊敬和赞扬。

4. 喜欢豪华车的人

豪华车不仅仅只是富人的标志，穷人也有喜欢的权利。对豪华车情有独钟的人，他们多希望自己的表现是与众不同的，并且具有一定的影响力，能够吸引别人的目光。他们成功的感觉多来自别人的赞美和羡慕。

5. 喜欢轿车型的人

轿车型汽车有时候可能比豪华车更胜一筹。喜欢这一类型车的人大多自我感觉良好，他们总是乐于向别人炫耀自己，从而想证明一些什么。他们渴望自己能够得到别人更多的尊重和爱戴。

6. 喜欢敞篷车的人

喜欢敞篷车的人，大多是属于外向型的人，他们喜欢与外界进行各种接触，对新鲜事物接受能力很强，厌恶死气沉沉的生活。他们喜欢热闹，对色彩鲜艳、华丽的事物情有独钟。他们对人比较热情，富有同情心，能够给予别人关心和帮助。

7. 喜欢双门车的人

喜欢双门车的人，一般而言控制欲和占有欲是很强烈的，他们希望自己能够领导别人而不是被别人领导。一旦喜欢某一事物，他们就会尽一切努力去争取，有股不达目的誓不罢休的劲头。在为人处世方面，他们更在乎的是自己的感受，而很少顾及别人的心理。

8. 喜欢四门车的人

喜爱四门车的人，多有自己较独特的个性，他们讨厌被人所左右。因为自己有过深刻的受人限制的感受，所以他们从来不会去束缚别人。他们在绝大多数时候会尊重别人的意见和看法。因为这一类型的人不过多地控制和限制别人，所以会赢得更多人的依赖和尊重，为自己营造出良好的人际关系。

9. 喜欢节油型汽车的人

这一类型的人多是比较客观实际、非常现实的，是能够脚踏实地生活的人。他们虽然时常也有幻想，但从来不会让自己在其中驻足过长的时间。他们不怀念过去，也不寄希望于未来，只是着眼于现在，做到把握住现在所拥有的一切，然后在适当的时机再寻求突破和发展。他们大都很注意自己的外在形象，穿着非常体面，举止也相当优雅。

第九章
女人的心思不难猜

·第一节·
女人的相貌：读懂女人的前提

从女人的眼睛观察她

从表面上看，大眼睛女人很吸引人，然而，大眼睛女人通常没有小眼睛女人聪明。因为大眼睛女人老是被人观察，小眼睛女人总是观察别人。

男人的心理也很奇怪，一方面欣赏大眼睛女人，另一方面又警惕大眼睛女人。男人容易战胜大眼睛女人，却又常常输给小眼睛女人。

有人统计过，失恋者多数是大眼睛，小眼睛总是爱情的胜利者，这种情况男女都差不多，只不过，大眼睛男人比大眼睛女人输得更惨，就某种原因而言，大眼睛通常很空洞，不深邃，看问题大多很表面。

无论男女都会经常用眼睛去进行较量，这种较量是很精彩的。就那么一瞬间，相互对视的人就会彼此感知对方的分量。眼光浅薄的人容易被人看透，那是因为他们的眼神很混沌，光很散。

眼睛的光泽的确有明显的层次，许多有魅力的女人的眼睛不一定大，但显得很清亮、深远，能给人以神秘感和亲和力。男人非常喜欢探索这样的眼睛。它对男人的诱惑力比较大。

大眼睛女人一旦谈起恋爱就非常幸福，因为男人与大眼睛女人独处时都有满足感，会宠爱她，所以，大眼睛女人是恋爱动物。

还有，大眼睛女人在抛媚眼方面，比小眼睛女人更具有优势。小眼睛女人无论怎样努力，她的媚眼也很难被别人发现。而一个大眼睛女人的媚眼，会令男人产生突如其来的兴奋和感动。

有水平的男人不仅能看懂女人的眼睛，还能从女人眼睛里看到自己的灵魂和价值。

女人要想征服男人，最好的办法是在自己眼里构筑令男人迷恋的世界。女人被男人征服，是因为男人有征服女人的魅力。男人被女人征服，是因为女人有一双理解男人能力的眼睛。女人的眼睛其实是无边无际的情网，一旦网住男人，男人就会被征服。

在女人无数种的眼睛中，有一种秋水眼绝对迷人。这种秋水眼表面有一层亮闪闪的秋水，那秋水神奇得很，除了无比美丽，还有极强的魔力。它能净化男人的心灵，据说，再花心的男人，一见这种秋水眼，就会变得专一。

女人的眼睛是人类灵性的大门，每一个时代都会通过女人的眼睛来体现生活的光辉。不管你是什么人，也不管你是什么层次，都能从女人的眼睛里找出自己的影子，女人的眼睛其实是一面现实的镜子。

从女人的手探视对方

女人的手势也是因人而异，既有共性，又有个性。经常两手相握，或是相搓手掌或手背的人，大多有自卑感，或是小心眼。她们时而下意识地动作，比如不自觉地看看手表，或者是时而绞弄手绢，都可表现出此人的心绪不宁。

也有一些女人，喜欢大模大样地反剪双手抬向颈后，这手势有两种含义，一种是有意如此，另一种是无意识的自小养成的习惯。然而不管是有意或无意，都显示此人个性严谨，心里多虑。

有些人的双手，很自然地向下垂，或者轻轻握住，表示此人个性温和，对事情都很热心。

有的女性与人说话时，喜欢以手掩口，做这种姿势的人，比较注重小节。

一双手相互交叉握着，依横的方向不停地动，显示其心不专，心绪不定。

双手一会儿握、一会儿放，表示她做事仔细。如果看到一个有咬手指习惯的人，她可能是个梦想者。心理学家认为这种咬手指的无意识习惯，对任何年龄阶段的人来说，都是不雅观的动作。她经常都是心不在焉，活在梦想的世界里。

手势不但不自觉地体现性格特征，而且习惯用作有意识的表示或手语。我国聋哑人手语的运手姿势，武术界模仿各种动物及生活中的手势，其形式相当丰富多彩。而社会生活中的有意识手势表示，也是多种多样的。各国都有其不同的手势。比如在美国最常见的表示"好"或"同意"时，常用食指和大拇指联搭成圈，其他3个指头向上伸，是个"OK"的手势。

总之，手的触觉、感觉、手势，自觉或不自觉都与大脑中枢保持一致，其中有不少学问难以尽举。

耍弄拇指，两手各指互插拇指互相环绕弄动，乃是具有积极情绪的表现，此外更有一点有趣的情形：人在愉快的回忆中，常会慢慢旋转双手的拇指；在计划将来的事情时也会迅速地旋转拇指。

看到妇女一边跟人谈话或听人谈话时，却双手抚摩着臂膊，这正显示她非常喜欢自己，但却觉得旁人并不是像自己喜欢自己那样地喜欢她。

两前臂交叉，两手放在上臂的姿势，表示意志坚定，难以接受讨论。两肩耸起、两臂交叉的姿势表示否定、轻蔑和不信任的态度。

看到一个女人，常把手举起，将手掌对着身体胸前，用另一只手的手指抚摩手背时，可以判断此人比较吝啬；其手指紧靠一起，或曲如鸟爪，这是守财的手形，很是小气。

坐在凳子上，双手展开贴在凳子两旁或按在膝盖上，表示胸襟豁朗。

从女人的腰了解对方

对于腰部动作这种无声的语言，女人相对男性来说，要微妙很多。女人的腰，是除了女人的臀部和胸部以外的性感符号，它常常是以无声的线条来表示意义的。线条和色彩是人类在有声语言之外最具表现能力的性格语言。女人的腰就是一个线条符号，不同的线条符号体现不同的性格。

1. 弯腰

众所周知，见人即弯腰行礼是日本和韩国女人的见面语言，弯腰所形成的曲线是柔美的、温顺的、流畅的，从而形成一种光滑的外表，这种女人给别人一种柔美的感觉。

2. 叉腰

把两手叉在自己的腰上，这是女性一种双向的对外扩张，表示出内心的气愤和力量。这种"语言"，一般的女人不采用。但鲁迅笔下"豆腐西施"杨二嫂，却经常使用，让鲁迅看了都吓一大跳。

3. 仰腰

仰腰是"一座不设防的城市"，这叫作女人的"无防备的信号"。如果女人坐在沙发里，用仰腰的姿势对着异性，意思是对于眼前的这个男人绝对信任，绝对尊重，她觉得他不会给自己带来伤害。

4. 扭腰

扭腰使腰呈现S形，这是性感的象征。

从女人的腿了解她

人在惊慌害怕时,往往双腿不由自主地发抖,罪犯在接受审判时,他的腿常会首先坦白自己的犯罪心态。

腿部动作即腿部的无声语言,也是女人身体语言中最重要的一个部分。腿部是除了胸部、臀部、腰部以外的最重要的性的表现器官。所以,女人需要掌握好自己的腿部语言,不能粗心大意。

女人健美的大腿,不仅仅表示美,而且表现出女人的力量和信心。女人走路的时候,常常可以体现女性的大腿的力度,也可以表现女人的姿态。所以,走路时抬腿不要太高,也不能太低,不能过分放松肌肉,而要稍稍收紧腿部的肌肉,这样才能达到一种完美的境界。

女人的大腿,坐在椅子上时要谨慎小心,别自我裸露,女人身体的裸露部分一般在膝盖以下,而不能在膝盖以上,裸露过多,让人觉得你这个人太轻浮;别用力抖动,会引起他人诸多的误解;别太自我张扬,过于张扬,令人感到你太开放,不够沉稳;女人坐着的时候,别抬得太高,太高地抬腿,是一种没有修养的表现,尤其不能超过自己的肚脐,这是女人的腿部语言最重要的规定。

腿部语言是属于女人的专利,它的信息含量远远超过大腿本身。

从女人的微笑分析她的性格

判断女人微笑的要点,是要注意她嘴巴与眼睛的动作。

她的眼睛在笑,但是,她的嘴、面颊以及身体的其他部位并没有连带地"动"起来的话,那么,就不能把这种微笑看作是带有亲密的感觉。虽然这种微笑,表示着女性所特有的温柔姿态,然而,它却含有一种不许男人接近的冷漠的态度,她有着较强的戒备心。

有的女人在微笑时,会用手轻轻地半掩住嘴,或用精巧的扇子或手帕等掩嘴而笑。这种微笑,是在强调自己的女性魅力。带有这种微笑的女人,不是羞怯的情窦初开的少女,便是风情万种的女人。

有一种很容易和上述的优雅的微笑混淆的笑。她的手不是掩在嘴上,而是轻轻触摸在嘴角边的香腮上,皓齿半露,笑得很甜,也显得斯斯文文。如果你认为带有这样微笑的女人是可以亲热得无话不谈的话,那你就大错而特错了。这样甜甜的微笑,只是出于礼貌而已。

另一种看起来似乎很文雅的微笑,但她的眼珠往往会斜向一边,嘴角略有点歪斜。这种微笑,通常是带有一种讽刺性的微笑,并带有蔑视别人的意味。

和讽刺性的微笑相反的,便是爽朗的笑。她会露出两排整齐的牙齿,笑出声来。爽朗地笑的女人,对对方抱有一种亲近和信任的态度。

另有一种张开嘴的笑,配合着笑还有频频点头的动作,似乎非常支持对方的意见。其实,这是一种很自负的笑。有一定的学历和地位的女人,在她认为不如自己的男人面前,会"恩赐"出这样的笑来。

如果爽朗的笑再加剧,就会变成开怀大笑或捧腹大笑了。她可能笑得东倒西歪、前俯后仰,捧着肚子笑得喘不过气来。这是一种天真活泼的笑,常常发生在涉世未深的少女身上。

从女人的发型和拨弄头发的动作观察她

发型作为形体语言中最易辨别最具操作性的部分,全面而完整地体现了人的内心世界,包括行为方式、个人经历、生活状态、性格和情绪等。

发型是外显的个性化符号,一个缺乏个性的人是不会有真正得体的发型的。

一般而言,长发者偏爱回忆,习惯于静态的思维,行为被动,容易放弃自我,做事仔细,性别意识较强;短发者追寻新鲜感,注意力分散,情绪更易改变,处事主动,我行我素,较为粗略,性别意识淡化。长发者较依赖别人,留恋过去;短发者相对较独立,朝向未来。长发齐整表示温顺,长发剪出层次表示野性与不羁,长发自然下垂

第九章 女人的心思不难猜

1. 长发者	2. 短发者	3. 头发披散者	4. 盘发者

长发者狭隘、自恋，活在回忆里。	短发者热情、主动、情绪变化大，追求新鲜感。	头发披散者为人乐观、热情，喜欢无拘无束的生活。	盘发者主要是希望引起异性的注意。

则表示混沌未觉。短发女性化表示压抑的心态，但能够客观地审视自身在现实中的位置；短发男性化则表示心理的叛逆与躁动，以致无法平衡内心的冲突。

女士特别爱惜自己的秀发，颇为注意自己的发型，因此也经常会在公共场合整理头发。我们可以根据不同情境窥视她们拨弄头发的真正意图。

女士喜欢留长发，然而长发常常会带来不便，所以很多女士拨弄头发是出于对形象的考虑，担心发型毛乱会影响到自己的美丽形象，因此要通过整理拨弄头发来时刻保持整洁与美丽。如果女士换了一个新发型，尽管头发十分平整，但她还是不停地拨弄，则是两个极端的表现，一是太喜欢自己的新发型，希望他人集中注意力，二是对新发型不够满意，需要通过不停地拨弄来掩饰，仿佛头发可以恢复原样。

在交际生活中，如果在有异性的场合中，女性不时地朝着男士整理或撩拨头发，则可以看作是传达爱意或挑逗的信号，因为女士是在通过这种方式引起男性的注意，并让他们看见自己的美丽。有时，女性发呆时或走神时也喜欢无意识地拨弄头发，这是内心无聊的一种表现。

撩拨头发的另一种可能是源于心理的。女士在处于焦虑或慌乱的情境中，也会显得手足无措，尤其是不知道该将手部放在哪里，于是就喜欢拨弄一下头发，既是在缓解自身感受到的压力，也是在显示自己的平静与淡定，仿佛飘飘然的长发可以将自己心中的慌乱掩盖住一样。这与拉扯耳垂的动作较为接近，只是女性温文尔雅的淑女形象限制了女性缓解紧张压力的方式，拉扯耳垂相对更适合男性。女性只好使用一种看上去更加柔和优雅的动作缓解焦虑不安。

女性的举止动作相比于男性而言，要更加地轻慢柔和，即便是出于慌乱或紧张，也可以表现得十分柔和优美。因此，小动作对于女性来说，只要注意把握，可以成为塑造形象的一个方面。撩拨头发的女性通常都是十分注意形象的人。

·第二节·
女人的行为：折射她性格的镜子

女人的行为十分的微妙，在生活工作中，从女人的一个行为，就可以看出她性格的一面，因此，女人的行为成为折射她性格的镜子。

从戴戒指判断女人对爱情的态度

摊开双手，看看对方把戒指戴在哪一只手指头上，将会看到她内在的那一面。不过对方或许不止戴一枚戒指在手上，倘若如此，请将对方最喜欢戴的手指，依次排列，找出她种种层面的性格，如果对方是根本不戴戒指的人，也是另一种对于戒指的选择，在这里同样可以找到解释。

1. 右手

（1）戴在大拇指上：此为充满自信、骄傲、不服从别人的女人，自以为是，不需要听从或听信任何人，做错也不在乎。

（2）戴在中指上：此为理想主义者，凡事都有一番见解，从来不在乎品位情调，只要完成工作达到目标。她有强烈的使命感，有耐心完成所有工作，即使义工或为理想而没有收入的工作，她也一样尽快完成。

（3）戴在食指上：表示此人很擅长与人竞争，或夺取某些东西，这种性格特质使她在做生意或事业表现上，有超于一般人的能力，她不计较他人的批评或感受，只要达到目的或得到她想取得的东西，任何代价都在所不惜。

（4）戴在无名指上：此人好像有永远做不完的工作，说不完的话题，在不断的付出与取得中，忙得不亦乐乎。她常常有许多挫折感，因为她既是主角，要掌管很多工作，却又要做许多配角去搭配别人，常有不知所措的慌乱，不知道自己该做什么样的人才最理想。

（5）戴在小指上：此人充满了友情和博爱，喜欢带有神秘色彩的东西，喜欢星座。随和的她喜欢赞成别人，不喜欢反对别人，适合小家庭或小团体生活，不适合大家庭或大团体里的复杂人际关系，她是非常善良的人。

2. 左手

（1）戴在大拇指上：表示想要得到很多人的拥护和爱戴，就好像政客一般，不计较仇敌与朋友，只要能投她的票都是好人，她不会把感情付出给别人，但会让别人分享她的光荣和成就，并且是为人服务、解决困难的领袖人物。

（2）戴在中指上：对方是重视仪容的人，不仅衣着高雅，态度也谦和友善，很重朋友和情义，常为朋友辛苦付出也不在乎。她会争取应有的自由与权利，是朋友中的中心人物，受人爱慕与尊敬，而且自尊心强烈。

（3）戴在食指上：对方是勤奋工作者，对有兴趣的工作，从来不在乎花多少心血去完成它。她有喜新厌旧的性格，对过时服饰感到很厌恶，她喜欢淘汰没有用处的废物，因为她永远要表现得很有效率，她不需要浮华不实的时髦打扮，但必须是品质好、坚固耐用、持久性强，在含蓄中略带一些高雅的设计。

（4）戴在无名指上：对方是家居型的人物，希望拥有一个安稳的家庭与家人，大家同心合力在一起生活，每一个人都能有自己的基本责任和义务，她有贤能和安定的个性，既能照顾和保护弱小或衰老的人，又能友善地与年轻或同年纪族群合作，经济、事业与家庭都能在稳定中求进步。

（5）戴在小指上：对方是自私和自傲的人物，常常能有与众不同的表现，她的胆识与见闻广博，常赢得别人的景仰与信赖，渴望与众不同，因此常暗中孤芳自赏，为此经常寻找自己的天分。为了赢得别人的喝彩，她会不断地努力奋斗。

3. 完全不戴戒指

如果对方完全不喜欢戴戒指，表示她不喜欢受拘束，有自己的主张，做自己喜爱的工作，在行为和精神上能放轻松，不受任何人干扰。她不喜欢变化太多的生活，或追求太高太远的目标，最适合自由自在过一生。

从吸烟姿势看女人的性格

研究表明，吸烟的女性绝大多数性格外向，至少吸烟后的女性性格会外向化。外向型的女人吸烟多为追求一种刺激；而内向性格的吸烟者，则是靠抽烟解除心中的郁闷。心理学家们认为，吸烟的姿势可以表现性格。不同的姿势表示不同的性格，如自命不凡、平易近人、鲁莽、胆怯、固执己见等。

1. 喜欢将香烟叼在嘴角，烟头微微向上的类型

这类女性通常对某项工作很有经验。她们十分自信，无论前面有多少阻碍，都认为自己能够超越，愿意向困难挑战，未来发展一片光明，极有可能成为新领导。采取这种姿势的人，在富有个性化的工作上，能充分表现自己的实力。可是，她们却喜欢以自我为中心，容易忽略和得罪别人，所以在人际关系上不那么顺利，她们多数比较清高，喜欢独来独往和自由自在。

2. 夹烟时喜欢将小指扬起的类型

这类女性通常有些神经质，拘泥于小节且比较敏感。她们大多性格娇弱，对人爱憎分明，平时的举止女性化，娇姿迷人。

与其他几种吸烟女性相比,她们可能对周围的人会略有吝啬。这类人由于对本身的条件要求苛刻,因此她们缺乏自信。如果这种女孩还酷爱修指甲的话,表明在她们的心中有些欲望无法得到满足,因此自我表现欲望强烈,而且不太善于控制自己的情绪,有动辄勃然大怒或容易焦躁不安的一面。

3. 喜欢将手夹在离烟头位置更近的人

这类女性敏感细腻,注意细节,非常介意别人的看法和评价,因而会显得有点内向。但与小指伸向外侧的那类相比,她们更善于控制自己的情绪。如果自己不开心时,不会立刻表现在脸上和动作上,遇事比较能沉得住气,属于小心翼翼、对细微小事顾虑周全的慎重派。她们会压抑自己的感情,充分思考后再采取行动。另外,她们的艺术感较佳,对美的感受力也比较强。

4. 喜欢将手夹在离烟嘴位置近的人

这类女性大多自我意识较强,喜欢引人注目,我行我素。她们通常是活泼大方、不拘小节的乐天派。坦率直爽,行动迅速而敏捷。讨厌受周围人束缚,会明确地表示自己的喜、怒、哀、乐。她们热爱社交,又喜欢照顾人,因此在聚会上很受欢迎。她们爱打扮、爱赶时髦,喜欢浪漫和新鲜刺激,在花钱上大手大脚。

5. 习惯将手夹在烟中央位置的人

这类女性适应能力颇佳,待人和善。她们大多不太会拒绝别人的请求,有时心里虽不乐意,但却顾及面子,表面上仍会给对方好脸色。她们对人对事都相当小心,不管做什么事情都小心翼翼,不太提自己的意见。常会在别人行动后,经过确认才开始行动,是慎重派的类型。她们也很在乎别人对自己行动的看法,很在意周遭之人的视线。因此,她们不会随意将自己的欲望和欲求表现于外,大多内向。

6. 抽烟时喜欢有一些身体轻轻摇晃、抖腿等下意识动作的人

一面抽着烟,一面喜欢有一些下意识动作,总是不安静,喜欢动个不停的女性,一般爱好广泛,属于只要我喜欢就好,不注重外观的类型。她们通常不太在意他人的看法,想怎样就怎样。许多吸烟的年轻女性属于这种类型,但她们做事积极,待人热情。不过她们中很多人见异思迁,不喜欢也不习惯于单调、乏味的生活。

从约会的动作判断女孩的心理信息

情人的约会是浪漫的、甜蜜的。约会不一定非要烛光晚餐,花前月下,而只要两个人心心相印,情投意合,又岂在朝朝暮暮?

你和恋人在周末的夜晚坐在环境雅致、音乐舒缓、富有浪漫气息的咖啡厅里。此时,对面女友的动作将透露出她心底的某种信息。

第九章 女人的心思不难猜

如果在你们的交谈中，你的女友不停地更换脚的跷势，说明她此时正心浮气躁，心中有情绪需要宣泄。

如果她在用手摆弄头发，可能两种情况：一是她在轻抚头发，这是她心底渴望你用温柔的言语体恤她的表现；二是她用力地拨弄头发，这是她觉得受到压抑或对某事感到后悔的表现。

如果你的女友总是在拉扯自己的裙子，很在意裙子的长短和覆盖面，这是她自我防卫心理的显示。她能够想象自己衣冠不整的模样，所以严阵以待。

如果你的女友的眼睛带着湿润并含情脉脉地注视着你，那么她一定爱你很深。她很用心地听你讲话，眼神和你交会时也不岔开视线，一切都说明她正全心全意地爱着你。

□ 图解微表情心理学

如果女孩托着腮帮听你讲话，是一种渴望被认同、被了解的流露。其实她并不是在认真地听你讲话，而是在对你的迟钝和不解风情做无言的抗议。

如果她总是在用手抚摸自己的脸颊，那么这是她想要掩饰自己的感情或不愿泄露自己真实本意而在无意中表现出来的动作。你们相处一定不久，或许还没进行表白。

如果女友用一只手捂着嘴巴，静静地听你畅谈，那么这说明她正在控制自己按捺不住的喜悦之情，她太喜欢你了！所以正在尽力掩饰自己内心的激动，认定你就是她的白马王子。

如果她常用手摸鼻子或脸颊、耳朵，这是表示她有些紧张，力图掩饰自己，害怕脸颊泄露自己的秘密。她正处于恋爱初期，恋爱使她更加认识到自身的价值；另一方面，她也想让自己不要脸颊绯红或不自主地含情脉脉，以免让你看见以为她已经非你莫嫁。

从搭车看女孩爱你的程度

女人心，海底针。还有一种说法，"女人的心事你别猜，猜来猜去只会把她爱"，这话没错。你在猜测之中深深地爱上她，可你依然猜不透你在她心目中的地位，你们的亲密度到底有多深呢？她是如何看待你们的关系呢？其实，何必如此烦恼，只要让她搭乘你的新款摩托车，从她的动作中便可知晓答案。

1. 她把手扶在后面的把手上

这表明她对你还有些距离感，对你们的关系并不十分确定。她在感情处理方面比较冷静，一时不会陷入爱情的旋涡而不能自拔。

2. 她扶在你的腰际上

如此你就可以高兴了。因为她已经放下了心理防线，正在全心全意地爱你，而且爱得很理智。她认定了你是那个给她坚强臂膀的人，所以你要懂得珍惜对方！

3. 她把手放在膝盖上或者干脆不扶

她烦恼的是，有时她自己都不确定跟你是什么关系，就这样若隐若无地相处着。你要加把劲，努力一把，成功就在眼前。

4. 你们还没有确立恋爱关系，她就紧紧抱着你的后背

如果她真的这样，要么她为人轻浮，要么就是向你暗示：我爱你。是前者，需要你拔出你的慧剑；是后者，小子没事偷着乐吧！

从女友与陌生人说话推知她的专一度

与陌生人打交道确实不容易，但也最容易暴露出一个人的心态。

公交车内，你与她同坐在一排位置上，突然，她前方座位上有位陌生男性向她问候，这时她会有什么反应？从她的反应中你可以看看她对你是否专一。

如果面对这位异性陌生人，她假装没看见，则说明她只爱你一个人，只想要你来陪伴她，其他的男性，她一点都不在乎。她的心被你占满，哪里还有什么空隙来容纳别人呢？所以，你不需要顾虑太多，全心全意地对待她吧。

如果女友马上和对方寒暄起来，则表明她有意吸引其他异性。这类女性很会掌握男性的心理，同时也善于使男性接受她，并且喜欢跟不同类型的男人在一起。但这也不过是女孩的一种虚荣心罢了，不会太严重。所以作为男友的你必须表现得更加成熟，一旦她真心地爱上了你，她就会把你们的生活变得五彩缤纷。

如果她很注意对方，等待他说更多的话，这表明她虽然在表面的行动上表现得很消极，但其实对恋爱抱有许许多多的幻想。这类女性不能说不专情，但是她们更需要男友不断地带给其新鲜的感受，否则很容易转移目标。

·第三节·
其他细节：展现心灵的世界

一眼读懂女人心，不仅可以从相貌、行为上入手，还可以从心态等其他的方面进行分析。

一眼看出她是否有外遇

外遇是非常隐秘的事，尤其是女人会更加小心谨慎，你的妻子是否有外遇，从她口中是很难得出答案的。但是，凡事都有征兆，做丈夫的你要留心看你妻子是不是表现反常，以判定她是否有外遇。

1. 电话接通后对方不讲话就挂断

你家里的电话像是出了什么毛病，当你接通时，对方却没有讲话，你"喂"了几声后对方却把电话挂断了。这样的情况如果出现几次，这可能就是她有外遇的征兆。

2. 她突然与你争着接电话

过去，你家里电话铃声响起时，并不一定都是你的妻子去接听，突然从某一天起，她总是抢在你的前面去接听电话，并且交谈的声音比一般时候低，交谈几句就匆匆挂断了。

3. 她突然变得爱穿着打扮

撩人的内衣通常是外遇的必备品，每当你的妻子晚归时，身上总是穿着新买的内衣（胸罩、内裤、袜子），或者每当你的妻子出差、旅游、参加会议时，行李箱里总是带些性感的内衣，或用最好的化妆品，显得格外年轻漂亮，这些都很可能是外遇的征兆。

4. 往常的工作习惯、生活习惯突然改变

你的妻子工作时间最近突然无故延长，加班的次数变得频繁，对单位的一切活动，如舞会、联谊会、旅游等参加得比往常积极。

5. 人在曹营心在汉

在家里时，你的妻子总是坐卧不安、心神不宁，梦中呓语呼唤着一个异性的名字，以往对你的关心一下子跑得无影无踪。

6. 谈话变得反常

你的妻子与自己的谈话变得越来越少，电视看得越来越多；某个异性的名字突然常在她口中提及或者以往常提的名字突然不提了；你的妻子开始说些不像平时所说的观点或笑话。

7. 性生活习惯突然改变

你的妻子找借口拒绝与你做爱，做爱时不再亲昵地呼唤你。不过，有时候也有与之相反的情况：她突然变得"性"致勃勃，要求变换一些新的做爱技巧，甚至花招层出，而很多新花招都是你不知道的。

8. 行踪可疑

你的妻子突然变得提前上班或晚归，当你打电话找她时，总是很难联络上；夜间加班或上进修课的时间比平常延长很多，总是不能如期而归；有人发现你的妻子经常与异性出入宾馆或饭店。

9. 可疑的物品

你的妻子经常带回礼物、纪念品或鲜花；你帮她洗衣服时发现情人节卡或某酒店、舞厅的优惠卡；你与妻子很久没有过性生活了，但突然从她提包或衣服口袋里发现了避孕套或避孕药。

10. 同事、邻居、同学、朋友看你的眼神很特别

当你的妻子有外遇时，通常知道最晚的是你自己，你的同事、邻居、同学或朋友可能都比你先知道，当他们亲眼看到或风闻你的妻子有外遇时，想告诉你又担心你承受不了，所以，他们看你时的眼神总是表现得与往常不一样。

11. 她不再企图说服你改变坏习惯

如果你有赌博、酗酒等不良习惯，过去你的妻子一直念叨着企图劝你改掉这些习惯，可现在她却突然不再唠叨了。

以上的种种行为是女人情感走私的通常表现，但这并不是说，凡有上述表现者一定都有外遇。不过，可以肯定地说，在11种表现中如果其中有8种表现同时出现，经发现后仍无收敛，那么，她情感走私的可能性就很大了。

从表情与动作推断她是否爱上了你

女性表达对对方感兴趣的姿态是千变万化的。最普通的一种是理顺或抚摸头发，理理衣服，然后转身注视着镜中的自己；或瞥向一边望着自己的影子，优雅地移动臀部，慢慢地交叉或放开在男性面前的腿，注视着小腿的内侧、膝盖或大腿。

当你在追求一个女人时，如果你能更多地明白她的表情与动作背后的意思，就会在恰当的时机获取她的芳心。

如果她目不转睛,仿佛若有所思地直盯着你的脸时,就表明她把注意力都集中在你身上,全心全意而无法自拔了。

如果她假用借书、借影碟、过生日等借口接近你,眯着眼睛打量你,说明她内心深处正翻涌着爱的波涛,千万不要不解风情啊!

当她无意中与你四目交投的时候,无故嫣然微笑就证明她心中已滋长起爱情的小苗。当她亭亭玉立地站在你面前,下意识地不断摆动腿部,在地面画线条、打圈子,也是一种恋爱的表示。要是无论什么地方她都不辞劳苦地愿意跟你一块儿去,那无疑表明她已经偷偷地将整个芳心交给你。

当她偶然在街上碰见你的时候,表现得激动甚至无法控制,脸上透着微红,这表示她已经在暗中爱上你。

判断出她有意于你之后,要么皆大欢喜,情投意合,要么你继续装傻,慢慢冷淡。感情的事,还是要慎重一点。

她是否乐意将你介绍给自己家人、亲友和同事?如果爱你,就会非常希望你了解她的生活,另一方面,也常希望你融入她的生活之中。一般说来,姑娘们都顾忌别人误以为她们滥交。如果她心目中的人不是你,是绝不愿意你在她的社交圈子中亮相的。

她是否很想知道你家里的事?是否常常问及你喜欢的事物?与男人相比,女人更喜欢幻想,假如她心中喜欢你,而你们的交往要是融洽的话,她通常就已经向往着将来适应你,适应你的家庭生活了,为此,就会主动了解你家庭的事和嗜好等方面。

了解女人的内心

故意躲避眼光,装作毫不关心的女性,热切地期盼着恋爱,对异性特怀好感。
无羞耻心的女性,只容自己轻浮,不许对方轻浮,也有较重的嫉妒心理。
在男性面前容易害羞的女人,有好奇心,关心男人但不愿被察觉。
喜欢吹毛求疵的女人,有好恶分明的性格,对个人利益斤斤计较,患得患失。
无论何事都一本正经的女人,初交时感到十分亲切,不久感情骤变,判若两人。
刚愎自用的女性,把恋爱当儿戏,朝三暮四,并爱唠叨。
外表比年龄更年轻的女人,无法抗拒男人的追求,常常经不起多情男子的诱惑。
喜欢跳舞的女人,要易沉醉于气氛和情感之中。

从服装款式看职业女性

女人爱美是天性,不过同样一套衣服给一个女人看得上眼,换到另一个女人眼中可就不是那么一回事!说穿了就是每种女性总会有其特别钟爱的服装款式,也正因如此,爱穿特种款式衣裙的女性朋友也往往会透露出其性格特质,把下面这些信息拿来与你周围的同事、女性朋友比对一番,增强自己的判断能力吧!

1. 偏爱穿长裙

想到长裙难免就让人想象到童话故事里穿着拖曳长裙的美丽公主,她喜欢与王子在铺着大理石的大厅中永不停息地跳舞,如果是上班女性爱穿长裙,往往表示一方面她期望自己能保有专业、稳重的形象,但另一方面她又担心男性对她敬而远之,让她连谈一场浪漫恋爱都没办法,所以她的内心多带有挣扎,如果你爱上她,那就让她对你撒撒娇,耍耍赖皮,这样她工作与爱情在性格上就能找到理想的平衡点,你俩相处起来绝对会甜蜜到让人看不下去。

2. 偏爱长裤式套装

同样是套装，穿裙子与穿裤子大不一样，喜欢以整套式裤装出现的女性，所表现的刚毅程度绝对高于前者，她会把理性摆在第一位，私底下无论是谈情感或工作，都会把自己关在象牙塔中，如果你爱她的话就需要不断地让她感受到你永远会与她站在同一条线上。

3. 偏爱窄裙式套装

这样的女性希望别人能感觉到她行事果决，并且拥有一个智慧的大脑。但她们不太轻易表现对异性的爱，纵使有也是相当隐性，所以如果你就是狂爱这样性格的女性朋友，那你可能需要有爱情长跑的准备，因为她在职场的生涯规划可是属于长期抗战型，如何让她充分信任你，就是你所要努力的地方。

各种性格的女人

1. 心无城府的快乐女人

用自己的天真快乐感染着周围的每一个人，她们热情，把每一天都当成快乐的周末，无拘无束，好像所有的烦恼都降临不到她们身上似的。她们拒绝长途跋涉，厌恶深刻，喜欢雨后彩虹，即使见到的喜事都是别人的，依然可以像是自己的那样高兴。

2. 开朗自信的女人

热闹的场合总少不了她们的欢声笑语，豪华的交际圈也散发着她们的光彩，她们用出色的交际魅力使自己成为社交明星。她们为自己而活，也为自己而骄傲。

第九章 女人的心思不难猜

3. 温顺平和的知识女人

朴实自然的她从来不张扬,但是对个性的珍视程度往往超过其他的人,她们的内心世界充满了浪漫情调,而只有真正让她们敞开胸怀的男人才能了解到她们的个性魅力。她们有气质和教养,不喜欢将过多的精力用到与一般人纠缠当中,所以总是和他人保持着一定的距离。

4. 安详慈善的贤妻良母

她们温柔似水,善解人意,对生活中的每一细节都很关注。家庭是她们的娱乐场所,家务则是各种游戏,她们会安安静静地在这里找到自己的人生乐趣。她们沉着稳重,不被男人辉煌的事业所打动,其他的女人更无法让她们产生羡慕,目光短浅和庸俗在她们身上没有半点流露。

5. 热情奔放的多情女人

她们给人的感觉就是热烈和豪放。她们不喜欢拖拖拉拉,简洁明了和干净利落是她们的一贯作风,不管多大多重要的事情,只要被她们定义为庸俗,则很快就会被忽略掉。她们迷人性感,细腻的感情如同丝网一样让男人挣脱不开。

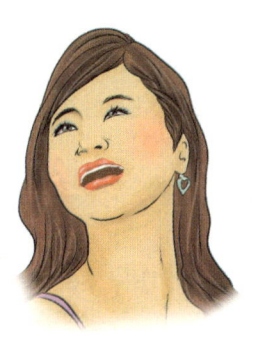

6. 物质精神双丰收的贵族

称她们为贵族一点也不言过其实,她们有丰厚的经济收入,奠定了上层建筑的基础,使她们鱼与熊掌兼得,精神世界如百花开放。她们追求和崇尚成熟,所以无论从事什么样的工作或应付什么样的人,都左右逢源,得心应手。

7. 女人中的女人

她们来自一个理想的空间,她们的目的就是作为女人要为美而活着。她们浑身上下都洋溢着高雅与古典,颦眉或娇媚的时候又浪漫无限。她们充满了不可抵抗的诱惑,但又不会让对方想入非非,庸俗离她们实在是太遥远了。

8. 雍容华贵的女人

高贵、华丽的她们总是能留住男人的目光。特别是在正式的交际场合,她们的出现往往会使气氛变得欢快,活跃的她们使自己成为焦点,她们更为成为明星而自喜不已。

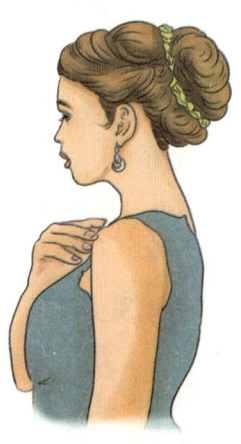

从心理揣摩女人

皱眉头、摸鼻尖……你知道女人的这些细微的动作流露了什么样的内心秘密吗?

1. 送礼物

男人送礼物是一种讨女人喜欢的手段。送得越多越勤,越能证明他们追求的心情急迫。与之相反,如果女生频频送礼物给男生,这就不是爱这么简单了。可能她缺乏该有的自信,对爱的长久和真诚比较担忧。送礼物讨好男孩,一方面因为自己自卑,一方面想通过送礼物巩固尚不稳定的爱情关系,好像是在为爱情"买保险"。

2. 拍肩膀

常拍肩膀这种行为在男人当中居多,可是如果你遇上了拍自己肩膀的女人,也不要不知所措,因为她没有其他的意思,只是传递了一种友情和关怀,或者她只是把你当成小孩或是弟弟。拍肩膀的美女通常干脆利落、性格开朗。

3. 双手放胸前

常常将自己的双手放在胸前的女人通常自我保护意识非常强,她们已经用双手在自己与别人面前筑起一道厚厚的围墙。当你的话刚刚触及她内心深处时,她就会条件反射般地加以抵制。

当然也有极少数具攻击性的女人会有如此的动作。多数场合,多数时候,防卫的解释是更为合理的。

如何和这种女人相处呢?首先在说话的时候,身体要尽量向对方凑近一点,站在她的旁边,或者是并排站着,或者边走边谈,使谈话的气氛变得融洽,才能慢慢解除她心理上的障碍。

4. 把宠物抱在怀里

抱宠物在怀其实是女人的一种巧妙暗示:我是不可能接受你的,我已经有了心爱的东西了。抱着自己的宠物,也是为对方设置一种障碍,首先将距离拉开,让你没有更进一步的机会。

5. 摸耳垂

有事没事捏耳垂的女人是最难判断她们的心思的。因为这其中包含这样的含义:她对你正在进行的话题感到厌烦,但又不好直说,或者她认为没必要表现出来,就会下意识地摸耳垂。

6. 摸鼻尖

爱摸鼻尖的女人,一般成熟大方,浑身上下女人味十足,且有些神秘色彩。但是,如果你遇上了这样的女友,就有些不幸了。因为在与你交谈的时候,她频频摸自己的鼻尖是个不好的信号,可能你说的话她多数都没有听进去,或者根本不相信。

第十章
一眼洞穿男人心

·第一节·
男人的外貌：透露心理的外观

从医理来分析，一个男人的聪明才智、身体健康状况，都能从外貌中体现出来。

认清男人的众生相

许多女人把找到一个一辈子值得依靠的男人当成自己这一生重要的事情，甚至将终身的幸福押到这个选择上。有时候女人会因为一时的冲动，或急于搭建爱巢，或者因为阅历不深而被迷住双眼，结果不但尝不到婚姻的甘果，还会抱憾终生。心理学家经过调查，发现具有下列性格的男人容易将女人推进"婚姻的坟墓"。

1. 有恋母情结的男人

有恋母情结的男人，长大成人后对母亲的依恋依然强烈，让母亲决定自己的婚姻以及以后的生活，更有甚者和母亲同住而远离新婚娇妻。他们通常是在家长的溺爱之下长大的。如果条件允许，他们则会进步得很快，但一旦出现意外，便会表现出缺乏判断能力的弱点，有的时候全线崩溃，和小孩没有什么区别。

2. 只爱自己的男人

只爱自己的男人是自恋的男人，全心全意注重自己身上的每一处，很少关爱他人。他们迷恋自己，通常是因为自己长得帅气、条件出众，还会故意表现出爱美的心态。如果选择这样的男人，一定要和他们的优越和美好匹配，否则就会被对方蔑视。必须清楚的一点是他们的仪态和表情如海市蜃楼一样虚无缥缈，他们只是表面的作秀者，实际上他们"嘴尖皮厚腹中空"。

3. 孤高才疏的男人

孤高才疏的男人通常自命不凡，他们好高骛远，而自己实际上并没有真才实学，也不肯脚踏实地地拼搏一番。他们常常自吹自擂、口若悬河，取得了一点儿成绩就分不清东南西北了，到处夸耀。他们一点儿也不稳重，注定一生碌碌无为。

4. 疑心和贪婪的男人

他们最大的缺点就是将女人视为私有财产，对妻子与其他男人的交往横加干涉，疑心极大，胡乱猜疑，根本就不顾及妻子的尊严和人格，粗鲁者还会拳脚相加。占有欲强烈的男人非常容易走极端，对妻子或情人进行监视和压迫。

从男人的体形看性格

人们在工作或社交场合中总是把自己的内心包裹得严严实实，要想了解一个人的性格，并不简单。但是人至少有一样东西是难以包裹的，这就是他的体形。人的体形在意识范畴之外，然而却能反映内心。因此，我们可以通过体形来大致判断男人的性格。

德国心理学家和精神病学家克瑞其米尔的《身体结构和性格》，最先将体形与性格联系起来，并进行了归类和系统研究。

下面介绍5种不同的体形及其相关性格分析。

1. 肥胖型

肥胖型体形的人（见图1）的特征就是在胸部、腹部、臀部上厚积了一些赘肉，一旦腹部等处有大量的脂肪，俗称的"中年肥胖"便出现了。这类人能很快适应周围环境的变化，大多属于好动的人，乐于偷懒和被人奉承，有时在工作中耍点小聪明。其中多数人容易被周围的人理解，是受欢迎的人。

图 1

他们的性格特征是热情活泼，喜好社交，行动积极，善良而单纯，经常保持幽默或充满活力，也有温文尔雅的一面。常常突然地改变为喧哗或文静态度，属躁郁质类型。他们中有许多人是成功的企业家，他们的理解力和同时处理许多事物的能力强，但考虑欠缺一贯性，常失言，过于草率，自我评价过高，喜欢干涉别人的言行，喜欢多管闲事。

2. 略瘦削的健壮型

略瘦削的健壮型的人（见图2）争强好胜，无论什么事都愿意接受挑战。他们有坚强的信念，充满自信心，坚持不懈，百折不回，判断及裁决迅速果断，坚信"天生我材必有用"，工作中是值得信赖的好伙伴，商业交往中也是好顾客。

图 2

但这种强烈个性有时会向极端的方向发展，表现为硬干到底、专制、不信任他人、态度不好。在工作中，如果有人无法默默地顺从他们的意志时，他们就会立即与该人断绝来往。

由于这类人欠缺思考，一旦在脑海中存在某种思想后，要想改变他们的想法便非常困难。

这类人缺乏亲和力，即使有人因其出众的才华或拥有的权力而刻意奉谀他们，也都会与他们保持一定的距离，他们在家庭中也是非常容易被孤立的。

与这种人接触和交往时，不可以与他们对立。因为这类人有一定的攻击性，在自己的正确性被认同之前，必会急切地主张自我的正当性，这类人被认为属于偏执质类型。

3. 苗条型

苗条是用来赞美女性身材好的词语，但也有一部分男人可以用"苗条"来形容，他们身材修长，具有很多女性的特质。苗条型的男人大多隐藏心事，给人无法接近和无从交往的感觉。

苗条型的人（见图3）最大的特色是冷静沉着。但其性格十分复杂，存在互相矛盾的地方，属于分裂质类型。对幻想中的事物兴趣大，不让他人了解自己内心世界或私生活，以冷漠面纱包装自己。

图3

他们专心于鸡毛蒜皮的无聊小事，倔强而不肯包容，骄傲而外表冷漠，当无法下决心时，凭冲动决定事物。天生对手工艺、文学、美术感兴趣，对流行服饰感觉敏锐。对他人的一些小事非常热心，表现出优雅的社交风度。

他们其实内心善良，具有细致的心，生活严谨慎重，又有点迟钝，意志薄弱。

4. 强健型

强健型的人（见图4）的特征类似黏液质类型人的特征，其第一特征是肌肉发达、体态匀称、筋骨强壮、肩幅宽阔，言行循规蹈矩、一丝不苟，诚恳忠实，不少人是举重、摔跤选手或公司领导。他们的抽屉井然有序，写字是用一笔一画的正楷写成的。

图4

这类人的第二个特征是常以秩序为重，遵循规律，每天生活充实，一旦着手某种工作，必坚持到最后。

这类人的第三个特征是速度迟缓，说话绕弯子，唠叨不停，写文章谨慎而周到，却过于烦琐，洋洋洒洒一大篇。

这类人是足以让人信赖但又稍嫌欠缺趣味性的坚硬性人物，易被妻子提出离婚要求。

这类人顽固执着，有拘泥于形式思考的习惯。

如果你想把握这种类型的人，不妨偶尔利用闲谈或请客来尝试与他们接触。

5. 瘦弱细线条型

瘦弱细线条型的人（见图5）强烈的敏感性使他对自己周围的变化十分敏锐，常常会过于留意周围人的动静。这类人中很少有脑筋差的人，其中知识分子为多数。这类人无论做什么都自我承担一切责任，当他们犯错时常会说："都是我不好……"

这类人心理不稳定，容易失衡，心情焦虑，自己却能经常发现自己的这种缺点，具有丰富和细腻的感情。

文静真诚而又顺从的神经质的性格，给别人的印象是没有自主性、迟钝、性情易变、不易相交。

从许多的事实看，某种体形的人也确实容易形成某种个性品质和特征，借此可以对人的心理进行粗略观察和初步判断。只要别过于教条，也还是有一定效果的。

图5

从男人的走姿了解他的性情

1. 步伐急促的男人

这类男人是典型的行动主义者，大多精力充沛、精明能干，敢于面对现实生活中的各种困难，适应能力特别强，尤其是凡事讲究效率，从不拖拖拉拉。

2. 脚步轻快

走路时脚步轻快，一副悠闲自得的样子，这一走姿的人大多身体健朗，充满活力。其处事公正，绝不会以私害公，行事以不愧于天地为原则。这类人心无城府，想什么就说什么，受人欢迎，人际关系颇佳。

3. 步伐平缓的男人

这类男人走路总是一副不急不慢的样子，别人无论说得如何急他都不在乎似的，这是典型的现实主义派。他们凡事讲究沉着稳重，"三思而后行"，绝不好高骛远。如果他们在事业上得到提拔和重视的话，也许并不是他们有什么"后台"，而是他们那种脚踏实地的精神给自己创造了条件。

4. 身体前倾的男人

有的男人走路时习惯于身体向前倾斜，甚至看上去像猫着腰，这类人大多性格温柔内向，见到漂亮的女人时多半会脸红，但他们为人谦虚，一般都具有良好的自我修养。他们从不花言巧语，非常珍惜自己的友谊和感情，只是平常不苟言笑。受到委屈也不愿向人倾诉，一个人生闷气。

5. 迈军事步伐的男人

走路如同上军操，步伐整齐，双手有规则地摆动。这种男人意志力较强，对自己的信念十分专注，他们选定的目标一般不会因外在的环境和事物的变化而受影响。他们若能充分发挥自己的长处，一定收效颇丰，因为他们对事业的执着是其他类型的人不可比拟的。但如果你的领导是这种人的话，日子可就不好过了，你会"吃不了兜着走"，因为他们一般都比较独裁。

6. 踱方步的男人

这种男人为了保持自己的尊严，他们很难在人前笑口常开，这是他们做人的准则。他们对自己的身体形态进行严格控制，虽然别人敬畏他们，可在一人独处时也感到十分压抑。

·第二节·
男人的行为：诠释心灵的语言

知己知彼，方能百战不殆。徜徉在爱海中，陶醉在玫瑰香与赞美声中的你，是否真正了解你心爱的男人？

从男人的行为能看清男人，你只要仔细观察他的行为，对照下文的类型，就能让你轻松读懂一个男人的心！

从情人节的礼物判断他真实的想法

情人节得到礼物是令人愉快的，女人能从得到的礼物中体会到送礼赠物之人的一片心意。礼物中包含着送礼者的用心，借此礼物，就可知道他对你的想法了。

1. 送首饰的男人

戒指、耳环等装饰品几乎就是送礼者的"替身"，含有一直想跟在你身旁的意思。

项链、手镯等是"锁链"的象征，表示对方想拥有你，时刻紧紧地抓住你。

2. 送高级手表的男人

送高级手表并且希望你能随身携带的男性，有两个目的，一是夸耀自己的经济实力，另一个是希望一直拥有你。

3. 送衣服的男人

送衣服的男性，可以说是很自我的人。也就是，他是凭着自己的兴趣来决定你的喜好的。尤其是，他买衣服时没有带你去，可以认定，他是个专断的人。

4. 送内衣的男人

如果他送你内衣，表示"我是你的奴隶"的意思。内衣有性的意味，也有奴隶的象征。

5. 送水果和糖果的男人

　　水果或糖果等含有一起吃或一起玩的意思，就更深层次意义而言，也可说是象征"游戏"。他所追求的也许只是把你作为爱情游戏的对象，当然，将来也可能发展至更深层次的关系。

6. 送小礼物的男人

　　如果他送小东西给你，表示他对你很冷淡，虽然他被你未知的部分所吸引，但是，对你实在很不了解。当然，不了解不能说明不爱，只是爱的基础太薄弱，你应该让他更了解你。

7. 送花的男人

　　男人送给女人的礼物中，最受欢迎的就是花。花象征着女性美丽和清纯。如果他送花，那么就是他从心底认为，你是个美丽、值得爱一辈子的女人。如果那花是由对方亲自采集来送给你的，那么送花含有愿意为你做任何牺牲、任你吩咐和安排的意思。

8. 送手帕的男人

　　若男友送你手帕则他是在对你说"忘了过去吧"。手帕或毛巾等含有"洁净"的意思。用在男女之间，则很有可能是想清算过去，但也可能是请你忘记过去的不快乐。他太了解你了，对你过去的不快他很了解，但这也表明此后他将全心全意地爱你。

9. 送 CD 的男人

　　他送你 CD 的话，表明他是以精神上的满足为第一考虑的人。他很仰慕你，借由音乐来表达对你的爱慕之意。他是个很浪漫的人，也是个很尊重你意志的人。

从男友喜欢的手指看他爱你有多深

你是否为不知道他对你是否真心而苦恼呢?相处也有一段时间了,他对你也很体贴,可你却为该不该对他付出太多感情而迷茫。

一种观点认为这个问题只要伸出你的手,让对方选择其中他最喜欢的是哪个手指就可以解决了。

1. 选择大拇指的男人

如果他选择大拇指,则表明他对你几乎死心塌地,唯命是从。说穿了你是他心目中的崇拜对象,甘心永远拜倒在你的石榴裙下。但是他的嫉妒心很强,要小心才是。

2. 选择食指的男人

如果选择食指,说明他对你可不是真心的!如果你很欣赏他,愿意付出完全的自己,那就危险了——可能他是一个逢场作戏的花花公子。

3. 选择中指的男人

他可能对你的中指非常有兴趣,那么他不够喜欢你。他只不过想跟你做个朋友而已,如果你想进一步和他交往,自己必须付出比较大的努力。

4. 选择无名指的男人

或许他会选择你的无名指吧,这说明他非常爱你。他爱你爱得让人无所适从,甚至殷勤得让你反感。

5. 选择小指的男人

如果他选择了你的小指,表明他暗恋你已经很久了,但是始终不敢流露自己的情感,你若钟情于他,快快暗示他,也许你们会比翼双飞,不要错过这种缘分。

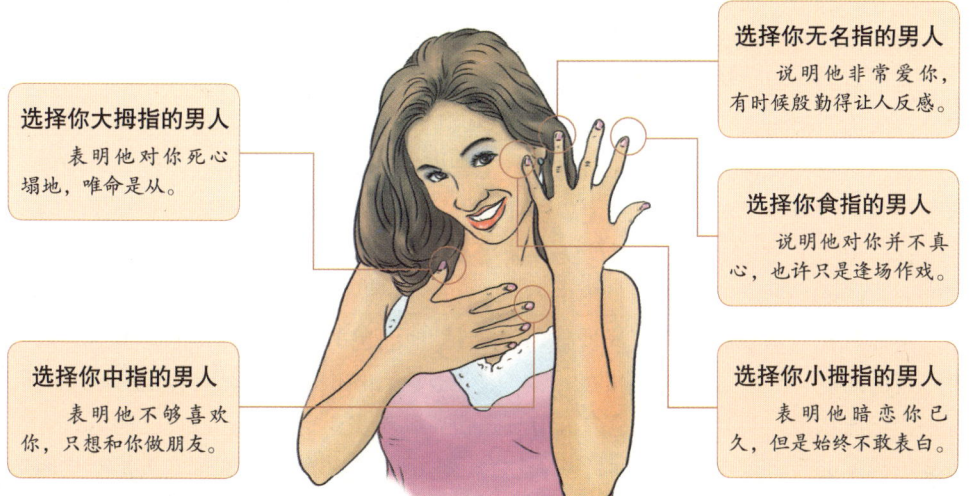

从他对家人的爱观察他

一般而言，女性之间比男性之间更放得开、更善于表达，爱更容易说出口一些。父亲爱儿子的方式就是对儿子的训斥、呵护，而母亲对女儿则是一种温柔、无声、细腻的爱。

向家人表示爱的方式，会揭示一个人的基本性格特征，会透露一个人对待工作的态度。有的人性格外向乐观，可能更容易将爱表现出来；有的人比较内向含蓄，表达的时候可能比较不容易用开放的直接的方式。喜欢表达爱意的人，可能工作方面更加外显、更加张扬、更加热情充沛一些。不容易说出爱的人，是属于比较内敛、比较含蓄，做事稳重、踏实一些的人。

不同的人，表达爱的方式不一样，表现他对事物看法的方式也不同。有的人喜欢通过一些直接的行动表达自己对家人的爱。一句话、一个眼神、一次拥抱……搜狐做过一项名为"拥抱·爱·拥抱"的调查。据调查显示，57.1%的人不会吝惜自己的拥抱，希望直接表达出对家人、对朋友、对爱人的深情厚谊；64.8%的人可以接受"当众拥抱"；34.6%的人是为了"给所爱的人以支持或鼓励"才去拥抱的；70.8%的人会以"琐事见真情"的方式代替拥抱。但就"以拥抱表达爱"这点来看，大多数的人愿意在琐事中见真情，这可能是受传统文化的影响较深。还有一部分人不会吝惜自己的拥抱，他们知道怎样表达爱，怎样做能够让别人感受到爱，他们了解自己也了解别人。

对家人爱的表达方式多种多样，每个人选择的方式不同。如果是夫妻之间，有些人会选用一些浪漫的方式，例如，送伴侣一束鲜艳美丽的玫瑰花；照一张情侣照，并把它装在一个漂亮的相框里，当作礼物送给对方；写一封短短的情书，把它贴在浴室充满雾气的玻璃上；寄封电邮或电传表达你的爱意；邀请对方参加一个精心设计好的约会，给她一个惊喜。这些表达方式别出心裁，很有创意，会给对方带来感动，增进夫妻双方的感情。能够想到这些方式的人很会经营自己的爱情和家庭，他们是有心的人，对待任何事物都会用心去做，富有想象力，充满创意。

可能有时候对伴侣的爱比对父母、对其他家人的爱表达得更容易一些吧。对伴侣说"我爱你"很正常，可是对父母说"我爱你"会让很多人觉得别扭。有一些人往往善于表达对伴侣、情人的爱意，却忽略了父母也需要直接而真诚的爱。他们心中承载的是小爱，却忽视了对父母的大爱。这样的人可能是比较粗心；可能是受惯了父母的宠爱，忘记了去付出；可能面对严父，无法直接表达自己的爱……无论怎样，他们不够细心，不够勇敢，没有全力付出的意识，会影响到对工作的态度。相反，有些人，即使不能直接对母亲说一声"我爱你，妈妈"，他们也能够用很多其他的表达方式来表现自己的爱：对家人说句感谢的话，为家里做些事，在日记里写下自己爱他们的话，再把日记放在他们容易看到的地方，节日送份礼物给父母、老人，以自己的方式表达对父母长辈的爱，用自己的实际行动表达自己对家人的感激和爱。这些人抱有真诚的爱心，拥有智慧的大脑，做事情还会不成功吗？

·第三节·
其他细节：点点滴滴流露他的心

从细节中，可以观察到一个人的心，或许从他言谈中的某个细节、行为中的某个细节、喝酒中的某个细节等，都足以看出一个男人的心。

从花钱方式看男人

从男人对待金钱的态度上，就可以了解他们的内心世界。心理学家可以从不同男人的用钱方式，看出他内心的想法。

1. 过分地送礼物给女伴

这种男人既害怕失去对方，又不愿意付出太多的感情给对方，于是，就给对方以物质，希望以此弥补感情上的缺乏，这种行为足以看出这个人情感的矛盾的状态。

2. 要求女方付钱

在有意无意间，他会让女方负担起全部约会的费用，这种男人严重缺乏安全感，希望别人能以各种方式给他保证。谈这种恋爱，女方容易陷入一厢情愿的处境。

3. 实际上很穷但却爱充阔佬

这种男人对钱看得过重，喜欢钱胜过对你的感情，为了赚钱，宁愿牺牲和他人的任何关系。

4. 经常叫穷，实际上口袋里有大叠钞票的人

这种人经常觉得不满足，总认为全世界都对不起他。

5. 对5毛钱的买卖也斤斤计较

这种男人能和别人因为5毛钱而争得面红耳赤，但却肯花大钱买最好的音响或古董。这种男人对感情可能也同样，他可能很爱对方，但绝对容不下对方的无理和任何不可靠的要求或行为。

6. 最怕送人礼物

这种男人不懂享受施与的乐趣，对待感情也同样的自私，只知道被爱，而不想去爱人。

7. 负债且生活不稳定

这种人不善于处理生活，也不会懂得如何处理感情和人际关系，理财能力和自制力也很差。

8. 视钱如垃圾，常借钱给朋友

这种人对金钱有正确的态度，对感情也会十分重视，值得对他付出感情。

沉默的男人

沉默的男人不好靠近。他用沉默在自己周围划出一道无形的沟壑，将你与他之间隔得远远的。你只能遥望着他，却无法了解他。封闭自己的思想，锁牢内心的情感，呈现在你面前的是无懈可击的铁桶。无论多么富有经验的女人，都会感到无从下手。

男人喜好沉默，有多种原因。受先天影响，在语言的表达上，男人与女人有着较大的差距。女人生就一张薄嘴唇，能言善道；男人嘴唇较厚，说话笨拙。既然不擅长口才，就只好沉默了，男人偏重理性思维，考虑问题注重质量和分量，所以在观念上也不喜欢侃侃而谈。男人一旦说话，便是金口玉言，好像要最后决策和拍板定案了。男人也只有在这个时候，才想说话，说出的话才叮当作响，一字千金，因为这些话已在他心中经过深思熟虑了。

男人坚信"沉默是金"，唯恐言多有失。在封建社会，一语不慎，便会招来杀身之祸，乃至株连九族。几千年思想的沉淀，男人已总结出"慎于言，敏于行"的人生戒律，一代代地影响着男人。在经济飞速发展的当今社会，时间就是金钱，激烈的竞争使他们也无暇顾及言语，去说废话。他们要用行动去为自己争来一片天地，一番作为。

男人不尚空谈，喜欢脚踏实地去做事。男人做事认真，逻辑性强，总能把事情井井有条地处理好。男人自尊心强，警惕性也强，绝不留下任何把柄让人说三道四。男人看重能力，做事喜欢全力投入，给别人留下良好的印象。

男人的沉默必须建立在富有思想的基础上，体现出的是深度。这样的男人，才真正具有魅力。他的沉默，是积极的沉默，是富有进取心和竞争的沉默。那些自暴自弃、郁郁寡欢之徒是沉默男人的扭曲，已走向反面。这些男人的沉默，是遭受生活打击之后的冷漠，弥漫的是不健康的消极情绪，不利于别人的进取，也阻碍自身的发展。所以，他们的这种沉默，男人不足取，女人也不欣赏，更无魅力可言。

喜欢逞威风的男人

许多男人喜欢耍威风，那是什么心理原因造成的呢？一言以蔽之，那是因为——男人对"社会性承认"的欲求很强。

正因为如此，根据各人性格的不同，男人逞威风也有各种不同的方式。

1. 夸示自己的优点以及长处

这种男人具有歇斯底里的性格，而且也是一个爱慕虚荣的男子。

"我在你这个年纪时，一天就把那个工作做完了。"他们就像这般地夸耀他的才能。如果缺乏足以夸耀的才能，他们就会说"我的西服是××名牌，我的皮具是××牌子，我的鞋是××品牌"，转而夸示自己的所有物。

2. 作威作福而又故作谦逊

这种男人多见于内向性感情型的男子，他们是属于自命清高的人。

他们总是说："哪里……我可没有那份能耐（装出很谦逊的样子）……不过，托您之福……"然后一件一件说出自己得意的事。

3. 喜好挑剔

这种类型的男子喜欢指责对方的缺点。失败、分裂性气质的男子，亦有不少属于这种类型。

这类人中有一些甚至从鸡蛋里挑骨头，经常找碴说："你写的字就像鬼画符！这个8看起来却像3！你要多注意一点！"这种情形举不胜举。

奉行大男子主义的男人

大男子主义者认为男人是最优秀的,男人优越于女人,女人应该处于卑微。此外许多男人认为男性胜过女性是因为上帝赋予他们许多的特性,而这些正是女性所没有的。

总之,"男人至上"深受大男子主义者的推崇。他们坚信男人特殊的优点,他们有无与伦比的智慧、能力和地位。尤其对女性,他们拥有独裁统治权,他们可以为所欲为,而女人却做不到。

大男子主义者认为,一切事物均数量有限,因此,他的价值和地位取决于他能得到这些东西的多少(当然要比对手获取的多);取决于能否保护自己的东西而不被他人夺走。在他们看来,别人拥有的就是他所缺少的,所以,他们会趁人不备,把人家的东西占为己有。

基于这种观点,家庭便成了他的堡垒,女人便成了珍珠。他自己的一切——妻儿、姊妹等都是他的心爱之物,万不可舍让,他变成了征战军阀,不断扩充自己的领地,犹如一位将军时刻护卫着自己的财宝。总之,他们也是个嫉妒心极强的人。

大男子主义者最注重的就是,无论外表还是内在、言谈举止,自己都要像个男子汉。这种人从不过分装饰自己,做事鲁莽、性情暴烈。

婚前,大男子主义者不大注意自己的生活方式,修饰打扮不是他的本分,他往往要母亲或姊妹替他收拾房间。如果单身住,他会租一套房。

婚后,他的生活方式会发生巨大的改变。财力允许的话,他会选择一处没有左邻右舍的住处,远离城市的喧嚣,且把它视为自己的"城堡"。他对自己的选择心满意足,尤其当你不同意他的看法时,他会说:"这就很不错了!"

虽然有的大男子主义者沉默寡言、不苟言笑,但这种人通常善于交际,愿与男人交往,在男人面前他异常兴奋活泼。同时这种人不喜欢孤独,有几天不参加热闹的场合,他便心神不宁。

就物质享受而言,这种人也许算得上奢华,也就是说,这种人随心所欲,想干什么就干什么,一点都不受束缚。他的肉体和灵魂所构成的自我坚不可摧,他表达感情的方法往往都是爆发式的。

他孝敬父母,然而你必须替他照顾他们。在他父母,甚至兄弟姊妹面前,他总是站在他们那边来反对你。除非能赢得你家人持久的尊敬,否则他会疏远你的亲人。

他的确有某些魅力,他的自信心令人折服。他能够给予某些东西,这些东西多少令人欣慰。他可以使你确信,你会得到他的关照;你顺从他是值得的,只有他才能令人兴奋;他性欲极强,没有他,你不会情绪高涨;他使你相信,无论什么事,他无所不能;他自身可能具有危险性,但是他至少可以保护你免受坏人的欺负。

第十一章
一眼读懂老板

·第一节·
老板的外观：洞悉心理的显示面

老板的手势有何含义

当你同老板交谈时，可以对你老板的手势加以观察和分析，进而了解、判断他的真实想法或意图。

正如前面所说，手势主要包括手掌姿势、握手姿势。因此，具体来说，你可以通过观察老板的手掌姿势和握手姿势来了解他的真实想法或意图。

手掌姿势是一个人向对方表达自己诚意的重要方式。它主要包括这样两种姿势：掌心朝上（见图1），掌心朝下（见图2）。

图1

如果老板掌心向上向你伸出手掌，表示他对你坦诚开放或是信任，有"实话实说"的意义。

图2

如果老板向你伸手时掌心向下，意味着向你显示他的权威，或是他想压制你。

握手的姿势主要分为平等式、顺从式和支配式3种：

1. 平等式握手

平等式握手是标准握手形式，双方掌心相对。

2. 顺从式握手

顺从式握手是将手心朝上或左上方同他人握手。

3. 支配式握手

支配式握手是将掌心自下或左下方，握住对方的手。

一般来说，老板在和下属握手时，不会采用顺从式。如果老板和你握手时，他主动采取平等式握手姿势，则表明他很在意你，更多是把你当成他的一个朋友，而不是下属。如果老板采取支配式姿势与你握手，则表明他想控制你，同时想向你显示他的主宰地位和尊严。如果老板和你握手时仅是象征性地轻轻触一下你的手，则表示他不太重视你，或是不太相信你的能力。

双手交叉相握（见图3）和塔尖形的手势（见图4）也是很多老板喜欢用的，如果他双手交握，则表示他正试图压抑负面、否定的态度，而其双手交叉的高度和其负面情绪密切相关，双手交叉的高度越大，其负面情绪就越强。这种情况下，你可以采取某种措施让他放开紧握的双手，以减轻敌对情绪。如果他做出指头重叠的塔尖形手势，则表示他充满自信和优越感。

图3  图4

有些时候，老板喜欢把手放在背后以此来表现自己的威严，但是如果他说谎或者有所隐瞒，也会不由自主地把手放在背后或者兜里。尽管以他的身份和地位没有必要因为欺骗你而感觉惊慌，但他还是会情不自禁地做出这种略显幼稚的动作。

与前面提到的令人很不舒服的用食指表达命令一样，有很多霸道的老板也喜欢用食指来表明自己的意图，尽管这一姿势带有极强的攻击色彩，他也从来不会管下属对这个手势是否觉得舒服。一般来说，如果老板在讲话时用食指指着你，表示他在命令、指责你，或者是想控制你。如果他对你竖起大拇指，虽然对你有赞赏之意，但更多还是在表现他的控制权、优越感和自信。

老板身体语言中的不寻常

老板或领导们在日常生活中很多看似寻常的姿势，往往深藏着许多不寻常的信息。那老板和领导们在日常生活中究竟会做出哪些看似寻常但实际上却不寻常的动作姿势呢？具体来说，这些动作姿势主要有：

1. 头部姿势

持中立态度的人一般会把头部抬高，并静止不动。如果老板或领导们把头倾向一边（见下页图5），则表示他对目前的事很感兴趣，情绪状态也较好；如果老板或领导们把头低下（见下页图6），则表示他此时的情绪状态较为低落，或是烦躁，对面前的事更多的是持否定、批评态度。如果老板或领导们一边轻微摇头，一边口头称是，那么，他一定是在伪装，你也最好不相信他此刻所说的话。

图 5

图 6

2. 腿部姿势

如果老板或领导们在与你谈话的同时，跷起了二郎腿（见图 7），则说明他此刻对你说的话题不太感兴趣，或者是他对你有所保留和提防，即使你没有对他的地位、尊严，或是权势造成任何威胁。如果老板或领导在与你谈话的同时，做出了"T"字形动作（见图 8），则表示他在向你炫耀他的地位、权势、尊严，以及自信和支配权。这时，他嘴上可能在赞扬你是多么的出色，但实际上他心里却在这样嘀咕："你还差得很远呢""你比我当年差远了"，等等。

图 7

图 8

3. 手臂姿势

心理学家研究发现，手臂交叉一般带有负面、紧张或防卫的色彩。如果老板或领导们对你做出此种姿势（见下页图 9），则表明他们对你心存戒心，不会轻易相信你说的话，更不会把一些重要的任务派发给你。因为，在他们的潜意识里，你已经威胁到他们的地位、尊严和权势。有些时候,当老板和领导们彼此见面时,他们也会将手臂交叉起来(见图10)。他们之所以会这样做,最主要的目的就是将自己的身体和对方隔离开来,进行自我防卫。

图 9

图 10

从眼神判断老板的心理

从眼睛看人的方法由来已久。人的个性是一成不变的,无论其修养功夫如何深远。俗语说:江山易改,本性难移,看人的个性还是简单的。性为内,情为外,性为体,情为用,性受外来的刺激,发而为情,刺激不同,情感也不同。情所表现最显著、最难以掩饰的部分,不是语言,不是动作,也不是态度,而是眼睛,言语、动作、态度都可以用假装来掩盖,而眼睛是无法假装的。我们看眼睛,不看大小圆长,而重在眼神。

例如,在谈论某件事时或你向领导提出某种请求时,可以从对方的眼神判断事态。

1. 眼神沉静

这种眼神说明他对于你所认为着急的问题早已成竹在胸,稳操胜算,你只要向他请示办法即可;如果他不肯明说,这是因为事关机密,不必多问,只要等待他的通知便是。

2. 眼神散乱

这种眼神说明对于你所认为着急的问题,他也是毫无办法,焦虑之余,反而弄得六神无主,你徒然着急是无用的,向他请示也是无用的,你得心平气和,另想办法,不必再多问。

3. 眼神横射,仿佛有刺

这种眼神说明他对于你是异常冷淡的,如有请求,暂且不必向他陈说,陈说反而让你表现出你不知趣、不识相,应该从速借机退出来,即使多逗留一会儿也是不适的,退而研究他对你冷漠的原因,再谋求恢复感情的途径。

4. 眼神阴沉

这种眼神是不好的信号,你与他交涉,需要小心一点。如果你不是早有准备想和他见个高低,那么最好从速鸣金收兵。

5. 眼神流动异于平时

这种眼神说明想给你一些苦头尝尝。

6. 眼神呆滞,唇皮泛白

这种眼神说明他对于当前的问题惊恐万分,尽管口中说没关系、有办法,他虽未绝望,也的确还在想办法,但却一点也想不出办法来。你不必再多问,应该退去考虑应付办法,作为互相切磋的资料,如果你已有办法,应该向他提出,并表示有几分成功的把握。

7. 眼神似在发火

这种眼神说明他此刻是怒火冲天,怒气极盛,如果不打算与他决裂,应该表示可以妥协,速谋转机。否则,再逼紧一步,势必会引起搏斗或正面的剧烈冲突。

8. 眼神恬静,面有笑意

这种眼神说明他对于某件事情非常满意。如果你有所求,这也是个绝好良机,相信一定比平时更容易满足你的希望。

9. 眼神四射,神不守舍

这种眼神说明他对于你的话已经感到厌倦,再说下去必无效果,你不如赶紧告一段落,或乘机告退,或者寻找新话题,谈谈他所想听的事。

10. 眼神凝定

这种眼神说明他对于你说的话认为有听的必要,应该按照你预定的计划委婉述说,只要你的见解不差,你的办法可行,他必然是乐于接受的。

总之,眼神有动有静、有流有凝、有散有聚、有下垂、有上扬、有阴沉、有明朗,仔细参悟之后,必可发现心情暴露无遗。

从办公桌的状态看老板

每个人在工作的时候都会有一张办公桌,就在这一张桌子上,如果够仔细的话,也可以发现许多的秘密,了解一个人到底是什么样的性格。因为一个人的习性,他对于工作、对于生活的态度,常常能够通过观察他对于工作资料和用品的摆放而得出答案。

第十一章 一眼读懂老板

1. 不管是办公桌的桌面上，还是抽屉里，各种物品都摆放得整齐有致

这表明老板办事是很有效率的，他们的生活也很有规划。他们很懂得珍惜时间，有一些崇高的理想和追求，并且一直在为此而努力。但是他们习惯了依照计划做事，他们的应变能力显得稍微差一些。

2. 在抽屉里习惯放一些有纪念意义物品

这样的老板大多是比较内向的。他们不太善于交际，但很看重朋友之间的感情。他们有一些怀旧情结，喜欢珍藏一些美好的回忆。但他们比较脆弱，容易受到伤害，而且做事也缺少足够的恒心和毅力，常常会在挫折和困难面前不战而退。

3. 抽屉和桌面全都是乱糟糟

他们多待人相当亲切和热情，性格也很随和，做事通常只凭自己的爱好和一时的冲动，三分钟热情过后，可能就会自然而然地放弃。他们缺少深谋远虑的智慧。他们生活态度虽积极乐观，但太过于随便、不拘小节，经常是马马虎虎、得过且过，但是他们的适应能力比一般人要强一些。

4. 各种文件资料总是摆放无定位，而且轻重缓急不分

这样的老板大多做起事来有头无尾，总也理不出个头绪来。他们的注意力常被一些其他的事情分散，从而无法集中在工作上，自然也很难做出成绩。他们也想改变自己目前的这种状况，但是自我控制能力很差，总是向自我妥协，过后又后悔不迭，可紧接着又会找各种理由来安慰自己。

5. 桌面上收拾得很干净、很整洁，但抽屉内却是乱七八糟

这样的老板虽然有足够的智慧，但往往不能脚踏实地地做事，喜欢耍一些小聪明，做表面文章。他们性格大多比较散漫、懒惰，为人处世并不是十分让人信任。

6. 桌子和抽屉里都像是垃圾堆

找一样东西，往往要把所有的东西全部翻个遍，到最后可能还是找不到，这样的老板工作能力差，效率也极低，他们的逻辑思辨能力非常糟糕，大多也缺乏足够的责任心。

273

从气色上洞察老板的心理

观察老板的"气",可以发现他的沉浮静躁,这是一个衡量人是否能做大事的必备素质。气沉者稳,气浮者躁,气虚者漂。

沉得住气,临危不乱,这样的老板可担当大任;浮躁不安,毛手毛脚,这样的老板难以集中全部力量去工作,做事往往知难而退、半途而废。但要注意:活泼好动与文静安详不是沉浮静躁的区别。

底气足,干劲足,做事易集中精力,能持久;底气虚,精神容易涣散,多半途而废。文静的老板也能动若脱兔,活泼的老板也能静若处子。

心浮气躁的老板,做什么事都精力涣散,小事聪明,大事糊涂,该粗心时粗心,该细心时也粗心,不能真正静下心来思考问题,而且遇事慌张,稍有风吹草动就气浮神惊起来。

有两个故事也表现了观"气"识人心的重要性和可行性:

齐桓公上朝与管仲商讨伐卫国的事,退朝后回后宫。卫姬一望见国君,立刻走下堂一再跪拜,替卫君请罪。桓公问她为何请罪,她说:"妾看见君王进来时,步伐高迈、神气豪强,有讨伐他国的心志。看见妾后,脸色改变,一定是要讨伐卫国。"

第二天桓公上朝,谦让地接见管仲。管仲说:"君王取消伐卫的计划了吗?"桓公说:"仲公怎么知道的?"管仲说:"君王上朝时,态度谦让,语气缓慢,看见微臣时面露惭愧,微臣因此知道。"

齐桓公与管仲商讨伐莒,计划尚未发布却已举国皆知。桓公觉得奇怪,就问管仲。管仲说:"国内必定有圣人。"桓公叹息说:"白天工作的役夫中,有位拿着木杵而向上看的,想必就是此人。"于是命令役夫再回来工作,而且不可找人顶替。

不久,拿着木杵向上看的人到来了,管仲说:"一定是这个人了。"就命令傧者带他来晋见,分级站立。管仲说:"是你说我国要伐莒的吗?"

他回答:"是的。"

管仲说:"我不曾说要伐莒,你为什么说我国要伐莒呢?"

他回答:"君子善于策谋,小人善于臆测,所以小民猜测。"

管仲:"我不曾说要伐莒,你从哪里猜测的?"

他回答:"小民听说君子有三种脸色:悠然喜乐,是享受音乐的脸色;忧愁沉静,是有丧事的脸色;生气充沛,这就是将用兵的脸色。前些日子里小民望见君王站在台上,生气充沛,这就是将用兵的脸色。君王所有说的都与莒有关。小民猜测,尚未归顺的小诸侯国唯有莒国,所以说这种话。"

通过这个故事可知,我们要学会从气色上观察老板的心绪。

·第二节·
老板的性格：找到他心灵的窗口

人们常说："性格决定命运。"在我们的工作中，面临着不同性格的老板，不同性格的老板都有着不同的处事风格，从某种程度而言，不同的性格能表现出一个人的风度，也能表现一个人的境界。

态度专横的老板

"专横型"的老板，个性非常好胜，总是希望下属对自己唯唯诺诺，不允许有任何意见。但如果为了讨好这种类型的老板，勉强自己该说"不"而不说时，他们则会更加猖獗、狂妄。所以，不要畏惧，勇敢地说出自己的心声吧！

"今天下班以前，你一定要把这些工作做完。"

当"专横型"的老板向你提出这种要求，而你判断当天不可能完成此项工作时。就应该清楚地对老板说："请再多给我一天的时间！"

在这种情况下，当下属以毅然决然的态度，向老板说出"不"时，专横型的老板会有所收敛。

"专横型"的老板虽然喜欢下属唯唯诺诺，但你若能一反惯例，以先礼后兵的态度大大方方地说出正当的理由时，虽然他内心可能会感到不舒服，但也会暗自流露出钦佩的感觉并且会告诉自己说："他这家伙还真不赖！"从而可能对你刮目相看。

当"专横型"的老板大发雷霆时，千万不要打断他的话，也不要立即加以反驳，最好的对策是先让他把话说完，然后再说出自己的观点。

因为当此类人怒气冲天大发脾气时，如果加以阻挡，就等于是火上浇油，只会使事情变得更僵，所以应该让他把话说完。

"专横型"人物的目标意识非常强烈，征服欲望十分强烈，尤其对于比自己优秀的人，敌视倾向更为明显。他们一般固执好胜，一厢情愿地发表自己的看法，不会考虑别人的立场，衣食住方面追求豪华，然而对金钱的态度却是吝啬且斤斤计较，即使只有一元的误差，也不容许。

"专横型"老板的典型表现如下。

1. 以自我为中心

他们口出恶言，毫不考虑下属的立场，只要自己想说什么便脱口而出。除了情绪化外，他们对于"利"字也相当执着，在公司的会议中，只要是对自己的利益有所损害的提议，便想尽办法加以阻挠，哪怕弄得别人难堪。

2. 唯我独尊，打击异己

"专横型"老板是唯我独尊的霸道主义者，所以每当下属的意见与他们相左时，他们就会气得脸色发白、全身发抖，而且想方设法找出种种理由以刺耳的声音大声辱骂，让全办公室的人都知道谁在挨骂。

摆架子的老板

许多春风得意的老板都爱"摆臭架子"，他们往往不会顾及场合和下属的个人感受，会将下属置于尴尬和难堪的境地。

假如你的老板是一位"摆款"的祖师，这时，虽然看不过眼，但最好不要说出来，因为说出来的后果可能很严重，你很可能会以失去自己的工作为代价，那样可能会痛快了嘴，但岂不是得不偿失？

这种老板会在言语中说出一些让你在人前难堪的话。这种老板的管理作风是不受员工们欢迎的，你因为一些原因和条件限制，暂时无法离开工作岗位，却又不想逆来顺受，那应该怎样做呢？

1. 不和老板发生冲突

摆架子的老板有其优点和积极方面，你要发扬他的优点，尽量不与老板发生冲突，减少内耗。

（1）不去挫伤老板的架子，要多支持老板的工作，看破而不说破，也是在职场生存的一条准则

（2）不能说老板有"官僚主义作风"。这种老板最忌讳别人说他"不了解情况"之类的话，要避免与老板发生矛盾冲突

（3）不卑不亢。就是应该执行的执行，该拒绝的就要拒绝。有的时候，你一味地服从，只会加剧老板独断专行的作风

要尽可能减少和这种老板的正面冲突，避免老板形成你与他对着干的误解。而是要尽量忽视老板摆架子给你带来的负面影响，应该积极地寻找时机显示才干，争取获

得老板的重视。

当你被老板批评的时候，不管你是对是错，都不能和老板当面顶撞，你的解释与争辩只会使彼此的关系恶化。

对于老板批评你错了的地方，你要等他怒气消了以后找个适当的机会解释一下，让其了解事情的真相。

当你与老板就某一问题产生分歧的时候，据理力争是最愚蠢的办法。你要用商量的口吻试着与老板交谈，变你的想法为老板的，到最后让老板觉得："我也是这样想的。"取得了这种效果，才是最高明的，而且你的建议也会被老板采纳，从而产生事半功倍的效果。

2. 巧妙地影响老板

这种老板的表现欲望很强，在他展现才华的时候渴望听到人们的掌声。你要给老板创造"唱戏"的机会，让老板尽情表演。比如在一些不重要的会议上，正事谈完以后，你要找一个话题做引线，让他尽情发挥。

（1）有来信来访的人，最好将信先交给老板看，人也请老板接见。让老板通过不同的渠道，接近下属，了解更多的情况，以便更好地做出判断，这是关起门来的调查，要增加老板修正其观点的机会

（2）向老板多汇报以下问题，比如，任务怎样完成得不好、出勤率不高、次品率上升等，利用这些问题来暗示老板，企业的问题很多，不容乐观，最好他能亲自深入下去考察一番

（3）对老板深入细致的做法，多多宣传与肯定，以使老板感到你欢迎他，好让老板继续发扬自己的优点

（4）抓住有利的时机，采取主动的方法，向老板提出你对一些问题的看法。因为官僚作风的影响，老板对问题的看法自然会有些偏差，这时，要采用提建议的形式，来纠正老板不妥当的地方

勿闯老板的禁区

生活中有很多禁区，如私人住宅、公共区域里面的花园，以及军事禁区等。同样，在与老板相处的时候，也存在种种"禁区"，虽然它没有明确规定员工不得入内，但实际上却是绝不允许下属越权随意进入的。一旦你越权进入，不但加薪升职的愿望会化为泡影，更为严重的是，你的"饭碗"可能会因此不保。那老板究竟有哪些"禁区"是绝不容许员工随便进入的呢？具体来说，有这样一些"禁区"员工不得入内。

1. 不介入老板的家事

正所谓"家家有本难念的经"，老板的家同样也不例外，很多时候可能老板家的"经"还特别难"念"。作为员工，在任何时候都不可插手老板的家事，因为家

事在某种程度上说就是私事。没有哪个人喜欢让自己的私事大白于天下，不然人们也不会说"家丑不可外扬"了。

如果老板向你倾述他的家事，你最好是左耳进右耳出，不发表任何评论。切忌不可将老板的家事当成茶余饭后的谈资，如果他一旦发现你这样做了，毫无疑问，你的结局只有一个——让你马上离开公司。

2. 不评论老板的感情生活

在职场上，老板的感情生活一直是个敏感话题。对于那些道听途说的关于老板的"艳事"，你最好能一笑了之，切不可"添油加醋"，或是大肆传播，更不可去老板那儿探听口风，判断其真假。一旦那样的话，你很可能会马上收到一封辞退信。遇到这种事情，你最好的选择是三缄其口，不发表任何评论，远离这些是非，好好干自己的工作。

3. 不代作决策

某些时候，老板可能会让你在办公室做一些案头工作，比如说起草文件，收发文件、合同等。这时你可不能"飘"起来，俨然自己成了老板。任何时候都要清楚知道谁是老板，谁是员工。因此，即使老板不在办公室，有关公司决策的事，你也无权代作任何决策，哪怕仅是一个很小的决策，否则就是越权。

4. 不能用命令的口气对老板说话

虽然我们一直强调，人都是平等的，但在职场上老板就是老板，员工就是员工，两者之间有一条鲜明的界线。老板用命令的口吻对员工说话那是正常的，如果员工也对老板采取命令的口吻与老板说话，通常情况下，老板是不能接受的。因为这样会让他觉得自己的尊严、地位、权力受到了你的严重挑战。这种情况下，他很可能会让你走人。

5. 不与老板发生恋情

这主要是针对女性来说，女秘书与老板相处的时间自然要比其他人多，当然也就容易成为老板倾吐压力与挫折的对象，两人之间因此产生男女私情。但这种恋情的成功率并不高，绝大多数的情况是老板"深思熟虑"后，找一个借口将"已具危险"的女秘书扫地出门。

·第三节·
剖析老板：发现他的心理奥秘

识别自己的老板，可不是件简单的事情，我们首先从老板的外貌，其次从老板的性格进行一一的讲述，最后我们从其他方面来剖析老板，进一步地了解自己的老板。

从工作的习惯观察你的老板

古人云："良禽择木而栖，良臣择主而事。"而作为一个现代人，如何识别一个老板是优秀的还是拙劣的，与自身的前途休戚相关。这里向你推荐一套识别老板能力的自测法，请参考使用。

1. 专业知识转化能力的识别法

他是否研究过本领域中已经做出或正在做出优异成绩者的方法和想法？他是否能跟上其他地方的发展趋势？他是否经常尝试由调查研究得出新的方法？

2. 对公司政策理解能力的识别法

他是否能彻底理解目前公司的全部政策？他是否能辨别重要战略与例行政策？他是否真诚地用恰当的方式向有关人员解释所有的政策？他是否预见到对新政策的需要并提出相关的建议？

3. 计划能力的识别法

他在给下属分配任务时，是否发挥了他们的最大才能？他在计划和组织方面是否显示出首创精神和才能？他是否预见到工作中的困难与变化并早做安排？他是否鼓励下属参与同他们的工作有关的计划和组织工作？

4. 指挥、协调和控制能力的识别法

他是否按时完成自己的计划和工作目标？他是否经常对自己的决定承担完全责任，而并不苛责他人？他对工作质量和精确性的控制是否一致并保持高标准？他是否经常注意改进方法并把全体有关人员协调成有效的整体？

5. 人员选拔和培训能力的识别法

他是否善于选拔和安置合适的人员？他发出的指示是否简洁明了？他是否是一个能干的在职指挥者？他在培训单位每一职位上的见习人员方面是否非常有效？他是否

赏罚分明，向他们解释成果并帮助他们提高绩效？

6. 人际关系方面的能力的识别法

他是否总是体贴和关心下属？他是否有情绪上的稳定性和善于用高尚的人格赢得群体的信任，鼓舞下属的士气？他是否能明智而有效地维持纪律？他在处理困难问题时，是否机智、灵活、沉着、稳重？

7. 公共关系方面的能力的识别法

他是否在思想和行动上与同事们保持一致并良好地合作？他是否促使员工忠于组织而不是促使员工忠于他个人？他是否力图改进他自己的以及其下属的公众关系？他能否建设性地处理困难的公共关系问题？

如果在上述问题中，有一半以上回答是肯定的，作为一个老板，他的能力只是一般；如果有 2/3 以上回答是肯定的，作为老板，他的能力是合格的；超出以上比例的肯定答案，则为优秀老板。

从老板的个人素质识别他的领导能力

在领导活动中，老板的素质和性格存在于同一载体，既可以通过老板表现出来，同样可以通过员工、客户反映出来。正确认识和对待老板的素质，先要弄清素质与性格之间的区别和联系。

性格的主体是所有的人，人的性格没有高低、优劣和好坏之分。老板也是人，也具有性格和脾气等问题，性格和脾气必然对老板的素质有影响。但性格并不等于老板素质，老板素质更不等于性格。同样性格的老板可以表现出不同的老板素质，同样素质的老板也会表现为不同的性格，各种性格的人都有可能成为具备一定素质的老板。

老板素质是老板优劣、成熟与否的尺度，反映了老板能力的高低。要正确认识和把握老板素质，得弄清楚它和老板技能的关系。

老板技能是指领导方法、领导手段和领导艺术等。老板技能和老板素质有时难以区别。人们说一个人具有老板素质并不是抽象的。实际上，老板素质所包含的老板技能，指的是比较成熟，已经被老板所运用的东西，并不是没有被老板吸收消化的东西。

当老板素质表现在老板技能时，老板处理问题就显得独放异彩，可见老板技能越高，老板素质就越高。在实践中，仅仅老板技能高明就能保证整个企业团结一致，排除困难取得成绩吗？这样还是不能的，还涉及老板的修养、胆识、肚量等因素。例如，如果老板仅仅注意生产，在这一方面方法得当，指挥有方，但是没有妥善对待员工，则企业运行状况难免会不佳。

21世纪的老板依据原则创造文化或者价值体系，在新时代中，创造这样的企业文化是一项巨大且振奋人心的挑战。只有老板才能完成这些，然而老板必须有勇气和眼光，应该虚心请教。

那些积极学习的老板或企业会产生持续耐久的影响力，学习方式包括聆听、在市场中感觉和预测需求、评价以往的成功与失败、吸取教训等。

这种学习型老板不会抵制变化，他们欢迎变化的来临。

世界发生了深刻的变化，这种变化并没有停止，在人们周围不停息地发生着。而消费革命的步伐也加快了，人们比以前更加聪明，存在着相互竞争的力量。质量的标准不断提高，在全球市场上，使得企业没有办法掩饰自己质量上的缺点。在一个地方性市场上，若一个企业的产品达不到质量标准，还有可能生存，然而在全球市场上却无法生存。

因此，市场要求老板转换观念，企业必须以灵活、迅速的方式生产出商品并且销售出去，在满足顾客需求上要一视同仁。老板不仅要充分发挥员工的创新能力和才华，还要为员工创造有利的条件，鼓励并且奖赏员工的良好行为。

从主持会议的风格看你的老板

如果老板在会议中担任主角——负责主持，那么怎样才能取得最后的成功呢？这与主持者对场面的控制能力以及老板的主持风格有很大的关系，通过这两个方面也能观察出一个老板的性格。

1. 在主持会议时往往采用独裁方式

这样的人多是具有一定身份、地位和能力的人，并且他们很看重自己目前所拥有的一切。他们特别自信且意志坚定，在很多时候能够做到心里有数，遇事也有泰然自若的魅力。但一般情况下，他们又比较顽固，不会轻易接受别人的意见和看法。

2. 往往把与会者当成自己的学生

这种老板唯恐与会者听不明白自己在讲些什么，一而再，再而三地为之讲解，全然不顾听众是否买账。这一类型的老板多属于专家级的人物，在某一学术科研领域非常精通。他们具有一定的权威意识，在为人处世等方面往往表现得心高气傲，不拘于世俗。除了自己的专业之外，对其他的事情，他们从不过问。

3. 往往占用会议的大半时间来表现自己

这种老板喜欢在会议上陈说自己的种种成就或是看法和意见，这一类型的老板，常常因自己身处高位而有一种自我优越感，并且还时常目中无人。这种老板，头脑多比较灵活，随机应变能力比较强。但他们缺乏承担责任的能力，在事故面前，总会想方设法为自己辩解，以逃脱责任。

4. 主持会议给人留下彬彬有礼，而又非常谦虚的印象

这样的老板多是有发展前途的。他们在会议上的表现还算自然，可以畅所欲言，提出自己的意见和建议，可是由于他们显得非常理智，缺少必要的激情，从而会减弱自身的魅力。

从老板的领导方式看他

1. 决策型领导方式

采用决策型领导方式的老板认为，他们的工作就是创立、设计和实施左右企业未来命运的战略。因为他们的位置能够俯瞰企业的各个角度，所以他们有能力去决定企业的资源分配和经营方向。

老板通过各种行为来明确企业的目的和出发点。老板把 80% 的时间用在和企业经营有关的外部事物上，例如顾客、竞争者、技术优势和市场趋势，而并非控制人力系统等内部机制。

这些老板看重的是他们能委派日常经营业务，拥有高度分析与计划能力的员工。打开一个决策型老板的日程安排表，你能发现他的时间分配集中于同一主题：收集、总结和分析数据，这些老板们的主要工作就是为了制定下一步战略决策，收集和测试市场、经济趋势、顾客购买模式、竞争对手的生产能力等企业经营的外部因素信息，为了增加信息的来源，他们往往求助于公司的行动小组或者咨询专家，如饥似渴地从刊物、市场调查等信息途径获取需要的数据。

决策型老板想了解顾客的心理，尽量多收集关于竞争对手的技术、竞争优势和客户集团的资料。决策型老板集中精力去了解企业的能力，企业决策的贯彻程度。企业擅长什么呢？企业的业务开展情况怎样？企业最低的成本、交货速度怎样呢？总之，决策型老板致力于判断企业的经营状况，选择企业的奋斗目标，制定连接二者之间的经营战略。

在许多成功的企业中，老板谨慎地分析经营环境，决定企业需要的管理特征，接着选择相应的领导方式。有时，老板所选择的领导方式和老板的性格相符，有时却又不相符。为了能成功地经营企业，一些出色的老板需要压抑其性格特点，或者培养自己所不具备的一些特性。

2. 以人为本的领导方式

与上一类领导方式不同，以人为本的老板们相信决策的制定，是接近市场的一线经营单位的责任。所以，他们的主要责任是，通过关注人才的成长和发展替企业灌输价值观和行为意识。他们经常出差，把大部分时间用在招聘、职业规划和工作检查等活动上。

他们的目标就是创建一个企业各级员工可以像经理一样制定和实施企业的经营决策的管理模式。他们重视的是展现"公司行为方式"的长期员工，而不是无视规范独来独往的天才。

许多采用这一领导方式的老板都觉得，由老板制定长期经营决策是不明智的做法。反之，他们认为在独特的企业中，成功的关键依赖于间接控制，就是由企业员工来制定决策，让员工和顾客们打交道、开发新产品等。

他们能够赋予员工权利，使员工在未经公司许可的情况下快速而果断地采取措施。这种权利只交付给那些根据公司原则从事的员工，在一个以人为本的老板管理的公司中，这样的员工人数众多。

基于价值观和企业日常实施决策时所培养员工行为的等同性，是以人为本领导方式的主要思想。

3. 专业型领导方式

采用专业型领导方式的老板认为，他们的责任就是选择或在企业内部吸收专业知识，把它转化为企业的竞争优势。在他们的日程表上，主要工作与培养或发展专业技术有关。例如，学习新的技术，分析竞争者的产品，接见工程师和顾客。他们往往集中精力于设计一些培训计划、提拔政策等程序，用于奖励拥有专业知识的专家并且把专业知识在企业内部传播。

他们比较倾向于雇用接受过专业培训的员工，同时不断地寻求对专业知识能乐于接受、灵活掌握的人才。

在日常工作中，专业型老板的覆盖面大于其他任何类型的老板，他们不涉及企业经营的具体细节。与之相反，他们集中精力于企业政策的定型，以此来增加企业的竞争力。专业型老板很少在分析和收集数据上花费时间，他们会指导专门员工去为他们收集信息，以使他们了解哪些技术或者竞争能力和消费者紧密相关、企业怎样才能做得更好。

一个专业型老板把大部分的时间用在调整企业的专业领域上，向外界传递企业的技术优势。比如，摩托罗拉公司的前任老板罗伯特·高尔文在质量问题讨论完毕后就离开了，由此可见，他知道什么是企业的唯一竞争优势，质量是他最关心的。

4.条框型领导方式

采取条框型领导方式的老板相信唯有通过建立一套能起传达和监督作用的明确的财政和控制体系，替顾客和员工保证经营行为的统一性，企业才会获得最大的利润，获得更大的发展。他们相信，企业的成功在于为顾客提供可靠的服务。

他们的主要工作时间用在解决控制体制的意外情况上，比如逾期没有完成的项目或者低于逾期目标的销售结果。他们比其他类型的老板要花费更多的时间用在制定防范措施、政策程序和奖励方案上，以强化企业的经营行为。

条框型老板善于在一个管理严格的行业中经营企业，比如银行业，或者安全性是行业的首要关注焦点，比如航空业。他们认为，企业的经营环境不允许出现半点差错，这一现实使得他们花许多时间建立和实施严格的控制体系。

条框型老板经常借助于内部检查、外部审计、员工表现衡量、管理措施和财政报告开展工作。他们常常在公司总部和部门经理进行长时间的商讨，认真研究新项目和资金的要求。他们研究一线员工的业务报告，要求额外的数据和认真查问经理们所了解的情况。

好人缘成就好老板

老板的环境，主要分为社会环境、组织群体环境和家庭环境三个方面。而三方面中又同时涉及人际关系问题，即与人打交道的问题。

据有关调查资料显示，在未来的所有行业中与人际交往直接相关的行业将占总数的81%。因而，如何维系及营造有益于老板的良好人际关系，就显得十分重要。

石油大王洛克菲勒对此深有体会，他说："待人处世的本领，是无价之宝，我愿意牺牲太阳底下的任何东西去换取它。"

所谓人际关系，即表现在人与人之间相互交往及相互联系的心理关系，或者主要指个体在社会交往中形成的人与人之间的相互作用和相互影响，其含义包括个体在生活及其他社会活动中形成的一系列与他人之间的关系。

老板人际关系的好坏，直接影响到财富的创造和事业的发展。

人的成功绝非只靠一个人的努力，而要与机会和环境相配合，而这些就是我们所谓的"缘"。能结缘而进一步造缘者，才能真正得道多助。

在人生的旅途上，萍水相逢的因缘际会本是人间一大乐事，然而，有些人不珍惜这些不平凡的际遇，甚至轻易作践它，以致彼此缘尽情了，未能共创美好的事业。"得道多助"来自"广结人缘"。历史上有些人"得道多助"，就因为他广结人缘，所以人人愿助其一臂之力，遂加速造就其辉煌的事业。

从上可知，人际关系对于一个人是十分重要的，对老板而言更是如此，良好的人缘能使老板的事业发展更快，相反，没有好的人缘，关门闭户的老板一般也不会成就较大的事业和财富。

第十二章
一眼识别谎言

·第一节·
身体语言泄露谎言

欺骗的信号

达尔文曾经说过这样一句话:"大自然一有机会就要撒谎的。"自然界的很多动物为了生存也具有很多"弄虚作假"的本领。人类,作为地球的主宰者,在这方面,丝毫不逊色于动物。相比于动物的欺骗伎俩,人类撒谎的伎俩显得更为隐蔽,也更具有欺骗性。不过,正如一句谚语所说,"再狡猾的狐狸也会露出它的尾巴"。一个人撒谎时,他可以把谎言说得完美无缺、天衣无缝,但是,他的身体语言会悄无声息地告诉对方:"我在撒谎!"具体来说,应该如何识别一个人在撒谎呢?很简单,仅需识别对方非语言的欺骗姿势即可。那么,欺骗姿势是如何暴露一个人在撒谎的呢?

通常情况下,当一个人撒谎、欺骗别人时,他往往会不由自主地用手捂住自己的嘴、眼睛、耳朵,或是做出一些其他较为隐蔽的动作,比如用手摸鼻子、把手放进嘴里,以及挠脖子(这些姿势多见于一个人欺骗另一个人时)等。其中,用手捂住自己的嘴、眼睛、耳朵,是最常见、最明显的欺骗姿势。这些姿势是一个人从儿时就开始使用的,并且经常公然不讳地采取这些姿势。

捂嘴是一种很孩子气的动作。当一个孩子撒谎之后,他常常会马上用右手捂住自己的嘴。小孩为什么在撒谎之后,会做出捂嘴的动作,至今科学界也没有给出一个令人完全信服的答案,不少心理学家认为,或许是孩子大脑中的潜意识使他想停止说谎话,而导致了捂嘴这一动作。随着年龄的增长,孩子用手捂嘴的动作会越来越隐蔽,当他们成人后,就会用手摸鼻子或是假装咳嗽来掩饰其捂嘴的动作。所以,当一个人和你谈话时,尤其是一个小孩和你谈话时,如果他在说完话后,常常有用手捂嘴的动作,你就得留意他说话的内容了,极有可能在向你撒谎。同理,当你向别人撒谎时,如果对方用手掩住自己的嘴,则说明他可能已察觉出你在撒谎了。

当一个孩子看到他非常不愿意看到的东西时,通常会用手把眼睛捂起来。同用手捂嘴一样,这一姿势会随着年龄的增大,而变得日趋精炼和隐蔽。但是他们一旦撒谎,就会原形毕露,只不过不是用手捂眼睛,而是用手揉眼睛。一般来说,成年男性在说谎时,他们中的很多人会用揉眼睛的姿势来掩盖自己的谎言。如果撒的谎特别大,这些人还会东张西望,眼神也游离不定,经常看着地板。当一个成年女性说谎时,她会用手轻揉眼部的下方。她之所以不会像男性那样较为用力地揉自己的眼睛,原因有两个:其一,不想让自己显得太粗鲁;其二,不想弄花眼睛上的妆。如果她说的谎较大,其眼神也会游离不定，但与男性不同的是，她更喜欢仰起头看天花板，以避免和对方的眼神接触。

此外，用手搓耳朵也是欺骗的信号，它往往暗示听者没有察觉到说话者在撒谎。搓耳朵的另一表现形式为拉耳朵，这是小孩双手掩耳动作在成人动作中的一种重现。除此之外，搓耳的说谎者有时还会用指尖来回钻耳孔、揉耳朵的背面，或是用手拉耳垂，再或就是将整个耳朵向前弯曲在耳孔上。所有这些，都是撒谎的信号。

对说谎的研究

美国的行为学家研究发现，当一个人撒谎时，他所发出的各种信号中，最不可靠的就是那些能够人为控制的东西，比如他所说的话，因为当一个人决定对某人撒谎时，尤其是撒一个较大谎的时候，他往往会事先排练他的谎言，以便他在对人撒谎时面不红、心不跳，表现出一副心安理得的样子，从而得到别人的信任。所以，仅仅凭借一个人的话，很难断定他是否在撒谎。那有没有一种简单易行，且能较为准确地判断他人是否撒谎的方法呢？可以肯定地说，有！

德国心理学家通过对100名经常撒谎的人进行研究后发现，要想较为准确地判断一个人是否在撒谎，最可行，也是最简单的方法就是观察对方说话时不自觉所做的一些动作，因为一个人虽然可以控制、编排他的有声语言，但却很难控制、编排自己的身体语言。正如前面所说，当一个人撒谎时，他的瞳孔会变大，嘴角会出现歪斜，以及用手捂嘴、揉眼睛、搓耳朵等。这些表示说谎的动作信号，任何一个说谎者都很难避免它们在自己说谎的时候出现。而这些动作姿势，恰恰是他们心底最真实情感的流露。所以，要想正确判断一个人是否对自己撒谎，最好的方法就是"听其言，观其行"。

脸部表情是怎样揭露事实的

通常情况下，当一个人企图掩盖自己的谎言时，他使用最多的身体语言就是伪装自己的脸部表情。比如，在撒谎的时候，面带微笑地看着对方，或是用点头、皱眉、眨眼等来掩盖自己的谎言。不过，有趣的是，微笑、点头、眨眼等脸部表情很多时候不仅不能帮助撒谎者掩盖谎言，反而会向对方揭露事实。因为当一个人撒谎时，他的有声语言和面部表情并不一致。他内心的真实情感和态度会不断出现在他的脸上，而很多时候，相当一部分撒谎者对此却浑然不觉。比如，当一名推销员向某位顾客撒谎说某种产品非常好时，他想方设法压抑一切暴露他正在撒谎的身体姿势，不让它们表现出来，以免顾客发现自己在撒谎。然而，即使他控制了重大的身体姿势，可是，许多微小的脸部表情仍然表现了出来：瞳孔在扩大，面部肌肉扭曲，脸颊发红，眉毛渗出了汗珠，不断地眨眼等。毫无疑问，顾客看见推销员脸上的这些表情后，肯定不会相信他所说的话了，即使那位推销员说得口沫横飞。

很多时候，当一个人想要欺骗他人的时候，或是有某种想法在其大脑里一闪而过的时候，其相应的表情会在他的脸上一闪而过。很多时候，当我们在那儿喋喋不休时，常常认为听者将自己的整个耳朵朝前弯曲在耳孔上或是对方用手托起自己脸的时候，表示他们正在认真听我们说话，殊不知，恰恰相反，他们这些姿势是在向我们暗示："你快停下吧，我们已经听厌烦了！"再如，一个人向朋友吹嘘自己和单位领导关系很好，可是，每当他提起领导名字的时候，他就会稍稍抬起自己的左脸，脸上露出一丝轻蔑的表情，有时还伴有几声冷笑。这种情况下，即使他说得天花乱坠，其朋友可能也不太会相信他和单位领导的关系很好了。

女性更擅长说谎

女性的感情要比男性丰富得多，她们不仅擅长察言观色，也更善于运用各种肢体语言表情达意。作为男性，很多时候，对女人复杂多变的动作和语言不甚了了。因此，女人很容易就能将男人骗住，如此一来，女人也更喜欢通过巧妙说谎来操纵他人。

女人也许是天生的表演家，或者不客气地说是天生的说谎者。这种特质，在女婴身上就充分表现出来了。看到别的孩子难过，她们会因为同情而哭泣；为了某种要求，她们能够随时随地放声大哭；也许仅仅是为了得到大人的关注，她们也能毫无征兆地眼泪汪汪……

说起谎来，女性要比男性厉害得多。在她们口中，不仅谎言被说得比真事还真，而且还能环环相扣，不露痕迹。此外，女人的谎言也比男性说的谎言要复杂得多，话语、眼神乃至一个不起眼的动作，都是她们说谎的道具。相对而言，男性仅仅能说一些简单的谎言，比如，晚回家的男人只会说"堵车了"或"公司有点事要加班"之类的话，要是与其他女人约会，没有给女友或妻子联系，也只会说"我的电话没有电了——所以没法给你打电话"这样简单的谎话。

为什么说谎很难

可能很多人都会认为说谎是一件很容易的事，其实并不是这样。说谎，尤其是想成功地说一次谎，是一件非常困难的事。为什么说谎就这么困难呢？主要原因在于当一个人撒谎时，他的潜意识不会听从他的"指挥"，而会独自行动。如此一来，他的身体语言就会使他的谎言不攻自破。这就是为什么那些平常很少说谎的人，一旦说谎，无论其谎言多么完美，显得多么真实可信，都会很容易被对方识破。因为从他开始说谎的那一刻起，他的身体就会发出一些自相矛盾的信号（身体语言和有声语言处于相互矛盾的状态之中），这就会让对方觉得他一定在撒谎。而那些职业说谎家，比如某些骗子，他们之所以说谎时不容易被别人识穿，关键就在于他们能够有意识地将自己的身体语言和有声语言协调到较为完美的境界。故而，当他们向人撒谎时，人们往往会深信不疑。

看到这儿，有些读者可能会好奇地问：那些职业骗子是如何让自己的身体语言和有声语言达到较为完美境界的？一般来说，他们常用以下两种方法来实现这一目的。其一，平日反复练习说谎的时候做出正确的身体姿势，长时间的反复练习是必不可少的，一般为2~3年。其二，尽可能减少身体语言，尤其是自己潜意识不能控制的身体语言，这样，在说谎的时候，就会很少做出一些负面动作了。

·第二节·
通过姿势看破谎言

7种最常见的说谎姿势

世界上的谎言可谓千千万万、形形色色,掩饰谎言的姿势也是林林总总、不可胜数。一般来说,在日常生活中,下列7种姿势是最为常见的说谎姿势。

1. 用手捂嘴

用手捂嘴(见图1)是一种明显未成熟、略带孩子气的动作,很多小孩尤其喜欢使用此种姿势,当然,一些成年人偶尔也会使用此种姿势。一般来说,使用此种姿势的人会在自己说完谎话后,迅速用手捂住嘴,同时用拇指顶住下巴,让大脑命令嘴不要再说谎话。有些时候,一些人在做这一姿势时,仅会用几根手指捂住嘴,或是将手握成拳头状,放在嘴上,但其蕴含的基本意义是不变的。还有一些人则会借咳嗽的动作来掩饰其捂嘴的动作,以分散别人对自己的注意力。所以,如果你和某人谈话时,发现对方老是伴有捂嘴的动作,很有可能,他在对你撒谎。

图1

如果当你和别人谈话时,发现在你说话时,别人老是捂嘴,说明对方可能觉得你在对他撒谎。最令演讲者或是会议发言人感到不安或心虚的场景就是当他发言时,台下的听众几乎都捂住了嘴。出现此种情况,如果台下的听众较多,演讲者或是会议发言人最明智的做法就是赶紧结束自己的发言,因为听众已经用姿势向你表明:"你是一个骗子,我们才不会相信你说的话呢!"如果你死撑下去,肯定最终会让自己陷入进退两难的尴尬境地之中。如果台下的听众不多,演讲者或是会议发言人应该马上停下自己的发言,向听众这样问:"有没有人要提问的?"或是"我看得出,诸位中肯定有不少人不太赞成我刚才说的一些话,让我们一起来开诚布公地讨论讨论吧。"这样,演讲者或是会议发言人就可以吸引那些心存疑问的人自由发表他们的意见、观点,演讲者或是会议发言人也就有机会来解答听众心中的疑惑、证明自己的观点了。

当然,有些时候捂嘴的动作也可能是无伤大雅的"嘘嘘嘘"动作,即把一根或两根指头竖着放在嘴上,用这种姿势来示意自己或对方不要说出真实想法。

2. 把手放进嘴里

一般来说，一个人做把手放在嘴里的动作（见图 2）往往是下意识的，因为他可能正面临着巨大的压力。他之所以会做出这个动作，最主要的目的是想重新获得自己幼儿时期吮吸妈妈乳汁的安全感，因为在一个人的潜意识深处，吮吸妈妈乳汁是最有安全感的。所以，很多孩子在成年以前会用自己的指头或者衣领来替代妈妈的乳头，成年以后，他们则会用口香糖、烟斗等来代替。由此可见，虽然一个人把手放进自己的嘴里往往与欺骗有关，不过有些时候，把手放在嘴里的姿势是一个人内心需要安全感的外在表现。

图 2

3. 揉眼睛

当一个小孩不想看到某些人或某些事情的时候，他可能会用一只或两只手来揉自己的眼睛（见图 3），成人也一样，当他们看到某些不愉快的东西时，也可能会用手揉自己的眼睛。揉眼睛这个动作是大脑不想让眼睛看到欺骗、疑惑或是其他不好的东西，或者是不想让自己在说谎时与别人发生眼神接触，以免自己因心虚而露馅。一般来说，当一个男性撒谎时，他可能会用力揉自己的眼睛。如果谎撒得较大，他会转移视线，通常是将眼睛朝下。当一个女性撒谎时，她不会像男性那样用力揉自己的眼睛，相反，她仅会轻揉几下眼部下方，同时将头上仰，以免和对方发生眼神接触。

4. 拽耳朵

想象一下你告诉别人："这只需要花你 500 块钱。"而对方听了却拽着自己的耳朵，望着别处说道："听起来很划算嘛！"这种情况下，如果你真以为对方很满意你所说的价格，那你就大错特错了。因为对方拽耳朵的姿势（见图 4）已经告诉了你他心底

图 3

图 4

真实的想法——"你要的价格太高了,我可不会接受!"其实,把手放在耳边或是耳朵上,或者拉着耳垂,从而阻止对方的话进入自己的耳朵,这实际上是小孩子被父母训斥时用双手捂住耳朵这一动作的成人版。拽耳朵动作的其他变体还包括用手摩擦耳背,用手指掏耳朵,把整只耳朵往前折叠来遮住耳孔。其中,把整只耳朵往前折叠来遮住耳孔这一姿势,还可以用来表示听者已经对对方的喋喋不休感到厌烦了,或是自己也想来发发言。

5. 触摸鼻子

触摸鼻子(见图5)是用手捂嘴这一姿势的"变异",相比于用手捂嘴,它更具隐匿性。有些时候,可能是在鼻子下面轻轻地抚摸几下,也可能是很快,几乎不易察觉地触摸鼻子一下。一般来说,女性在完成这一姿势时,其动作要比男性轻柔、谨慎得多(见图6),这可能是为了避免弄花她们的妆容吧。关于触摸鼻子的起源,有这样两种较为流行的说法,其一,当负面或不好的思想进入人的大脑后,大脑就会下意识地指示手赶紧去遮住嘴,但是,在最后一刻,又怕这一动作太过于明显,因此手迅速离开脸部,去轻轻触摸一下鼻子。其二,心理学家研究发现,当一个人说谎的时候,其身体会释放出一种叫作"儿茶酚胺"的化学物质,这种物质会使说谎者鼻子的内部组织发生膨胀。与此同时,一个人撒谎的时候,其心理压力会陡然增大,血压也会迅速升高,这样鼻子就会随着血压的上升而增大,这就是所谓的"皮诺曹的大鼻子效应"。血压的上升使得鼻子开始膨胀,鼻子的神经末梢就会感到轻微的刺痛。不由自主地,说谎者就会用手快速地触摸鼻子,为鼻子"止痒"。此外,当一个人感到紧张、焦虑,或是生气的时候,这种情况也会发生。

图 5

图 6

看到这里,可能有读者朋友会问:现实生活中的确存在鼻子真正发痒的情况啊,那该如何去区别两者呢?很简单,当一个人鼻子真正发痒时,他通常会用手揉鼻子或是用手挠来止痒,这和说谎是用手轻轻、快速地触摸一下鼻子是不同的。同用手捂嘴的姿势一样,说话的人可以用触摸鼻子来掩饰他的谎言,听话者也可以用触摸鼻子来表示对说话者的怀疑。

6. 抓挠脖子

有些时候，一些人在撒谎时会用食指来挠耳垂以下的脖子部位（见图7）。如果仔细观察一下，你就会发现撒谎者通常会挠5次左右，很少会出现少于4次或多于8次的情况。一般来说，挠脖子这一姿势代表不安、疑惑，或是"我也不确定我会同意"，"应该不会那样吧"等意思。如果一个人说的话与这一动作相矛盾的话，就会表现得非常明显。比如，一个人说，"我比较同意你的看法"，与此同时，他又用手挠着自己的脖子，这就表明他心里其实并不是真正同意你的看法。

7. 拉衣领

身体语言学家通过实验发现了这样一个有趣的现象：当一个人撒谎时，会导致面部和颈部的一些敏感组织产生轻微的刺痛感，为了缓解或消除这种刺痛感，撒谎者往往会用手去挠或搓那些产生刺痛的部位。这就不仅说明了为什么人们在感到不确定的时候会用手挠脖子，也很好地解释了为什么一个人在说谎并怀疑自己的谎言已经露馅时，会不由自主拉自己的衣领（见图8）。

需要注意的是，上述7种姿势虽然是一个人说谎时最可能用到的姿势，但这绝不意味着只要一个人做出了上述7种姿势中的1种，我们就可以立即断定他一定在撒谎。比如，某人说话时，之所以会捂住自己的嘴，是因为他有口臭，如果我们据此就认为他在撒谎，肯定会伤害到对方的。所以，要想判断一个人是否在撒谎，除了看他有没有上述7种常见姿势以外，还应结合其他的姿势动作和一些特殊情况，只有这样，才可能得出一个较为正确的判断结果。

拖延、敷衍的姿势

作为下属，当你把做好的方案交给主管请他批准时，也许会遇到这种情况：这位戴眼镜的领导先是伏下身来，好像是在认真阅读，然后分析判断。但当你请他签字时，他却摘下眼镜，一边摆弄，还有可能把眼镜的一只脚放在嘴里（见图9）。此时，他并没有摸下巴的动作。

作为推销人员，当你带着合同请同意合作的客户签约时，也许那位客户没有立即说话，而是长长地吸上一口烟。而你再催促，他又把一支钢笔或是一根手指放到嘴里。

图 9

上面的这些情况中，主管或客户的肢体语言所表达的内容是：我不确定。因为这种把东西放到嘴里的做法，实际上是他阻断自己的表达渠道，尽可能地拖延时间的表现。此时，他可不想马上做出决定。

这时，要是想使自己的方案获得通过，或是使客户决心签约，你就得想办法增强他的信心，让他感到安心。

在做估量时的姿势

当人们估量他人的时候，通常会做出这样的姿势（见图10）：把握着的手放在下巴或是脸颊边上，同时，食指指向上方，眼睛看着对方。当人们开始对所看或所听的对象逐渐失去兴趣，但出于礼貌或是其他目的，又不得不表现出很感兴趣的样子时，他们就会对自己的这一姿势（估量性姿势）进行调整，即用手掌的圆形位置托着自己的头。这在现实生活中十分常见，比如，当公司总经理在台上发表冗长、无聊，没有任何实际意义的演说时，坐在台下的下属常常就会使用此种姿势来装出一副十分感兴趣的样子。

图 10

不过，令人遗憾的是，下属们这个自以为高明的瞒天过海之计常常骗不了总经理的眼睛，因为他们仅仅用一只手来支撑自己的脑袋，这当然会露馅。看见下属们的这个动作后，总经理就知道自己的演讲并没有受到下属们的欢迎，下属们做出的那些看似很感兴趣的姿势，不过是在恭维自己罢了。一般来说，如果一个人对他所看到的或是听到的东西很感兴趣，他会把手放在脸颊边上，而不是用手来撑住自己的脑袋。

通常情况下，当听众的食指垂直地向上指，眼睛视线向下斜，同时用大拇指支撑下巴的时候，这就说明他对正在发言的人或是对他所说的话感到疑惑不解或是强烈不满。有些时候，如果人们的这种负面情绪一直持续下去，他们可能还会做出这样一些动作——拽眼皮、搓揉眼睛，或者是把头转向一边等。不可否认，这些动作姿势有时很容易被误认为是感兴趣的象征，但是撑着下巴的大拇指却透露了疑惑、否定、批判等真实态度。很多时候，一个人做出的动作会在很大程度上影响他的态度。所以，一个人做出的疑惑、否定、批判等姿势的时间越长，其最后做出此类反应的可能性就越大。因而，一旦看见自己的听众做出了上述姿势的时候，演讲或发言者应该立即采取相关措施,"解除"他们这些姿势。其中最有效,也是最简单的一个办法就是把一些东西分发给听众,从而改变他们的姿势,最终达到改变他们态度的目的。如果这一方法不奏效的话,演讲或发言者最明智的做法就是赶紧结束自己的发言。

挠头和拍打的姿势

挠头和拍打的姿势是揪衣领姿势的"升级版"。这种姿势就是用手掌使劲儿挠脖子后面,似乎觉得脖子里面有刺痛之感。有些时候,当一个人撒谎时,为了避免与对方发生眼神交流而故意将视线向下时,就会采用此种姿势。当然,有些时候,这种姿势也被用来表示失望、愤怒等情绪。

一般来说,当一个人处于失望,或是愤怒的情绪状态时,他往往会先做出拍打头的动作,然后再做出拍打前额或挠脖子的动作。比如,某个人向你借一笔钱,并向你许诺一个月后肯定还你。看见他信誓旦旦的样子,你毫不犹豫地把钱借给了他。一晃一个月就过去了,但借钱的人并没有如约将钱还给你。你于是想,再等等吧,可能他忘了,说不定他明天就记起来了。一晃一个月又过完了,但对方还是没有将钱还给你。事实上,对方的确忘了。迫不得已,你找到了向你借钱的人。当你委婉地向他提起上次借钱的事时,他第一个动作肯定是拍打自己的头,以示遗憾和自责。虽然一个人拍打自己的脑袋表示遗憾和自责,但此时若留心一下,你就会发现他会接着拍打自己的前额(见图11)或是挠自己脖子的后面(见图12)。

此外,通过观察一个人是习惯于触摸自己脖子的后面,还是习惯于拍打自己的前额,还可以大致推断他的性格特征。如果一个人惯于触摸自己脖子的后面,则说明其

图 11

如果他拍打自己前额的话,这就表明他并没有因为你提起他的健忘而感到害羞、不安,或是害怕。可能在他看来,不就是忘了还你的钱嘛,没什么大不了的,自己又不是没钱还不起。

图 12

如果他拍打自己脖子的后部来减轻"鸡皮疙瘩"所带来的刺痛感的话,这就表示你提及他的健忘让他很没面子,也很不开心。

性格较为内向,但其思想却有较强的批判性,不过有些时候,其消极情绪较为严重;如果一个人惯于拍打自己的前额,则说明其性格较为开放,心胸也较为开阔。

姿势透露男人是否在撒谎

通过一些常人无法察觉的身体语言与姿态,我们可以了解测谎仪都束手无策的真情真相。面对你面前的男人,如果发现他说话的时候伴随着以下姿态,那么就要小心了,他有可能正在对你撒谎。

1. 说话时耸右肩

这是不由自主紧张的表现。

2. 说"我怎么会知道"的话时眉毛上扬

这是潜意识心口不一的表现。

3. 惊讶表情超过一秒

这是假装惊讶的表现。

4. 手放在眉骨附近

这是心存羞愧的表现。

5. 说到某事的时候突然抱你

这是不敢面对的表现。

6. 被问问题时轻抬下巴

这是故作镇定的表现。

·第三节·
从面部表情识别紧张情绪

眼睛向右上方看，大脑正在制造想象

神经科学的研究告诉我们，当我们思考时，大脑中的不同区域会被激活，导致眼睛向不同的方向运动。眼睛向左上方看时，表明大脑正在回忆过去的情景或事物；眼睛向右上方看时，表明大脑正在想象一幅新的画面；眼睛向左下方看，表明大脑正在回忆某种味道或感觉；眼睛向右下方看，表明正感受到身体上的痛苦。也就是说，眼珠转动的方向会暴露我们的思想。这就是"EAC眼睛解读线索"。借助这个线索，我们可以从对方眼睛运动的方向来判断对方是否在说谎。

具体来说，眼睛向左上方看，意味着大脑正在搜索记忆，所说的是真话；眼睛向右上方看，意味着大脑正在创建想象，所说的可能就是谎话。如果你周一早上问你的同事周末是怎样度过的，对方回答："带儿子去游乐场了。"此时，如果他的眼睛向左上方看，说明他脑海中正在浮现昨天和儿子在游乐场玩乐的情景，并没有撒谎；而如果他的眼睛向右上方看，则说明游乐场一事可能是他临时编造出来应付你的谎言。

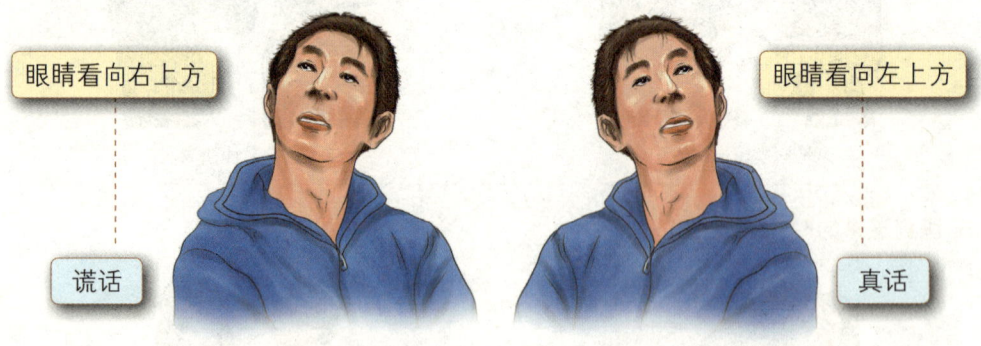

—⊙从对方眼睛的运动方向来判断其是否在说谎⊙—

人在思考时，眼睛的运动方向是由大脑内活动的区域决定的，很难人为控制，因此，观察眼睛的运动方向来判别谎言不失为一个很好的办法。不过，为了确保判断的准确性，使用这个方法还有两个很重要的注意事项。

1. 事先编造好谎言的人眼睛不会转动

眼睛的转动必须和相应的思维活动相联系才有意义，如果已经事先准备好了一套说辞，就等着你问他了，那你就不会看到他的眼睛运动有什么不同。因为即使谎言是虚构的，此时也变成了一种记忆。因此，只有在人没有准备的情况下，一边说话一边构造谎言的时候，才能采用这种方法来判别。

2. EAC眼睛解读线索并不适用于所有人

EAC模型总结了大多数人的眼睛运动方式，但它并不适用于所有人，现实生活中总是存在着许多例外情况。例如，惯用左手的人眼睛转动的方向可能正好相反，往左上方看不是回忆而是编造谎言的表现。为了确保判断的准确，可以先提一些试探性的问题，找准对方眼睛转动的规律。例如，你可以先问对方："你觉得20年后你会是什么样子？"这是一个关于想象的问题，仔细观察可以确定他在创建想象时眼睛转动的方向，然后就可以进行正确的判断了。

对方直视你的眼睛，也未必在说真话

由此，我们也就可以回答刚才提出的问题了。长久以来，变幻莫测的眼神、频繁的眨眼、不敢对视，都被认为是说谎的信号。这些看法都有道理，但是由于大多数人都这么想，所以很多人在说谎时就利用了这种心理，故意盯着对方的眼睛，显得那么从容不迫、游刃有余，以此表明自己没有撒谎。视线的转移确实会显露出一个人的情感状态。例如，悲伤时，我们的眼睛会向下看；羞愧时，我们会低下头。如果不同意对方的观点，则会直接把视线从对方身上移开。但说谎的人绝不会这么做，因为他们害怕被你看穿。

一整天，小洁男朋友的手机都处于关机状态，小洁很着急。第二天见面时，小洁装作很随意地问男朋友："昨天是怎么了，一整天都关机？"男朋友为了掩盖自己的紧张，认真地看着小洁说："哦，昨天手机没电了就自动关机了，我还不知道呢，晚上想给你打电话时才发现的。"男友说话时一直看着小洁的眼睛，一副坦诚认真的样子，可小洁还是觉察到了异样。

说谎者的骗术固然高明，但也不是完全没有破绽，因为这种刻意的"盯"和自然的凝视眼神是不同的。仔细观察就会发现，这种"凝视"很不自然。所以，即使对方直视你的眼睛，也未必在说真话。

假表情总是慢半拍、持续时间长

人的面部表情可以说实话也可以说谎话，而且常常是在同一时间内既说实话又说谎话。在现实生活中，人们时常利用面部表情来作为掩饰和伪装其真实思想感情的"面具"。例如，因违章而受到交警训斥的司机为了避免把事情搞得更糟，往往故作笑脸，表现得服服帖帖；一对正在家中赌气的夫妻，一旦有贵客来访，便会装出没事的样子，笑脸相迎。当人撒谎时，也会制造虚假的表情来掩盖真相，为了识别谎言，我们必须学会识别虚假表情。

虚假表情包括两种——伪装的表情和克制的表情。伪装，即假装出一种与自己真情实感相反的情感。克制，即为了不让别人发现自己真实的情感，努力控制自己的脸部肌肉，故作镇定。例如以下的情形。

例如小学生假装肚子疼请假回家时脸上装出的表情。

善于撒谎的人往往会小心翼翼，不让他们真实的情感以这种方式偷偷显露出来。

无论是伪装还是克制，虚假表情的表现方式毕竟与自然流露的表情有所不同，最重要的区别即虚假表情总是慢半拍，而且持续时间长。情绪出现的时间快慢是很难人为控制的，由于刻意制造的假情绪不是自然发生的，因此它出现的时间总是会稍微延后，持续时间也会比真实的表情要久，然后就"突然"消失了。

1. 假表情总是慢半拍

反映内心真实感受的表情被称为"最初的反应表情"，会在情感产生的一秒钟之内立刻流露出来，之后才能进行人为的掩饰或伪装。因此，如果对方话还没说出口，或者刚开始说话时看起来就很生气，那么他可能确实被激怒了。相反，如果他说完之后才开始表现出很生气的样子，撇着嘴、瞪大了眼睛，这就是刻意加上的表情，并非出于内心的真实情感，对方只是想表现出很生气的样子。

2. 假表情持续时间长

表情持续的时间长短也可反映出说谎的印迹。停顿时间长的表情通常是假的，比如10秒钟或10秒钟以上的时间，甚至停顿5秒钟的表情也可能是不真实的。除了那种极其强烈的情绪感受，比如欣喜若狂、勃然大怒、悲痛欲绝等，自然的表情都不会超过5秒钟。而且，即使是非常激动的情绪，其表情也不可能持续太久，而是一阵阵地短暂地出现。只有象征性表情和嘲弄式表情是长时间存在的。例如，真正的惊讶表情从形成到消失不到1秒钟，如果有人对你说的话展现出长达3秒的惊讶表情，他多半是在故意假装自己不知道这件事。

面部表情是说谎者最容易作伪的部位，这给判断一个人是否在撒谎带来了麻烦。

好消息是，面部表情中总有一部分是人为无法控制的情不自禁流露出来的，因此，我们可以通过识别对方脸上掩饰不住的真实表情来揭穿谎言。面颊肤色变化就是典型的紧张征兆。面颊的颜色会随着情绪的变化而发生相应的变化。面颊肤色的变化是由自主神经系统造成的，是难以人为控制或掩饰的。最明显的是变红和变白。人最常见的面颊变红经常出现在害羞、羞愧和尴尬等情形中（见图1），脸红也是愤怒的表现，愤怒时，面颊瞬时转为通红而不是由面颊中心慢慢扩散开来。当愤怒中的人想极力抑制自己的怒气和克制自己的攻击性冲动时，其面颊肤色会变得苍白，当人处于惊骇的情绪状态下（见图2），面颊肤色也会变得苍白。可见，由面颊肤色的变化我们可以观察到对方真实的情感。类似的线索还有很多，只要在生活中留心观察，定能有所收获。

图1  图2

突然放大的瞳孔揭示隐藏的情感

　　人类瞳孔的变化是不由人的主观意志控制的，完全是下意识的反应，因此可以真实地反映人的情绪变化。前面已经提到，人的瞳孔会随着情绪的变化而相应地放大或缩小。无论说谎者的演技多么高超，他也无法掩盖这一点。瞳孔的这种变化是人无法控制的，因此只要我们留意观察对方的瞳孔，就能断定他是否在说谎。

　　当我们对眼前的事物或者谈话内容感兴趣的时候，瞳孔就会放大。如果一个人的瞳孔变化和他试图表现出来的情绪不相符，就可以怀疑他所说的话的真实性。警察在询问嫌疑人时经常会用到这个方法。例如，警察想要知道嫌疑人和另一名疑犯是否相互认识，会把许多张照片一张一张地给嫌疑人看，其中只有一个是目标人物，嫌疑犯看到目标人物的照片时，瞳孔会突然放大然后恢复，警察如果能够观察到这个细节，基本上就可以下结论了。

　　关于瞳孔与谎言的关系，俄国有一个故事。

　　一个叫卡莫的俄国人在俄境外被警察抓获，沙皇政府要求引渡他。卡莫知道，一旦自己回到俄国，无疑将面临死刑。于是他装成疯子，企图以此逃过惩罚。他的演技骗过了一位又一位经验丰富的医生，最后他被送到德国一个著名的医生那里进行鉴定。这位医生把一根烧红的金属棒放在他的手臂上，为了逃避惩罚，卡莫忍受着巨大的疼痛，没有喊叫，也没有露出任何痛苦的表情，但是他的瞳孔因为痛苦和恐惧而放大了。聪明的医生看到了这一点，完全明白了他不是丧失了知觉的疯子，而是一个正常人。

可见，演技再高超的骗子也无法控制自己瞳孔的大小变化。故事中的医生正是利用瞳孔与恐惧情绪之间的联系发现了这个俄国人的破绽。反过来，人们也可以利用瞳孔变化与兴奋情绪之间的联系来识破谎言。

第二次世界大战期间，盟军反间谍机关抓到一个可疑的人物，此人自称是来自比利时北部的流浪汉。这位流浪汉的言谈举止十分可疑，眼神中露出一种机警、狡黠，不像普通的农民那么朴实、憨厚。法国反间谍军官吉姆斯负责审讯此人，吉姆斯怀疑他是德国间谍。

第一天，吉姆斯问这位流浪汉："你会数数吗？"流浪汉点点头，开始用法语数数，他数得很熟练，没有露出一丝破绽，甚至在德国人最容易露馅的地方也没有出错，于是，他过了第一关。

吉姆斯设计了第二招，让哨兵用德语大声喊："着火了！"然而流浪汉似乎完全听不懂德语，一动不动地坐在椅子上，脸上也没有任何表情。吉姆斯心想，这个间谍果然不简单。

吉姆斯冥思苦想，想出了一个特别的办法。第二天，士兵将流浪汉押进审讯室，他依然是一副无辜的样子，十分冷静。吉姆斯看见他进来，假装非常认真地阅读完一份文件，并在上面签字之后，故意用德语说："好了，我知道了，你的确就是一个普通的农民，你可以走了。"

流浪汉一听到这话，误以为他骗过了吉姆斯，不自觉地卸下了防备，于是抬起头深深地呼吸，瞳孔突然放大，眼睛里闪过一丝兴奋。吉姆斯从这短暂的表情中看出了端倪，看来这位流浪汉确实会讲德语，而且之前一直是在伪装。吉姆斯抓住这个细节，对流浪汉进一步审讯，终于揭穿了他的谎言。

总之，瞳孔放大必然和恐惧、兴奋等情绪有联系，即使对方的身体一动不动、一言不发，仅从瞳孔的变化也可以发现他企图掩藏的情绪，从而揭开谎言。

硬挤出来的笑容嘴巴紧闭

达尔文曾经做过相关的研究，他声称，人们通常企图掩饰消极的情感，而微笑所使用的肌肉与消极情感所使用的肌肉最无关。因而谎言往往伴随着虚假的笑容，笑容具有极强的感染力，也有极大的欺骗性，虚假的笑容有时甚至比恶语相向更有杀伤力，因为它戴着善意的面具。我们可以通过对方脸上的细节来识别虚假的笑容。

真正的笑容总是最全面的，能够让整张脸都亮起来。如果只是嘴角动了动，嘴巴紧闭，眼睛周围的轮匝肌和面颊拉长，这就是假笑，也就是所谓的皮笑肉不笑。假笑

时面颊的肌肉松弛，眼睛不会眯起。狡猾的撒谎者将大颧骨部位的肌肉层层皱起来以弥补这些缺憾，这一动作会影响到轮匝肌和松弛的面颊，并能使眼睛眯起，从而使假笑看起来更加真实可信。一个人发出真心的灿烂笑容时，眼角和嘴角都会浮现出细细的纹路。

要知道脸部纹路如何成为真笑与假笑的区别之处，就要先知道人的笑容运作的科学道理。人的笑容是由两套肌肉组织控制的：以颧肌为主的肌肉组织可以控制嘴巴的动作，使嘴巴微咧，露出牙齿，面颊提升，然后再将笑容扯到眼角上；而眼轮匝肌可以通过收缩眼部周围的肌肉，使眼睛变小，眼角出现皱褶。

我们的意识可以控制以颧肌为主的肌肉组织。也就是说我们自己可以命令这部分肌肉运作，即便我们的内心没有感觉到愉快，也能制造出嘴部的笑容。而眼部周围的眼轮匝肌的收缩却是完全独立于我们意识之外的，我们不能自主地控制。只有内心真正的愉悦才能激发它的运作。所以在一张不真诚的笑脸上，细纹只会出现在嘴的四周。

此外，假笑时，面孔两边的表情常常会有些许的不对称。习惯于用右手的人，假笑时左嘴角挑得更高，习惯于用左手的人，右嘴角挑得更高。而真实的笑容，两边的嘴角都会被最大限度地抬起，而且从来不会不对称。

笑容的时间长短也可以作为判断的依据。假笑保持的时间特别长。真实的微笑持续的时间只能在2秒到4秒之间，其时间长短主要取决于感情的强烈程度。而假笑则不同，它就像宴会后仍不肯离去的客人一样让人感到别扭。这是因为假笑是刻意伪装的，所以撒谎者就不知道应该什么时候收起笑容，无形中延长了笑容的时间，露出了破绽。而且，假笑常常可以在很短的时间里被堆出来，而真实的笑容往往需要更长的时间才能展现出完整的笑容。

总之，如果一个人不想暴露内心的真实感受，他可能会戴上"我很快乐"的面具，你只需切记，不是发自内心真实感受的笑容，是不会在脸上完全绽开的。

·第四节·
不经意的小动作会泄露真相

动作和语言不一致，嘴上说的不能信

人类大脑的边缘系统是非常诚实的，由边缘系统掌控的肢体行为会如实地反映我们的想法，这些动作是我们的主观意识无法控制的下意识的动作。我们之所以可以通过身体语言来识别谎言，原因就在于说谎行为本身的复杂性。看似漫不经心的一句谎言，想要做到滴水不漏不被人怀疑，其实是一件需要动员全身器官共同参与的庞大工程。因此，无论一个人的口才多么好、说谎技术如何高明，他的肢体都会"出卖"他。

人在说话时，实际上同时在意识和无意识两种层面上进行交流，说谎者把精力集中在编造谎言、如何应答上面，因而很难控制自己的身体语言。由于人在交流中同时传递这两种信息，因此说谎能否成功关键就在于对意识和无意识两种信息表达的控制。讲真话的人，意识表达和无意识表达总会保持一致，而一旦语言和动作之间出现不一致，我们就有理由表示怀疑。在这种情况下，我们难以控制的无意识信号，即动作和姿势，往往才是真情实感的表达，也就是说，当动作和语言自相矛盾时，所说的话就很有可能是假的。

生活中经常可以见到这样的例子，例如，抱怨感冒头疼向领导请假，却以轻快的步伐走下楼梯；嘴上明明说"不是"，同时却在点头；再如嘴上正在说好话，两个拳头却紧紧地握在一起（见下页图1），那分明就是讨厌你的表现。

曾担任过600多件法庭审判顾问的乔艾琳·狄米曲斯在《读人》一书中提到过这样一幕：一次挑选陪审员时，负责此事的律师的妻子流产了，他向法官请求准他一天假好陪在妻子身边，但法官拒绝了，因为这会耽误工作。但是律师不得不走，把工作交代给其他同事后就离开了，而此时法官要求其他同事代他向律师以及妻子表示最大的祝福。

乔艾琳注意到，从字面上看，法官的话语似乎充满了同情，但从他当时说话的表情和动作姿势中，丝毫感觉不到同情和温暖之意。他脸上没有表情，一边说话还一边低头批阅文件，这表明他压根儿就不关心律师和他家人的命运。稍后，法官因为另一件事情对一名陪审员咆哮，从言语上看他似乎很生气，但他的肢体语言却揭露了真实的情绪，他的动作并没有反映出怒火——身体没有靠前、没有任何手势或者脸红。尽管法官说话时故意很大声、装作很生气的样子，但他的肢体语言却说明他不过是在利用愤怒的声音恐吓威胁对方，因为他自己缺乏合适的理由说服别人。

图1

图2

动作和语言不一致还有另一种情况，就是时间点不对，这和假装的表情是一个道理。例如一个人在假装生气地说话之后，会故意用拳头捶桌子或者挥舞手臂作为强调，以此来让自己看起来真的很生气。这种事后追加的动作都是刻意为之，并非发自内心。

因此，我们听别人说话时，要同时注意他的肢体语言，拿肢体语言、表情和说话内容作比较，才能看出一个人的真实情绪和动机，除非动作、声音和说话内容彼此符合，否则就一定有所掩饰，那就需要我们仔细观察去找出线索。一旦认清了一个人的习惯做法，也就很容易推测他的其他行为。

不安的双脚泄露紧张情绪

英国的一位心理学家通过实验发现了一个有趣的现象：人体中离大脑越远的部位，越有可能反映一个人内心的真实感情。脸离大脑最近，因此人常常伪装出各种表情来撒谎，可信度最低；手位于人体的中间偏下部位，可信度中等，一个人会或多或少地利用手势来撒谎；而腿和脚离大脑最远，相对于人体其他部位，它的可信度最高，一个人脚上的动作往往会泄露其内心的真实情感（见图2）。当你怀疑一个人在说谎，但却看不出什么破绽时，不妨多加注意他的腿和脚的动作。

在一次会议上，总经理要求各部门经理汇报近半年以来的工作情况。很快，就轮到陈经理发言了。他整理了一下自己的衣领以后，便面带微笑地开始总结自己部门的工作情况。在他发言的过程中，总经理觉得陈经理今天有点不对劲，虽然他面带微笑，但嘴角总会偶尔歪斜一下，拿文件的手也在微微地颤抖着，更为奇怪的是，他的双脚在那不停地滑来滑去。稍微想了一下，总经理顿时明白了其中的原因。会议结束后，总经理让陈经理留了下来，说有事要单独和他谈谈。待陈经理坐下后，总经理单刀直入地问道："你为什么要在总结工作时撒谎？"一听这话，陈经理顿时满脸通红，连忙向总经理道歉，并请求其原谅自己。

为什么总经理知道陈经理在撒谎呢？很简单，因为陈经理在说谎的时候，尽管他做出了一些虚假表情，如面带微笑，并且努力控制自己的手部动作（其实还是没有完全控制住，仍旧在微微颤抖），但是他没有意识到在自己的发言中嘴角出现了歪斜，更为重要的是，他没有意识到自己下半身的动作增多了，如双脚在那"滑来滑去"，这些恰恰是一个人说谎时的动作。而他的这一切，正被总经理尽收眼底。这也是为什么很多企业的总裁总是喜欢坐在不透明的办公桌后面，让桌子遮住自己的下半身，他们才感到舒适自在。因为一个人在撒谎时，他虽然可以控制上半身的动作、表情，但却无法有效控制下半身，尤其是腿和脚部的一些动作。

因此，当我们看到一个人的双脚处于一种不安的状态，不停抖动或者移来移去，说明这个人的情绪也处于比较紧张不安的状态，或者在撒谎。

把头撇开是因为想要逃避话题

我们已经知道，人说谎时，会下意识地避免与对方对视，例如低着头或者移开视线。如果此时说谎者内心十分紧张不安，他就会做出进一步的防卫动作，例如把头撇开，就好像在说："别再问了，我不想谈这个话题。"

把头撇开是人说谎时的一种典型的防卫动作。如果仔细观察正在谈话的两个人就会发现，如果一个人对话题感到轻松自在有兴趣，会不自觉地把头靠向对方，仿佛希望进行更深入的交流。反过来，如果一个人身体后侧，把头撇开不看对方，说明正在谈论的事情令他感到不安，想要停止谈话。清白诚实的人面对别人的责问时，会积极地展开攻势，他之所以激动是因为不想被人冤枉。而心虚的人则会因为不安而做出防卫性的姿势和动作。

例如，乔安娜和约翰为一件事情大吵了起来，乔安娜认定约翰做了什么，如果约翰把头撇开，却不做辩解，那么看来确实有什么事情发生了。相反，如果约翰十分激动地立刻辩解澄清自己，他很有可能就是无辜的。

把头撇开已经显露出内心的紧张和不安，如果说谎者面对提问极度不安，就会想要逃避，但他不会拔腿就跑，而是寻求空间的庇护。就好像我们受到威胁时想要躲避逃走一样，人们在说谎时，心理上处于劣势，担心谎言被识破，会不自觉地移开身体，他绝对不会主动靠前，而是退后或者转身，以此躲避直面指控的威胁。例如，把身体转向门口的方向、背靠墙壁，而不是坐在屋子中间，因为这样他看不见背后发生的情况会更加不安。另一种方式是直接寻找"盾牌"来保护自己。例如，紧紧地抱着一个抱枕、书包挡在自己的胸前，或者把酒杯放在身前，这些都是在两人之间制造一种障碍物，好像士兵举着盾牌来保护自己免受伤害，说谎的人利用这些物体挡在两人之间，免受言辞的威胁。

换句话说，人们交谈时，身体姿势和动作的开放程度和他们的可信度成正比。一个人的姿势动作越舒适自在，就越说明心中坦荡无欺。而对方如果不敢看你、不敢正面对着你、不敢接近你，那就是说谎的征兆。

·第五节·
从说话方式发现撒谎的线索

说谎者无法倒着叙述事情

从谎言的形式上我们可以把谎言分为两种,一种是掩盖事实,另一种是编造或者篡改事实。掩盖事实比较容易,而编造和篡改相对来说需要比较高明的说谎技巧,因为它需要说谎者无中生有,而既然是无中生有,就很容易露出破绽。当说谎者不断重复谎言时,难免会出现自相矛盾的地方,只要我们留心观察和分析,就很容易识破谎言。美剧《别对我说谎》中有这样一个情节,识谎专家Gillian负责调查一位国会议员,当Gillian询问议员:"你上周五晚上是怎么过的?"议员为了掩盖自己经常出入俱乐部的事实,于是开始编造所谓的"不在场证明",他说:"我去国会的健身房游泳,然后回家看文件,吃过晚饭之后,我出席了一场社交活动。"这位议员的表述十分平静自然,似乎看不出什么破绽,然而Gillian要求他倒着再描述一次,即从他做的最后一件事开始往回说。议员立刻显示出来不安和惊慌,他开始语无伦次,完全不符合之前所描述的情形。这是因为,当人编造谎言时,倒着时间顺序来描述会非常困难,因为他先前编造出来的情形并不是真正的记忆,虽然说谎者会事先准备好要怎么回答,却几乎从来不会想过还要倒着顺序准备一遍,因此会显得惊慌失措,立刻就暴露了自己。我国历史上也有类似的事例可供参考。

唐朝初年,有一位刺史叫李靖,被人诬告意欲谋反,唐高祖指派一名御史调查此事。恰巧这位御史是李靖的故交,他知道李靖做人正派、为官清廉,绝不会做出大逆不道之事,一定是遭人陷害。这位御史左思右想,想到一条妙计。他向皇帝请旨,请告密者共同前去查办此案。皇帝欣然应允。途中,御史假装丢失了告密者的检举信件,四处寻找,假装非常害怕的样子对告密者说:"这下完了,重要的证据被我弄丢了,不过还好,有您在,劳烦您再写一份就是了。"

那告密者无从推脱,只好硬着头皮,凭着记忆,又编造一份假证据。御史将这份新检举信与原件一比较,除了告李靖密谋造反的罪名一样,所列举的证据大相径庭,时间、人物都难以对上号,显然是恶意编造的诬告信。

御史巧妙地引出告密者自相矛盾、前后不一致的证据,揭穿了诬告谎言,使案件水落石出。与前面倒着叙述的方法相类似,要求说谎者在不同的时间重复自己所编造的谎言同样可以让对方大乱阵脚。因为临时遗忘而编造另外的谎言能使人抓住自相矛盾的地方，即使事先有很充裕的时间来准备，说谎的人很谨慎地编造了台词，但假如他不够机灵的话，他也无法预期对方反问的所有问题，仔细想好所有的答案；而且，就算说谎的人很机警，当时的情况也会引出突发事件，本来说辞是可以骗到别人的，但是一旦发生这种突然的改变，就会出现漏洞。

说谎大王都是"记忆专家"

说谎者在毫无准备的情况下，常常对同样的问题编造出完全不同的答案，因为他自己也记不清上一次被问到时是怎么说的了。然而，如果说谎者事先知道将要面临询问，精心编造好一套说辞，那么他就立刻变身为"记忆专家"，不仅很久以前的小事都能够记得，而且每次回答的答案都一字不差，完全吻合。

警察在审讯犯罪嫌疑人时经常运用这个特征，如果警察讯问嫌疑人三个月前的某一天是怎么度过的，假如嫌疑人能够说出那天去了哪里、做了什么，就非常值得怀疑了。除非这一天是某人的生日或者其他意义特殊的日子，否则，正常情况下人们连一个星期前的一天做了什么可能记不清了，何况是几个月之前。

英国心理学家怀斯曼曾经做过一个关于谎言的实验，他让著名谈话节目主持人罗宾爵士说一段真话，再说一段假话，用录像机录下来之后让大家分辨真假。两段话的内容如下：

对话一：

怀斯曼："罗宾爵士，您好，请问您最喜欢的电影是哪一部？"

罗宾爵士："是《乱世佳人》。"

怀斯曼："您为什么喜欢这部影片呢？"

罗宾爵士："这是一部非常经典的影片，演员都很了不起，男主角是克拉克·盖博，女主角是费雯丽，整部影片非常感人。"

怀斯曼："那么您最喜欢其中哪一位呢？"

罗宾爵士："哦，盖博。"

怀斯曼："那么您最喜欢的这部影片您看过多少遍呢？"

罗宾爵士："嗯……（停顿）我想大概有6遍吧。"

怀斯曼："您还记得第一次看这部影片是在什么时候吗？"

罗宾爵士："电影刚刚上映的时候，应该是1939年。"

对话二：

怀斯曼："罗宾爵士，您好，请问您最喜欢的电影是哪一部？"

罗宾爵士："嗯……（停顿）应该是《热情似火》。"

怀斯曼："您为什么喜欢这部影片呢？"

罗宾爵士："哈哈，我每次看这部影片都觉得非常有趣，这部电影里有很多我喜欢的东西。"

怀斯曼："那么您最喜欢其中哪个人物呢？"

罗宾爵士："嗯，我想是托尼·柯蒂斯，他实在是太帅了。（短暂停顿）而且他非常聪明，他模仿加里·格兰特简直出神入化。电影里，他试图抵挡玛丽莲·梦露的诱惑，可他采取的方式实在太逗了。"

怀斯曼："您还记得第一次看这部影片是在什么时候吗？"

罗宾爵士："电影刚刚上映的时候，但具体是哪一年我记不清了。"

据罗宾爵士自己所说，他最喜欢的影片是《热情似火》，而《乱世佳人》则是他看过的最无聊的影片之一。我们来具体分析一下两段对话有什么不同。在第一段对话中，当怀斯曼问他最喜欢哪部影片时，他想都没想就说出了答案，按照常理，人们在回答自己"最喜爱的"一类问题是至少会稍微做一番评估，除非是预先想好了答案才能如此反应迅速。其次，罗宾爵士清楚地"记得"自己在多年中总共看了6遍《乱世佳人》，对于自己看过很多遍的影片，一般人只会记得自己看过"3遍以上"或者"不少于5遍"等大概范围，6遍未免过于精确，有明显的造假嫌疑。最后，罗宾爵士清楚地"记得"影片是在哪一年上映的，而且回答相当迅速，一般情况下，即使是自己喜爱的影片，也不会刻意记得它上映的时间，何况是很多年前上映的老电影。这些迹象都表明，罗宾爵士在第一段对话中撒了谎，破绽就是他那惊人的记忆。

总之，说谎大王都是记忆力很好的人。他们的话，说得越清楚越不可靠。

用暗示的方法回应，不做正面回答

文学作品的描写方式有正面描写和侧面描写之分，谎言也是如此。说谎的人通常不愿意正面回答你的问题，他们既不想承认事实，又不想撒谎，所以往往采取一种折中的办法来应付你的提问，那就是暗示性的回答。

老师问小玉："我发现最近你的作业和小芳很相像，她做对的你也做对，她做错的你也做错，你们俩是不是互相抄袭作业了？"

小玉低声说："我和小芳平时都不在一起玩，我妈妈每天都守着我写作业呢。"

像小玉这样的回答等于根本没有回答，面对老师的问话，她不能不回答，但又害怕被老师责骂，所以只能用"妈妈守着我写作业"来暗示自己是诚实的。暗示性的回答一方面避免了承认错误的麻烦，另一方面又可以减轻自己说谎的内疚感。除了暗示的回答方式之外，说谎者惯用的答话方式有下面5种：

1. 套用你的话回应你，拖延时间

说谎的人在面对突如其来的盘问时，一时间来不及编造好答案，往往套用对方的问话来回应，以此拖延时间，来准备好一套说辞，对于说谎的人来说，一秒钟比一分钟还长，这个时间足以做好准备。

妻子问丈夫："你是不是偷看我手机短信了？"丈夫有些慌张地反问道："谁偷看你手机短信了？"妻子又问："那你刚才拿我手机干吗？"丈夫说："我拿你手机干

吗？我以为有电话就帮你看了一下。"

套用你的话作为回应，不需要进行思考而且显得反应迅速，这就像早上上班时同事之间互道"早安"一样自然，根本不需要用大脑思考，就按照对方的话进行回应。除了反问和重复对方的话之外，另一种套用方式就是把肯定句换成否定句作为回答，如果对方说："你撒谎了。"心虚的人会回答："我没有撒谎。"而清白的人会回答："我说的是实话。"

2. 利用反问来拖延时间

就像套用你的话来回应一样，反问也是故意拖延时间编造谎言的手段。反问对方有时比套用对方的话更有效，因为反问过后对方还需要时间回答，反问使说谎者进一步争取到了编造说辞的时间。常见的反问伎俩例如："你这是什么意思？""你怎么会问我这种问题？""你听谁说的？""你觉得呢？"

说谎者不但利用反问来争取思考的时间，还可以突显自己的气势，一副理直气壮的样子，有时甚至会以此震慑对方，使其不敢再多问。

3. 主动提供更多的"信息"

说谎的人知道，如果自己什么都不说，正是心虚的表现。因此，他们可能反其道而行之，不但大大方方地回答你的问题，而且还主动提供更多的相关信息，一直到对方相信了为止。

妈妈盘问儿子周六一整天都去了哪里，儿子撒谎说去市图书馆看书了。见妈妈一脸的怀疑，儿子又接着说："我还在图书馆遇见小明了，他说他每个周六都去那儿看书。"妈妈没说话，转身接着切菜。儿子赶紧又说："小明还让我下周五去他家给他过生日，他还请了好多同学。"

就像这样，说谎的人急于确认你理解了他的意思，如果你表现出怀疑的神情，他就会继续提供更多的"信息"作为证据，可能会牵涉更多的人物和事件，因为人们往往相信，描述得越具体的事情越有可能是真的。

4. 说漏了嘴

很多说谎者都是由于言辞方面的失误而露馅的，他们没能仔细地编造好想说的话。即使是十分谨慎的说谎者，也会有失口露馅的时候，弗洛伊德将之称为口误。人们常会在言辞中违逆自己意思，同时在内心中潜藏着矛盾，以致稍一大意就会说出本不想说的或相反的话，从而在口误之中暴露了内心的不诚实。因此，口误的必然情形便是说话者要抑制自己不提到某件事或不说出自己所不愿说的东西，但又因某种原因而"说走了样"。因此，偶然出现的口误有时恰恰就是真相所在。

5. 漫不经心地描述一件重要的事

当我们不希望某件事情引起别人的注意时，我们会尽量使用平淡的语气来叙述，最好是轻描淡写地一笔带过，这也是说谎者常用的手段，他们对那些可能引起你怀疑的事情进行淡化处理。例如，你和妻子一边吃饭一边聊天，她忽然说："哦，对了，我明天晚上要去参加一个朋友的生日聚会。咱爸的生日也快到了，我们想想准备什么礼物吧。"如果你的妻子平时除了工作以外很少出门，更不喜欢去人多闹腾的地方凑热闹，而朋友的生日聚会她却一点儿也不重视，那么明天的活动就疑点重重。快速地转移到父亲的生日话题上，表明她企图转移你的注意力，可见事情一定有蹊跷。

说话声音高而缺乏变化，是明显紧张的表现

人在说话时，不仅说话的内容在传达信息，说话的声音也能表达含义。我们可以有意识地控制自己说什么，但很难控制自己的声音，特别是在说谎时情绪紧张的状态下，即使能够毫不费力地控制措辞，也很难掩饰自己声音的变化。情绪会影响我们说话的音调、音质和音量。例如，人在生气时，说话声音会变大、语速加快，音调提高。而当人在情绪低落时，说话比平时更慢，而且声音低沉、音量小。

人在说谎时声音会变高，而且声调平平、缺乏抑扬顿挫，这是因为说谎者的声带像身体其他部位的肌肉一样，因压力而紧绷，所以音调变高，带有欺骗性质的陈述不会像发自内心的坚定观点那样带有抑扬顿挫，而是缺乏变化的平淡无味的声调。

说谎者的情绪差别也会导致不同的声调变化。研究发现，当说谎者觉得自己有罪时，声音会变得像愤怒的时候一样，更快、更高、更大声；当说谎者觉得非常羞愧时，声音会变得像忧伤的时候一样，更慢、更低、更平缓。

通过语速也可以判断一个人是否在说谎。平时少言寡语的人突然间高谈阔论起来，我们就可以据此推测这个人可能藏有不可告人的秘密。平时快人快语的人突然变得沉默寡言，我们就可以据此推测这个人很可能想要回避正在谈论的话题，或者对谈话对象怀有敌意和不满之情。回答问题的速度也是重要的线索，特别是关于价值观和信仰方面的问题，作答并不需要时间考虑，但是如何回答会影响别人对自己的看法。因此，说谎的人需要较长的时间考虑之后才会说出符合主流价值观的答案。同样，反应的速度过快也很蹊跷，就好像是事先已经准备好了答案等着你问他了，如果他平时说话都慢腾腾的，却突然不假思索地给出一个答案，那么这个说法绝对不可信。

除了声音的变化和语速之外，人在说谎时还会有其他一些典型的语言特点。例如在谈话中停顿的时间过长或过于频繁，会延长用来停顿的语气词，如"嗯……"、"哦……"，说谎者利用停顿的时间来想好下一步应该怎么说，或者直接因为紧张而变得结结巴巴。

根据有关研究，人在说谎时流露出的各种信号的发生率，如下所示：
（1）过多地说些拖延时间的词汇，比如"啊"、"那"等词占到40%。
（2）转换话题率为25%，比如，"因为临时有事情，那天去不了"。
（3）语言反复率为20%，例如，"本周的星期天吗？星期天要加班？"
（4）口吃现象为9%，例如，"什，什么？"

（5）省略讲话内容，欲言又止占5%。
（6）说些摸不着头脑的话。
（7）说话内容自相矛盾。
（8）偷换概念。

以上信号中，如果在对方讲话时有好几处得以验证的话，那就表明他是在说谎或者是有难言之隐。当然，这只是研究得出的概率统计，仅供大家参考。总的来说，声音变化是判断一个人说谎与否的重要线索，当我们听别人说什么的时候，也要留心他是如何说的，这样才能有效地识别谎言。

谎言往往这样开始

经验丰富的撒谎者经过长期的摸索和总结，形成了比较完整的说谎套路，他们知道怎样说谎更容易取得他人的信任。识破说谎者惯用的伎俩可以帮助我们迅速地辨别谎言。一般来说，说谎者往往会运用下面这几种方式：

1. 半真半假，真话假话混着说

自然界的许多动物都有保护色，不容易被自己的天敌发现。谎言也往往有"保护色"，那就是谎话里面穿插的真话。高明的说谎者惯用的伎俩之一就是用真话来掩饰谎话，说话时半真半假，真真假假的成分掺杂其中，让人难以分辨，从而达到迷惑人心的目的。例如，有些医德败坏的医生明明知道病人得的是无药可治的绝症，在讲了一些病人的真实病况后，却引出一个闻所未闻的进口药，声称此"药"可治此病。这种真真假假、假假真真的话语，让人辨认起来更难分清哪句是真、哪句是假。

2. 主动亮出自己的"私心"

精于撒谎的人通常也是洞悉人性的高手，懂得利用对方的心理。例如，说谎者常常会主动亮出自己的"私心"，但他亮出的只是一个假的"私心"或小的"私心"，是为了掩饰自己内心真实的想法，而真的"私心"或大的"私心"，他是不会说的。例如，导游在带领游客到商场购物时，会事先主动告诉游客，自己可以从中拿到回扣，但是只有5%而已。比起那些拒绝承认回扣一事的导游来说，游客们觉得这位导游很实在，因此不会有抵触的情绪，反而会多买一些商品。其实这位导游拿到的真正的回扣可能超过了20%。这种谎言利用的是人们"以诚相待"的心理，即用"小诚"来换你的"大诚"。

3. 贬低自己

人们往往以为那些自吹自擂、夸夸其谈的人更容易撒谎，其实高明的撒谎者反而会做出谦虚谨慎的样子，故意贬低自己，从而降低对方的防范意识，容易获得对方的信任，待取得对方的信任后再开始"大动作"。

总的来说，如果谈话中，对方开始出现以上几种行为时，就说明其有可能要说谎了。

第十二章
猜度心思，赢在职场

·第一节·
合理利用微表情，勇闯职场第一关

面试不同阶段的身体语言

通常情况下，一个凭借自身实力踏上职业道路的人都会经历一系列大大小小的面试。只有通过了这些面试，你才能拿到职场的通行证。而即便是你已经踏上了职场，你还是要面临各种面试，比如升职面试等。面试通常都是短暂而正式的，面试官会从你的一举一动中判断你的品质和能力，所以在这些面试中你必须要注意自己的身体语言。

1. 准备

给人的第一印象是极其重要的，而这个第一印象有很大程度上来自你的着装打扮。你可以考察一下你所应聘的公司，知晓它的职员平时是怎样穿着的，然后可以依葫芦画瓢。类似的着装风格可以让你们互相之间找到共融感。如果你没有这份闲情，准备一套简洁大方的套装应该是不错的选择，可以显示出你对面试的重视。

2. 面试中

一般情况下，面试人员会为你提供座位。因为面试本身就是一个关于领土和高低地位的周旋游戏，你的座位是对方确定好了的，你不要想着改变劣势地位而去调整自己的座位，遵循对方为你设定好的规则有时候是很有必要的。

在面试中，你要学会避免目光游离。因为游离、善变的目光会让面试官认为你比较不可信，或者感觉到你的不自信。当他提出一个问题时，你应该留意倾听，并将坚定的、自信的目光停留在问话人脸上5~7秒钟。目光的交流并不是让你直勾勾地盯着对方，有一个小秘诀是将目光集中在对方眼睛与鼻子之间的三角形位置上移动，这样会令人觉得你对他的话十分重视。

当你同面试官交谈时，你可以根据情况改变自己的面部表情。比如当面试官谈及某个观点时，你可以微微点头，表示附和。但不要太过火了，猛烈地点头和干涩地大笑都会让你看起来虚伪。

当你的双手要摆姿势时，将所有的手部动作都控制下巴和腰之间的范围内。移动双手时，确定手离开身体的距离不超过肘部的长度。拍掌、摆弄手指等不经意的小动作可能会使人觉得你很轻浮，不够稳重。所以你的手部动作不要太多。当然，也不要将双手握得太紧，否则会给人握紧拳头的感觉。

面对着面试官，我们前面章节曾谈到的交叉双腿等姿势，这时是绝不适宜的，并且在任何情况下都不要跷二郎腿，这看上去像你与主考官之间竖起了一道屏障。

我们通常都会要求应聘者在面试时不要过于紧张，但实际上适度的紧张感会让对方感到你的诚意，所以如果这个位子并不是非你不可，你就不要摆出一副轻松自如的样子。

3. 面试结束

面试结束的标志一般为面试官询问你是否有不清楚的地方，此时如果你没有一些的确很有意思的问题就应该识趣地结束。你可以稍作停顿，代表你在快速思考，然后微笑着告诉对方你觉得之前的问题已经覆盖了你想知道的事情。

当面试官正式宣告面试结束时，你不要急不可耐地离开。向他微笑几秒钟，让他感受到你的善意和诚意，然后向他表示感谢。做完了这些，你才可以离开。

同样，面试官也需要注重自己的身体语言。面试官的形象和气质通常会被当作公司的整体形象，所以你的身体语言所流露出来的信号也要有所讲究。这里给出的建议是关于在评估应聘者的过程中，怎样的身体语言比较恰当。

当你需要对应聘者做出评价时，正面积极的反馈自然是愉快的，但也不能显得过于热情，这样反而会降低对方的成就感，让他觉得太过轻松。而如果是负面的反馈，处理得不好就容易造成尴尬的局面。

通常情况下，不仅是接收消息的人感到尴尬，传达消息的人也会有些许尴尬和窘迫。但你不能让这些情绪在你的身体语言中表达出来，而应该以一种真诚而坦率的态度去面对。可以从肯定性的视觉交流开始，把双手放在对方可以看到的地方来表达你的坦诚。首先谈一些赞誉内容，比如"在哪……方面，你还是做得不错的"，有眼色的应聘者会在此时就感知到负面的结局，从而为其准备好情绪应对。然后你再讲述负面的内容，身体语言要显得积极主动。身体向前微倾，同时保持开放型的姿势，不要交叉双臂，也不要做出头枕双手的动作。用手托着下巴的动作更会让对方觉得你在厌烦他，连一刻也不愿意浪费在他身上了。

如果对方过于沮丧，不要马上做出请他离开的手势。可以静待一会儿，让他情绪平静，然后站起身与他握手。在握手时，可以稍稍用力，让对方知道你对这次面试的态度是严肃的。

眼睛往哪儿看

面试时应聘者眼睛有四种活动会透露他的内心活动状况，如果应聘者眼睛正视前方，则表明他正在被动地听取信息；如果应聘者眼睛向上翻后再向右边转动，则表明他可能正在回忆自己最近的经历；如果应聘者眼睛向上翻后再向左运动，则表明他对正在进行的面试非常投入；如果应聘者眼睛向下看，则表明他对面试官提出的问题非常感兴趣，并在积极地进行思考。

很多面试官在对应聘者进行面试时，往往就会根据这四条标准来做出最后的取舍。面试开始后，如果他们发现应聘者在面试时眼睛一直盯着前方，一般来说，他们就会否定这个应聘者。因为他们会认为这个面试者仅是被动地在听他们说话，根本没有一点自己的想法。如果面试官发现应聘者的眼睛向上翻后再向右边转动，一般来说，他们会给这位应聘者高分。因为他们认为这个应聘者正在将他们所说的事情和自己的经历联系起来，这就说明他是一个善于思考的人，也很在意这份工作。如果面试官发现应聘者的眼睛向上翻后再向左边看，往往也会给他一个较高的分数。因为他们会认为应聘者正在分析他们说所的话，且是基于理性层面而不是基于感性层面的分析。如果面试官发现应聘者的眼睛向下看，一般来说，他们会谨慎为其打分。因为他们认为应聘者面试时如果眼睛向下看，往往含有这样两层意思，其一，他可能在想，这个职位不错，我想得到它；其二，这个职位并没有我想象的那般好，我是不是该放弃呢？在这种情况下，面试官就会寻找其他较为明显的线索了，然后再为其打分。

需要注意的是，应聘时，应聘者与面试官进行适量的眼神接触是非常有必要的，同时还应在适当的时候对面试官所说的话用点头作为一种回应，这会给他们留下诚恳、认真的好印象。但切记不可点头太急或是过于频繁，否则会给人不耐烦或想插话的感觉。当然，在面试的过程中也不要东张西望，如果这样的话，面试官很可能会认为你对应聘职位或公司缺乏诚意。

路易走进面试间，三名面试官的目光齐刷刷地扫向他，令他紧张不已。他与面试官们隔着一个较宽的办公桌，但仍可感觉到他们灼人的目光。反倒是他自己不知道该望向哪里了，是直视面试官的眼睛，还是聚焦在他们的额头上，路易左瞄右瞄就是不知道该怎么为自己的视线找一个令人安心的"落脚点"。

一个视线左右游移的面试者恐怕是很难被录取的，因为这样的神态很难让人产生信任感。如果路易能够事先就练习一下控制自己的视线，并且在面试官的脸上寻找到合适的落脚点，他看起来就不会显得那样的没有自信和慌乱不堪。事实上，在面对面的交流中，学会在什么情况下应该注视对方面部和身体的哪个部位，将会对最终的交流结果产生极大影响。

当应聘者参加面试时，进入房间先用全景视野看一看有几名面试官，然后礼貌地跟他们一一握手，给他们提供两三秒钟的时间，使之可以从容地上下打量你，形成对你的总体印象。握手过程中用视线跟每一位面试官的眼睛接触一下。然后坐在自己的位置上，把视线投射在前面所说的第一个区域上。如果有几个面试官，则选择跟你正对的那一个。

视线的投射也需要经过长期的练习，当你明白了我们所说的面部地理学，在今后的生活中多加练习，这些技巧就能成为习惯，让你的视线轻松自如。

不同座位方式的应对策略

大多数面试都是坐着进行的，而面试官可能会根据自己的习惯或者具体的面试方式来决定座位的设置。你也许和面试官隔着桌子面对面而坐，或者在你和面试官之间没有任何遮挡。隔在你们中间的可能是一张长方形的大桌，也可能是一张小圆桌。你自己的座位可能会很正式,也有可能是沙发式的座位。你可能要接受单独面试,也可能是接受一个小组的面试。不同的座位安排会对谈话者产生不同的影响,因此,我们有必要根据面试官不同的座位安排做出调整。

情景1:应聘者与面试官对坐在办公桌两端

这是一种标准的面试座位方式,大多数企业都在使用这种方式。在面试开始的时候,面试官会走到桌前与应聘者握手,并为他们指引座位。应聘者的椅子不应正对着桌子放置,而应该与桌子保持一个角度,并在椅子和桌子之间留下一定空间。

入座时,应聘者最好调整一下椅子,椅子和桌子之间保持一定的角度。当人们直接面对面谈话时,即身体角度为零度时,很容易形成对立的气氛,而当你把椅子的角度稍微调整,整个气氛就会缓和一些了。你的动作要表现得比较轻松,但同时要把椅背拉向自己并稍稍向边上挪一点,尽量避免当当正正地坐在椅子中央。这种"餐桌"边的坐姿在当前情况下是不适合的。面试官可能愿意把双手和双臂放在桌上,但是你可千万不要学他的样子。同时,不要贴着桌子边坐,最好在椅子和桌子之间保持一定的距离,这样你可以有一定的空间去移动身体,保证舒适感,同时,也便于面试官观察你的身体语言。

有经验的面试官不会把桌子摆在房间的正中央,因为大多数的办公室都是长方形的,桌子被放在房间中央,会无形中形成一条房间的中间线。比较好的策略是把桌子和墙壁摆出一个角度来,这样面试官的身后就会有一个角落,应聘者面试时不会正对着墙壁,因此不会显得很有压迫感,让面试官和应聘者都有更大的放松空间,面试过程会更加愉快。

桌上的摆设也有讲究。如果办公桌上有计算机,那么在面试中它可能会成为一个额外的障碍物。因此,应聘者应当适当调整自己的位置,确保你和面试官的视线交流不会被计算机妨碍,如果两个人不得不抬起头越过计算机的顶部才能看见对方,肯定会影响应聘者的发挥。

对坐在办公桌两端的方式看上去非常正式而令人紧张不安,实际上,过于不正式的场合反而更具威胁性。因为当应聘者感觉面试官在跟你闲聊的时候,应聘者很容易会忘记自己身处险境进而放松警惕。很多面试官都喜欢采用这种方式,让应聘者放松警惕,进而说出真实的想法和情况,聪明的应聘者要多加小心。

然而桌子对于应聘者也不是完全没有益处。当双方面对面而坐时,中间的桌子可以被应聘者当作缓解紧张的安全屏障,只要不是透明的玻璃桌都有这个效果。

情景2:应聘者与面试官分别坐在一张桌子成角度的两边

这个情景是不是很熟悉呢?当我们身体不适去医院看病时,医生和病人之间的座位就是这样的,这样的摆放方式显得比较亲切和体贴,因为不是直接面对面,不那么具有对抗性。

也许大多数面试者都不曾意识到,座位方式对面试的结果有多大的影响。实际上，很多情况下成功与否都依赖于桌子的摆放位置。如果桌子被靠墙放成一排，会感觉比较自然。如果是非常正式地摆放，就会给人留下人为做作的印象。即使桌子被靠墙摆放，你也应该保证双方坐的位置有一定的角度，这样双方的身后都会有一个活动空间。而如果应聘者坐在房间角落，椅背靠着墙壁，背后完全没有空间，当你面对面试官时，一定会感觉到巨大的压迫感，仿佛血压都在上升。

情景3：多位面试官同时面试一位应聘者

在这种面试方式中，通常会安排一张长方形的桌子，若干位面试官并排坐在长桌的一边，应聘者独自坐在对面的位置，面试官的气势非常强，而应聘者就像是在接受审判。

面试开始，会有一位面试官将面试小组中的成员逐一地介绍给你，而你则要利用这个机会和每一个人握手并分别打招呼，握手时稍微用力，眼睛一定要看着对方，并且面带微笑。

入座时，为了缓解"大军压境"的压力，应聘者可以把座椅放得比一对一面试时稍微靠后一些，拉大你和面试官之间的空间距离。这样做还有另一个好处，因为你需要将自己的注意力在一组人当中来回转移，从而需要更大的掌控空间。

当某位面试官向你提问时，你要看着提问的这位面试官，而当你开始作答后，要将自己的视野范围扩大到整个面试小组成员，不要只盯着一位面试官，而忽略了与其他面试官的眼神交流。

情景4：在咖啡桌边的面试

一些外企会使用这种面试方式，看上去比较轻松自然，可是应聘者千万不要掉以轻心，越是在这种不那么正式的情况下，越要小心谨慎。

首先，是着装问题。如果不是面试官特别说明，多数情况下我们都会身着正装去面试，然而，咖啡桌的座椅会比较低，原本笔挺的正装在咖啡座椅上会变得非常糟糕，尤其是身着裙装的女应聘者，入座的时候很难保持优雅的仪态，大概需要事先专门练习一下，因此最保险还是穿长裤。

其次，是沙发的问题。柔软的沙发的确不适合面试，当你深深地陷进柔软的沙发里，不得不挣扎着挺直身子，如果发现自己突然陷得太深有些失态，千万不要到处扭动，最好的策略是以开玩笑的口吻说这沙发非常舒服，然后趁机调整一下姿态，尽量坐得浅一些，以便于挺直身体。

最后，你需要记住的是，当臀部低于膝部的时候，如果想坐着交叉双腿是比较困难的。这样你可以坐在座位的中间，与面试官保持一定的角度，双腿稍稍地叉开，双手放在大腿上。

情景5：座位对着座位

在少数情况下，应聘者和面试官会面对面而坐，中间没有桌子等障碍物，彼此都可以看到完整的对方，没有任何部分是被遮挡起来的，这种座位方式虽然看起来不那么正式，但是对于应聘者来说并不容易应对，因为当你和面试官之间完全没有障碍物时，意味着你们之间的距离很近，而且面试官可以看到你的全貌，可以观察到你的每一个细小的身体动作。因此，应聘者常常会非常不舒服。面试时，应聘者会时不时地意识到当你移动脚的时候可能会碰到对方的脚，动作也会因此变得拘谨起来。

为了消除这种弊端，在入座的时候最好把你的椅子往后拉，直到你获得一种安全感时为止。在面试的过程中，不动声色地调整自己的位置。可以尝试双腿交叉，但不要跷二郎腿，一方面这样很不礼貌，另一方面会很容易碰到面试官的腿。

面试官的暗示你懂吗

求职时，人们会遇到形形色色的面试官，自从进入办公室开始，你就将一直面对这个人。问题是，我们并不知道他们的性情，该如何同他们打交道？此时，不妨先观察一下面试官的身体动作，也许能为你提供些许有效的信息。

1. 严肃的面试官

当你走进面试的房间，发现面试官"铁面"的表情，似乎对你的出现没有任何反应。然后对你说："嗯，请坐。"等你坐好后，他开始提出问题。

一般遇到这样的面试官，新手会感到十分棘手。这类人就像是冷酷的"终结者"，很轻易就能把自己删掉。实际上，这类考官可能是较为保守的一类，不想听其他人的长篇大论，注重对方的实际能力，只要你能将自己突出的某方面能力展现出来即可。或者，他内心也比较紧张，是个内冷外热的人，如果挑对谈论的话题，或者更有利于双方交谈。当然，他最感兴趣的还是你的实力和这种能力会为公司带来什么。

2. 热情的面试官

一见到面试者就非常主动热情，握手端茶。如此的举动让你感到受尊重，甚至有贵宾般的感受。甚至，他们还会不停地赞赏你，让你更放松警惕。除非你非常有能力，让这类面试官仰慕你的才华，否则，他们就是在"做戏"。这样做的目的无非是想让你"小看"了面试的严肃性，然后充分表达，暴露自己的缺点。

3. 礼貌的面试官

对待面试者，他们客气有礼，很注意双方之间相处的距离。就像正式场合中的外交代表一样。既不过分热情也不让人感到冷漠。他们给人的感觉是礼貌的疏远，不会主动挑起话题，只会安静地听你陈述。这类人多心思缜密，城府深，不容易洞察他们的内心。所以，你所能做的就是举止得体，正常发挥。

4. 一言不发的面试官

这样的面试官极少遇到，他们从头到尾都没有说几个字，都是让你做自我陈述。只在最后吐出几个字："好，就这样，你可以走了。"这种面试官并不是哑巴，而是等着你自然发挥，等你占据主动地位，看你如何进行自我描述。如果他一直面无表情，那也无须紧张，自由发挥即可。

5. 善于言谈的面试官

他们是会谈中的积极者，一张嘴就会淋漓尽致地发挥自己的能力。这时，面试者应当感到庆幸，这是自以为是的面试官，他们喜欢表现自己。那么就将面试中的绝大部分时间留给他们。当你表现出应承或者点头示意的时候，会加深他们对你的认可。但是，表面上一定要表现得恭恭敬敬，不出现懈怠或者疲倦的情况。

决定结果的是你做了什么而非说了什么

大多数求职者在准备面试的过程中，都会悉心准备如何回答面试官可能提出的问题，有心者还会事先预演很多遍，以期在面试时能够流利地回答出完美的答案。然而，他们可能忽略了一个关键的问题，如果是准备电话面试，这样的做法也许是不错的，但如果是面对面的面试，仅仅准备如何回答面试官的提问是远远不够的，甚至，面试结果在很大程度上并不取决于你说了什么，而是你做了什么，即你的一举一动是如何表现的，在面试过程中，如何克服紧张的表现、避免泄露"马脚"的动作以及认真地倾听是影响面试效果的三个重要方面。

1. 克服紧张

开头不宜多说话。有很多面试者会因为紧张而废话连篇，刚刚入座时面试官可能会简单地和你寒暄两句，此时千万要控制住话匣子，简单说几句即可，同时避免动作过多，因为面试刚开始的这个阶段，面试官会看着你，从中获得第一印象。

可以微笑，但不要随意发笑。紧张的笑是致命的，你不必装作一本正经，但是也要避免毫无准备地大笑。

如果对方提供饮料，不妨接受，饮料有助于缓解紧张，但同时要注意你的动作，什么时候该去喝一口饮料，注意：面试官说话的时候不能喝，也不要在回答问题的中间喝水。喝水无疑会停止交流并且分散注意力，所以最好是正式提问开始前稍微喝一点就好。

应聘者应该有一套主要的坐姿，在谈话的过程中就面试官的讲话恰当地做出反应即可，但要记得恢复自己的坐姿，不要表现得比面试官还随便，这要根据面试官的情况来定，如果他坐得笔直，手势动作也很少，那么应聘者最好也保持非常正式的姿势。如果面试官很随意，你可以适当放开动作，总体上，表现得稍微紧张一些是保险的，显示你对面试官的尊重。

尽量学着去忍受那些无话可说的停顿时间。面试中会经常出现这样的情况。如果你从小到大一直认为停顿在某种程度上说是一种社交灾难，那么这些停顿就真的是非常可怕的。但是，你可能需要停下来考虑每一个你将要回答的问题，面试官也需要停下来去消化甚至写下你的答案。如果出现后一种停顿的情形，那么你就将自己的姿势恢复到基本坐姿即可。

2. 如何倾听

倾听面试官说话的时候要保持与对方持续的视觉交流，而在谈话的时候则要间或地变换一下眼神。眼神中不要露出"深度思考"的神情来，比如盯着天花板长时间地发愣。

你可以在对方提问之后，若有所思地向别处看看，然后再看着对方开始回答问题。这样会让面试官觉得他刚才提的问题非常不错，而你的回答很诚实且经过了深思熟虑。相反，如果回答得太快反而显得轻率。

面试官在讲话时，应聘者脸上的表情很容易显得僵硬，倾听的时候要不时地改变自己的面部表情，对面试官所说的内容要有回应，例如用点头、扬眉等小动作来回应，但不能太过火了，否则看起来你会有些做作。要通过全神贯注地倾听问题来让问题的提出者感到高兴。可以轻轻地皱眉，让面试官觉得那个问题是一个非常聪明的问题，引发了你的思考。

面试官讲话时，应聘者的双手最好不要乱动，可以把手放在腿上，保持双手紧握，而当你开始回答问题时，就可以运用一些手势配合。

倾听时，坐得浅一些，并且保持身体前倾，这样可以更加全神贯注地聆听，表现出积极认真的态度。

最重要的是，千万不要去打断面试官的讲话，即使是用手势，不要举手，也不要疯狂地点头，如果发现自己已经伸出手，顺势绕回来整理一下头发会比较好。

3. 警惕"马脚"动作

面试过程中，应聘者常常下意识地做出一些动作，这些动作会泄露内心真实的想法。

例如，你可能已经对那些比较棘手的问题准备好了口头的答案，比如"为什么要离开你上一个公司"和"你在简历中提到曾有长达一年的时间没有工作，谈谈你是如何度过这段时间的"，你也许可以流利地说出事先构思好的答案，然而却下意识地摸了摸鼻子或者身体往后仰，双脚往后缩，这些小动作都会让敏锐的面试官觉察到你撒谎的迹象。

其次，记住永远不要得意忘形。面试官提问时，很多应聘者一旦意识到自己知道这个问题的答案，脸上就会露出一种愉悦的笑容。这时候笑绝对不是好主意，因为在面试官看来，你的笑容就好像在说面试官的提问毫无水平，而你则扬扬得意地坐在那里，心中早已有了准备好的答案。面试官一旦这样理解，难保不会用更难的问题来刁难你。

另外一种让你露马脚的是防御性的动作，比如双臂交叉或身体向后方倾斜、把玩戒指、手表或者身体的某个部位、摇摆身体或者晃动双腿，这些动作都可能暗示着你还有很多东西没有透露出来。

当然，也不要把自己的动作控制得过于严格，即使是在非常正式的场合，也不需要表现得像个机器人，当你已经掌握了什么动作可以做，什么动作会导致扣分，你就可以允许自己移动或者欣然地表现自我，坐着一动不动绝对不是好主意，只会暴露你的紧张和不自信。

·第二节·
读懂微表情，掌握职场风向

彼得·克拉克说："你不必去喜欢你的上司，你也不必恨他，然而你却必须去管理他，这样他才会成为你达到目标、取得成功的资源。"然而，上司并不是简单被动的"资源"，与上司相处稍有不当，将会伤害到你自己。因此，把握"管理"上司这把"双刃剑"需要更高的技巧。

准确领会上司的意图

能准确领会上司的意图最能考验一个人的"悟性"。经常听到领导说某某人"悟性好，一点就透"，也经常听到领导抱怨某某人"不灵通，翻来覆去交代多少遍也不领会意图"。由此可知，能准确领会上司的意图也是会表现的重要方面。

李续宾是曾国藩手下善于揣测其意图的爱将。一天，曾国藩召集众将开会，谈到当时的军事形势时说："诸位都知道，洪秀全是从长江上游东下而占据江宁的，故江宁上游乃其气运之所在。现在湖北、江西均为我收复，仅存皖省，若皖省克复……"此时，李续宾早已明白曾国藩的意图，趁势插口道："涤帅的意思，是要我们进兵安徽？"（曾国藩号涤生）"对！"曾国藩以赞赏的目光看了李续宾一眼，"续宾说得很对，看来你平日对此已有思考。为将者，踏营攻寨计算路程尚在其次，重要的是要胸有全局，规划宏远，这才是大将之才。续宾在这点上，比诸位要略胜一筹。"李续宾一句话赢得了曾国藩的赞扬。

上司的意图有时不会直截了当地表达出来，需要下属仔细揣摩。原因是多方面的，比如，上司碍于自己的地位，不便随意表态，但倾向性意见已不难忖度，这时你就不能强迫上司明确表态；上司还没有拿定主意，但迫于形势只好模棱两可地敷衍几句，这时你就得稳重，私下找上司商量，不要贸然行事。还有一种情况是上司基于其地位的不同，只能用委婉客套的话说出来。

何阳刚入制药公司时，科长对他说："你刚到公司，恐怕对此处的各种情况都很生疏，不妨先走走看看，等你把各处的具体情况熟悉了之后再说。"

这位科长似乎十分通情达理，何阳也信以为真。他在公司里悠闲地逛了3个月，没做什么具体工作。

没料到，有一天科长突然把何阳叫去，用一种十分不快的口吻说："我是欣赏你的工作能力才推荐你来公司的,可是许多职工都反映,你整天闲逛,懒懒散散,大家因此而满腹意见,你可要注意影响,有点作为呀!"

何阳听了以后,哑口无言。但他在心里却暗暗地想道:"不是你叫我走走看看,熟悉情况的吗?我现在完全按你的吩咐去做,你反而责怪我了。"

这件事究竟是谁的过错呢?

我们只要稍加分析,就能发现,这应完全归咎于何阳的天真和疏忽。

何阳是被科长看中而特地录用的。开始,科长的嘱咐纯属客套,其背后的潜台词是:新进人员在不熟悉情况时贸然行事,容易遭到老职工的抵制,所以,谨慎小心为妙。

但是,何阳对科长的用意居然一无所知,天真地听从了科长的客套话,并照办不误,因而出现了纰漏。此时,他若不受科长的责备才是怪事呢!

作为下属,必须掌握上司对你的期待,并且有所行动,否则的话,辜负了上司的期待,就谈不上利用和推动上级并获得他们由衷的赞美之辞了。

领导或上司对部属的期待,不会每次都以率直的语言表达出来,有时嘴上说"这样做",心中却要求"那样做"。也就是说,上司有时因为碍于情面,会用委婉暗示或其他曲折隐晦的方式把自己的要求说出来,因而,他所形之于语言的和他内心所期待的并不完全合拍,表里一致。

准确了解上司的意图是你与上司搞好关系的前提条件。每位上司由于各自背景的不同,其工作方法和思维方式也各不相同。因此,与不同的上司相处时,应根据其性格、思维方式,因人而异地选择工作方法和处理方式。

了解上司的性格、工作方法和思维方式,不仅可以到实际工作中去揣摩,还可以通过各种途径,如单位聚会、与领导一同出差等机会与其交流,增进彼此的了解,以便在工作中更好地配合领导的意图,提高工作效率。

准确领会领导意图,并非一日之功。常言道:凡事预则立,不预则废。只有平时紧紧围绕领导关心的问题进行思考,才能准确把握领导意图。

处理好和上司的关系

每个人都希望自己能和上司走得近些、更近些(见图1),觉得如此才能和上司保持亲密关系,才能得到上司的赏识,然而,这通常是个误区!

无论什么时候,上司就是上司,即使上司和下属的关系很不一般,也不表示上司与下属之间没有距离。毕竟你与上司在公司中的地位是不同的,这一点要心里有数。不要使关系过度紧密,以至卷入他的私人生活之中。

图1

一个小国的国王为了自己的国家不被邻近的大国

所侵犯，只得委曲求全与邻国联姻，娶了大国国王的妹妹为妻。由于这个国王的妹妹是个极其尖酸刁蛮的女人，因此婚后的国王处处受制于她。国王因为长期的压抑，不得不在外面又暗自结识了一个女人。由于担心凶恶的王后知道此事，他终日提心吊胆。这时，有一个很会讨好国王的人主动为他出谋划策，设计了许多与情人幽会的方式，国王也视他为亲信。国王与情人的事情只有这个亲信最清楚。久而久之，皇后似乎有些察觉了国王的不轨，就准备找那个亲信询问。因为她知道，只有他最清楚国王的私事。

国王得此消息后，立即捏造了一个罪名，下令把那个亲信处死，这样就永无后患了。

如果过多地介入上司的私生活，并脱离了与上司的正常关系，这对你没有丝毫的好处。上下级之间的确是可能建立友谊的，但是友谊过头，过多地参与上司的秘密，却是不值得提倡的。

即使你在潜意识里有强烈的成功愿望，但是为了自己的愿望在实现的过程中没有人为的障碍出现，你和上司之间一定要设一块禁区，并管住自己不要胡乱瞎闯。

此外，还要留一点私人空间给你的上司。因为当上司的也需要自己的空间！

身为职场中人，尽量与上司搞好关系是应该的，但是走得太近就非常危险了。

一个优秀的员工应该懂得自己与上司之间的差别，尽管可能有时你很受上司的赏识，是上司手下的关键人物，但别忘了上司毕竟跟你不是一个级别的同事，你们的关系是领导与被领导的关系。你可以与上司关系和谐，但不必太过亲近。

与上司的关系最好不疏不离，保持一定的距离。

适时退让一步

当罗斯福继麦金莱而就任美国总统之后，他的老友菲莱邱到华府拜谒他。而后菲莱邱自述他到总统的府邸谒见罗斯福的情形："我那位老友站着向我微笑，把手搭在我肩上，说：'你需要什么？'当他问我此话时，哈哈大笑起来。但是，我觉得他这一笑是为了掩饰一些厌恶。或许我不是唯一急于加入政治生涯的人，因此，我也笑着表示，我并不需要什么。而他显然就此宽心多了，说道：'怎么可能！你是这班人中唯一的人才，其他人不是做官升职，就是入了监狱。'当时我认为，我到此拜谒已令他十分高兴了。虽然我知道我时刻都能获得一个好差事，但是，我认为假如我能无求于他就告辞了，那么，我与罗斯福的交情将会更进一层。所以，我就此告退了，带着一本西班牙文的自修字典，回到家中开始准备外交的职务。大约一年之后，我从报纸上看到一则要派遣一位美国的第一公使前往哈瓦那的公告。这是一个非常有利的机会，我一向对古巴颇为熟悉，而且我一直在学习西班牙语，我认为我早已非常熟悉那个地方了，其余的事情就更容易，我只需再到华府，把我的衷心希望及以往的研究告诉罗斯福即可。果然我的目的达到了。"

这就是菲莱邱之所以能出任古巴公使,继而得以展开他历久且光辉的外交事业的原因,也是他用以毛遂自荐的另一种方式。当初,他感到罗斯福的心中隐约藏有莫名的反感,于是,立即伺机引退,以等待另一个时机。这就是他于日后自我推荐得以成功的妙策。而他只带着一本西班牙文的字典回去自修,准备外交上的事务,也就是他顺利地担任古巴公使的基础。

由于时机不宜,领导表现出抗拒、反感之意,这类的障碍是时有之事。然而,遇有此种障碍之时,有远见的下属必定立即设法回避。在许多事件中,能够稍微地退让一步,反倒是使他感兴趣的唯一计策。

菲莱邱说:"我不愿意做别人都想做的事情,但是,我常参照别人的方法去完成我想做的事情。"这句话正是我们所谓的"让步"诀窍之最好的诠释了。

领导人物的最终目的在于引发他人自愿地臣服于他们,以达到合作愉快的境界。当然,双方所引起的偶尔反感,均可能造成不悦的摩擦。但是,领导都会了解这点,假若作为下属的你执意抗议,即使一时胜利了,而所得的成就仍会是极为微薄的。

想要取得领导的认同和支持,最好的方法,就是要懂得站在领导的立场,为领导着想。自己所坚持或是争取的事情,如果也能保障领导的权益,当然就容易取得领导的认同。

在这个世界上,任何一件事情都是相辅相成,所以就要思考:如果换作自己,在什么样的情况之下才会被认同?懂得退让一步,获得领导的支持,一切事情才有可能在良性循环的轨道上顺利进行。

要懂得分寸

美国人力资源管理学家科尔曼曾说过:"职员能否得到提升,很大程度不在于是否努力,而在于上司对你的赏识程度。"但是,即使发现上司对你非常赏识,你也千万不要以此为荣,更不要因此骄傲蛮横、目中无人。而是要学会把握好分寸,分寸把握不好,上司对你的赏识也就会慢慢变味。把握好分寸,领导才会更欣赏你(见图2)。

图2

杨娟最近在做一些小动物的书,将它们的生态情况等做一些介绍,读者对象是小朋友,要把原来那些科普味很浓的文字都修改成儿童感兴趣的文字。

上司对杨娟的工作非常满意,他经常当着同事的面夸奖杨娟,说杨娟的感觉很好,所做的书很符合孩子们的心理特征。杨娟第一次听上司如此说的时候,心里很高兴,也很自豪,自己的付出得到肯定,自然很欣慰。但是,上司说得多了,杨娟就觉得不太妥当。觉得上司如此表扬自己事实上是否定了其他员工的工作，如此一来很容易被其他同事妒忌。而且，一旦将来工作没有做好，上司会觉得自己没有用心。于是杨娟决定找准时机来阻止上司过多的赞扬！

再次开会时，上司又表扬了杨娟。话音刚落，杨娟即站起来恰到好处地说："经理，谢谢您对我工作的支持！我之所以能取得今天的成绩，不仅仅与我自己的努力有关，更与其他同事的帮忙有直接关系，我会继续向您以及其他同事学习，取得更好的成绩！如果将来我出现什么差错，也希望您和同事能耐心地指导我！"

面对上司的赏识一定要沉得住气，要留意周围的状况，做出最理智的回应。

了解不同类型的领导

你若想了解上司，可以观察他本人的一言一行、他的思维方式、他的喜恶，等等。通过对以上各方面的观察，你就会对上司有所了解，这种了解是你做事情的依据。

要熟悉上司的性格，应该主动与他多接触，多谈话，要克服因惧怕上司而造成的心理屏障和自己的自卑感。只要与上司熟悉了，就可从他的举手投足、回眸顾盼中知晓其心理，达到内心的沟通。

1. 与冷静的上司打交道，不可自作主张

如果遇到冷静的上司，那么对于一切工作计划，你只需要提供意见，不要自作主张，决定计划后，你只要负责执行便可。至于执行的经过，必须有详细记载，即使是极细微的地方，也不能疏忽，这种一丝不苟的精神，详细记载的报告，正是他所喜欢的。但执行中所遇到的困难，你最好能自行解决，不必请示。

2. 与热忱的上司打交道，采取不即不离的方式

你如果遇到热情的上司，逢他对你表示特别好感时，要采取不即不离的方式。"不即"可使他热情上升的走势和缓，不致在短时间内便达到顶点，同时延长了彼此相处与了解的时间；"不离"可使他不感失望。

如果你有所主张或建议，也要用零卖方法，不要整批发售，如此才能使他对你时时都感到新鲜。

3. 与豪爽的上司打交道，要突出自己的能力

如果你遇到的上司性格豪爽，那真是值得庆幸。只要善用你的能力，做出过人的工作成绩，绝对不用担心没有发展的机会。他自己长于才气，所以最爱有才气的人。唯英雄能识英雄，你是英雄，不怕他不赏识你；唯英雄能用英雄，你是英雄，也不怕他不提拔你。

4. 与傲慢的上司打交道，要谨守岗位

你的上司如是个傲慢人物，与其向他取宠献媚，自污人格，不如谨守岗位。一有机会，你就该表现出你独特的本领。只要你是个人才，不愁他不对你另眼相看。

从对待工作的态度看人

一个公司就是一个社会的缩影，不同性格的人在一个公司里都有可能遇上，我们应该首先从同事的外观上了解、观察他的心。

人在自然而然中都会将自己的性格特征表现在对工作的态度上，所以如果想了解和认识一个人的性格，可以从他对工作的态度上进行观察。

外向型的人多勇于承担责任，工作中没有机会的时候会积极地寻找和创造机会，有机会的时候会牢牢地把握住机会，他们都很容易获得成功。

内向型的人在面对工作的时候，首先想到的是自己该负担的责任、后果等问题，总是担心失败了会怎样，态度摇摆不定。因为顾虑的东西实在太多，他行动起来就会瞻前顾后、畏首畏尾。

工作比较顺利，就特别高兴，但稍有挫折，就灰心丧气，甚至是一蹶不振，这种人多属于性格脆弱、意志不坚强的类型。

工作上一旦出现问题，就责怪自己，这样的人多胆小。

工作失败了，不断地找一些借口和理由为自己开脱，以设法推卸和逃避责任，这种人多半是自私而又爱慕虚荣的，他们常常以自我为中心。

失败以后能够实事求是地坦然面对，能够认真分析总结失败原因，争取在以后的工作中不犯同样的错误，这样的人多是真正成熟的人。他们为人处世比较稳定和沉着，有进取心，经过自己的努力，多半会取得成功。

从面部表情识别同事的心理

观色是指观察人的脸色，获悉对方的情绪。这与老猎人靠看云彩的变化推断阴晴雨雪是一个道理。

人类的心理活动非常微妙，但这种微妙常会从表情里流露出来。如果遇到高兴的事情，脸颊的肌肉会松弛，一旦遇到悲哀的情况，也自然会泪流满面。不过，也有些人不愿意将这些内心活动让别人看出来，单从表面上看，也许会让人判断失误。

1. 没表情不等于没感情

生活中，我们有时会看到有些人不管别人说了什么、做了什么，都一副无表情的面孔。其实，没表情不等于没感情，因为内心的活动如果不呈现在脸部的肌肉上，那就显得很不自然，越是没有表情的时候，越可能使感情更为冲动。

2. 愤怒悲哀或憎恨至极点时也会微笑

这种情况与面部表情不同，一般人说脸上在笑、心里在哭的人正是这种类型。他们纵然满怀敌意，但表面上却要装出谈笑风生的样子，行动也落落大方。

由此可见，观色常会产生误差。满天乌云不见得就会下雨，笑着的人未必就是高兴。很多时候人们把苦水往肚里咽着，脸上却是一副甜甜的样子；与之相反，脸拉沉下来时，说不定心里在笑呢！

从同事的行为解读他的思想

在识人的实际过程中，一个人的行为，体现着一个人的思想。对于同事的行为，应时刻保持头脑清醒，有自己独立的见解。

1. 柏拉图型的同事

柏拉图是古希腊的一位著名哲学家，他认为精神境界是完美无瑕、至高无上的。柏拉图型的人，通常被人们称为内秀型。这种人非常腼腆、敏感、聪明，往往给人一种清高甚至傲慢的感觉。

柏拉图型的人擅长用文字来表达情感，他们的感情非常细腻。可是，柏拉图型人的精神境界常常不能得到同事的真正理解。

柏拉图型的同事常常会有孤独寂寞感，经常会自暴自弃、缺乏自信心，觉得自己在生活中很软弱。他们常常陶醉于诗一样的幻境之中。

2. 猪八戒型的同事

猪八戒给人们的印象并不是非常差的，其性格率真、心地比较善良。猪八戒型的人，常常像猪八戒那样性情十分急躁，对异性的态度非常明朗，一旦遇到了意中人，就立刻发起进攻，表达自己的情感，一点都不想耽搁。猪八戒型人的性格就是快人快语，从来都不憋在心里。

猪八戒型的同事的激情往往来得快去得也很快，热得快凉得也很快，朝秦暮楚对于他们来说在所难免。有的时候，给同事们的感觉就是，他们不太专一，对人缺乏长时间的尊重，可靠性较为短暂。

不过，猪八戒型的同事精力充沛，擅长交际，办事很快，属于点火就着的人。

3. 关云长型的同事

关云长是一个威武不能屈、富贵不能淫的英雄豪杰，不管曹操对他多么深情厚谊，他也没有为富贵所动，一心只想着去帮助自己的生死之交刘备。甚至刚一听见大哥刘备的消息以后，就什么都顾不上了，冒着过五关斩六将的巨大风险，投奔贫贱时的至交刘备。像这样的人怎能不被人们敬仰、崇拜呢？到了现在全国各地还保留着许多关帝庙。

而对于曹操的知遇之恩和深情厚谊，关云长也没有恩将仇报，在赤壁之战的时候，曹操处于生死危难的紧急关头，关云长没有忘记旧恩，顶着杀头的大罪，放曹操一条生路。

由此可见，像关云长那样的人，并非一直都非常聪明，脑子也有不灵活的时候。然而，关云长型的人重情感，只要认定了，一生都不会反悔，感情非常专一，可谓忠贞不贰。

关云长型的人不管对同性同事、对异性同事从来都不会轻浮，很少拿势利眼来看待同事。尽管关云长型的人有时也会注重外在形式，那是因为他们觉得为人应该举止稳重、端庄大方。

从同事的言谈倾听他人的心声

有个穷人患病，病情渐渐严重，医生说他没有希望了，病人祷告众神，说如果能病好下床的话，一定设百牛祭，送礼还愿。他妻子正站在旁边，听他这么说，便问道："你从哪儿弄这笔钱来还愿呀？"他回答道："你以为神让我病好下床，是为了向我要这些东西吗？"

人有时候心口不一，由此看来，察言是很有学问的技巧，人内心的思想，有时会不知不觉在口头上流露出来，因此，与别人交谈时，只要我们留心，就可以从谈话中探知别人的内心世界。

1. 把剩下的话吞回去：没有自信的人

这类同事是属于对自己没有自信的人，对自己没有信心，对人际关系更没有信心。从他们的心态上来讲，话讲到一半就被人打断，甚至转移话题，这是非常不尊重他们的表现。他们觉得受这样的污辱是很见不得人的，所以尽可能地把话吞回去，而且还希望大家不会注意到他们，就当作没讲。这是一件很令他们难过的事，而他们是那种受气也不吭声的人。

2. 等对方说完：沉得住气的人

这种同事是那种话不说完，心里不舒服的人。一旦有人不尊重他们，打断他们的话，他们就等对方讲完，再接下去讲。从这点可以看出，他们是很沉着稳重的人。虽然他们知道对方不尊重他的发言权，但他们又不便当面翻脸，只好耐心地等对方说完，再以很有君子风度的样子继续讲完。一来可以避免话没讲完的尴尬，二来可以给对方一个教训，他懂得很好的制敌之术。

3. 跟对方抢着讲：一触即发的人

4. 马上要求对方尊重他：盛气凌人的人

他们是那种经不起侵犯，一触即发的人。他们的脾气不好，一旦有脾气上来，压也压不住，就会直接爆发出来。所以，如果对方恶意打断他们的话，他们会不甘示弱地扯高嗓门，要和对方拼一拼。他们的性格是一条肠子通到底的，凡事不三思而行，很容易惹麻烦。

这种同事气势凌人，颇有领导的架势，在他们讲话的时候，不许别人插嘴或打断，否则他们会当面警告对方，要尊重他们的发言权。他们的性格是很主观的，常以自我为中心。他们想做的事，就会按照自己的意思来做，不许别人干涉。一旦有人干涉，他们会毫不客气地纠正。这除了要有很大的自信外，也要有很大的勇气和实力。

与同事搞好关系

在与同事相处时，在老实中藏点机智与灵活，对你有益而无害。

丁力是某公司的销售员，由于自己是从外地应聘来的，在工作中他处处小心、事事谨慎，对每位同事都毕恭毕敬，偶尔与同事发生点小摩擦，他也从不据理力争，总是默默地走开。逐渐大家都认为他太老实、太窝囊。于是，都不把他当回事，在许多事情上总是叫他吃亏。

其实，每当想起同事们对他的态度，尤其在奖金分配上自己老是吃亏这些事，丁力心里很是委屈。残酷的现实使他不得不对自己的为人处世进行反思，他决心改变自己，以便让别人改变对自己的态度。

一次，销售总监要一份销售计划书，可一天后还没见人送到办公室来，便到销售部大发脾气。销售经理便说计划书早就让丁力做了，是他故意拖拉才未完成任务的，并且说丁力做事一向不负责任。

丁力马上站了起来，说道："总监，今天的事你可以调查一下，计划书昨天下班前我就交给了销售经理，怎么能说我不负责任？我看是有人别有用心地想让我出洋相。在这里，我顺便告诉大家，我不是面团捏成的，想把我怎么样就怎么样。大家在一起共事也是有缘，我实在是不想和同事们争来争去罢了。以后，谁要再像以前那样待我，对不起，我就不客气了。"

从此以后，丁力发现同事们对他的态度有了明显的转变，他也抬头挺胸，不再扮演被人欺负的老实人的角色了。

与同事一起工作，总是免不了会发生矛盾，如何解决这些矛盾？既不能每天针锋相对、视若仇敌，也不能事事忍让，而使自己显得懦弱无能。

你是不是三番五次地被人利用和欺侮？你是否觉得别人总是占你的便宜或者不尊重你的人格？如果真的是这样，那么你的生活和工作就需要改进了，就需要你学会拒绝和对他人说"不"字。当你鼓足勇气说"不"时，当你认识到自己的需要并表达出来时，你会发现你原来所顾虑的事情一件都没有发生，而你的生活却发生了变化，同事开始尊重你，开始意识到你的存在。

要改变因软弱而被同事欺侮的困境，必须在会宽容的同时学会拒绝。

如何赢得同事的好感

同事是我们每天都必须面对和相处的人，无疑和我们的工作、事业乃至生活都有密切的关系，是对我们影响最深的一个群体。那么，走在职场，如何赢得同事的好感呢？

1. 顺其自然，不要虚假

工作时间是你和同事相处、争取早日融入集体的最好机会。"路遥知马力，日久见人心"，你只管认认真真工作，踏踏实实为人，同事们会渐渐接纳你的。在你和同事之间，本来没有什么牢不可破的障碍，只不过因为陌生，或者仅仅因为你自己内心设置的屏障，所以使你感觉到他们的排拒，实际上这未必是事实。工作过程中的每一个平实的日子都是你和同事们相处的最好机会，只要你有耐心，和同事打成一片，相处融洽就不过是时间问题而已。千万不要把这件事当作一个难题，而应轻轻松松、自自然然地去面对这个必经的过程。

需要注意的是，你千万不要为了尽快融入集体，而刻意改变自己去适应别人。比如在言语和行为上故意迎合同事，心底里挺冷淡，而表面上却装成极热情的样子……这样是没有必要的，很累，也不长久，一旦他们看出你虚伪，反而会鄙弃你的为人，反而不利于你融入集体之中了。

2. 充分利用业余时间和机会

除了工作时间，业余时间也是你尽快融入集体的好时机，休息日或假日你可以动动脑筋举办一些有趣的聚会，或者真诚邀请同一办公室的同事去你家里玩，你亲自做上几道拿手好菜……这都是沟通思想和交流的好方法。

另外，单位集体旅游或者度假时，尽可能地活泼、活跃起来，跟大伙一块儿说说笑笑，一定不要独来独往，另辟蹊径，那样会让同事们觉得你很难接触。

3. 细心关怀，体贴同事

不要怕主动表达你的关爱，只要你是真心诚意的。比如去收发室取报纸时，顺便就把楼上几个办公室同事的信和报刊都带上送给他们；哪位同事工作忙，中午加班，你就主动帮他买午餐；再比如哪位同事病了，下班后晚上打个电话过去问候一下，诚恳地问他是不是需要帮忙，明天能不能上班等。即便同事不需要你的帮助，但你的心意他是会领受的。这样，你随时细心地体察同事的需求，时时抱着善意和助人的心态，那么同事们就一定会很快地认同和接受你的。

4. 要宽容，要满足

你永远不要希望集体里的所有人都认同和接受你，因为人的性情总是多种多样的，你只需要被大多数人接纳和认可就足够了。所以面对个别人的排拒和冷漠，你要宽容，认定它是一种正常现象，并且像往常一样与他相处，至于他对你的态度如何，你完全没有必要计较。当你已经被一个团体里的大多数人所接纳和欣赏，你就已经融入这个群体之中了，你要学会满足。每天怀着一种明朗的对一切都满意的心态去面对你的工作和你的同事，你所获得的就将是令你更满意的结果。如果你一直紧张，甚至有所抱怨，那么你就算易于融入群体，也不会长久合群，因为人们总是欢迎那些给他们带来快乐的人，而不是带来尴尬和压抑的人。

5. 对同事大方一些

为人太吝啬不好，有时候适当地大方一点，你的慷慨就会让人铭记于心。

当然，对同事大方一点，并非是让你为了讨好他人，为了赢得同事的好感，而不顾自身经济条件，大把花钱去买"人缘"，只是在适当的时候，略施"恩惠"即可。这样，既不会花太多的钱，又能赢得好人缘，何乐而不为呢？

无论如何，要赢得别人的好感，怀着一颗真诚的心是最重要的。在细节上关心、体贴同事，宽容、大方地与之相处，同事一定会对你产生好感并乐于与你相处的。

怎样转移桌子上的个人领域

当你汇报工作，或是与人谈判时，你可能会和对方面对面隔着一张桌子坐下来。而当你和对方坐下后，你们便会迅速把桌子平分成两个部分，并把其中的一半作为自己的领域，同时反对任何一方入侵自己的"领地"。

假如有一天你没有和对方面对面地坐下，而是坐在桌角的位子上，毫无疑问，坐在这个位置上的你肯定会感到不舒服。因为你坐在这个位置上很不方便向对方讲解自己的方案，如果对方恰巧又坐在一张长方形桌子的后面，你心里的不舒适感肯定会更加强烈。这种情况下，你就得转移桌子上的个人领域了。具体来说，你可以这样做：

把你手上的材料放在桌面上（可以故意离自己近一点），这样一来，对方要么把身体前倾来看一看，要么把材料拿到自己那边，或者是把它推回你的领域。如果对方把身体往前倾来观看你放在桌子上的材料，但是却没有把它拿起的话，那么你就不得不从你坐的地方把你的材料拿起。一旦这样的情况发生，你可以先把身体转45度的弯，然后再向对方展示自己的材料。如果他把材料拿到自己的一边，那么这就意味着你有机会征得他的许可,进入他的领域,坐在桌子拐角处或者是坐在他身边来向他展示你的材料。然而,如果他把你递给他的材料又推回你的领域,那么请待在你的领域里不动。永远不要在没有征得对方口头或者是身体语言上同意的情况下进入对方的私人领域,否则的话,你在使对方恼怒的同时,也会让自己处于尴尬情形之中。

就座时身体所指的方向

考虑这样一个场景:你是某个公司的老总,现在想让一个下属来自己的办公室,因为该下属近来的工作业绩直线下滑,你很想知道这其中的原因。所以你打算问他几个比较直接的问题,并且希望能够得到他直接的回答。

先暂且不论你将会问这位员工哪些具体问题,以及你问这些具体问题时运用哪些技巧,我们先考虑一下以下几点:

(3)该下属将会坐在一张固定的没有扶手的椅子上(这样就会让这位员工不得不使用身体语言和不同姿势来表达自己的情感,也就使你有机会明白他的想法和态度了)。

(1)该谈话将在你的办公室里进行。

(2)你将坐在一张有扶手的转椅上(这样你就能够减少一些身体上的动作,而且也让你能够自由地转动)。

你可以使用三种主要的身体角度来进行谈话。和站立时所形成的三角形一样,坐在和对方呈45度的角度能够使谈话变得非正式、轻松自如,而这种角度也是开始谈话的最佳姿势。因为你可以运用此种姿势模仿该下属的动作和姿势,从而无声地向其表示自己同意的态度。就像是刚刚开始站着谈话一样,让双方的身体同时指向无形的第三个人,从而形成一个三角形,能够表现出同意对方的态度。

如果你把自己坐的椅子直接转向对方,你就在用无声的形式告诉他:"我希望你能直接、正面回答我的问题,我不喜欢拐弯抹角的回答方式。"

如果你把自己坐的椅子转动60度,这样你就缓解了和对方谈话的压力。当你打算问对方一些敏感或者是尴尬的问题时,这种姿势就是最好的发问姿势了。因为这样坐着就能够鼓励对方开诚布公地回答你的问题,同时也不会让对方觉得你是在拷问他。

怎样重新安排办公室的摆设

老李最近升任公司总经理，并分配到了一个私人办公室。上任半个月后，他发现自己和其他员工关系反而没有以前好了，尤其是在他办公室里的时候。有几次，他差点在办公室和原先几个共事的员工吵起来。这让老李感到非常苦恼。

经过仔细调查，老李发现问题出在自己的办公室布局上。在老李的办公室里，来访者的位置设在老李座位的对面，中间隔着一张桌子，双方形成了竞争对手的态势，令来访者一就座就感到紧张。从舒适感和非语言信息的角度来看，老李的办公室布局真是非常糟糕，因为它使每一个进入该办公室的人都感到敌意。

老李的办公室里除了一扇面向办公楼外的窗户和一个透明的玻璃隔板之外，其余三面墙壁都是用实心隔板做成。通过玻璃隔板，老李可以看到员工的公共办公室的一举一动，同时员工们也可以透过玻璃隔板看到老李在办公室的所作所为。老李总是在坐着的时候把双手放在脑后，或者是把脚放到自己椅子的扶手上，或者同时做这两种动作。看到他这种不雅的动作，老李在员工心目中的威信就大大降低了。

由于来访者的椅子的摆放方式使他们背对着敞开的大门，员工的办公地点就在来访者座位的后面。当来访者和老李谈话时，员工们可以看到来访者的背影，这使得员工们产生了一种和来访者处于同一条战线的错觉，对老李大大不利。

苦恼的老李请来了室内设计师帮他重新设计室内布局。室内设计师观察了老李的办公室布局后，发现了其中的一系列问题，向老李提出了很多改进的意见。经过室内设计师的一番调整，老李的桌子被摆放在了玻璃隔板的前面，这不仅使他的办公室显得更宽敞，同时也使走进办公室的每个人都能看到他。老李就能够亲自站起来迎接每一位来访者，而不用隔着桌子来迎接客人。来访者的椅子被放了桌子拐角的位置，这使得双方的谈话时显得更加开诚布公，双方可以在轻松友好的氛围中交谈。在办公室的另一端放置了一个低矮的圆桌和两张相同的转椅。这样老李就可以在该圆桌上和客人或员工进行一些非正式的谈话。对于那张玻璃隔板，室内设计师让人对镜面进行打磨加工，使老李能够看到外面员工们的公共办公室，而员工却看不到老李办公室内的情形，这就充分保证了老李的私人领域，从而产生了一种神秘感，提高他在员工心目中的地位。

在其办公室的原布局中，老李必须把桌面的一半空间分给来访者，而新布局使他能够独占桌面的所有空间。老李也改变了自己坐姿，双手呈塔尖状，并且每当自己和他人说话的时候，都会刻意地露出自己手心。结果呢，老李和员工之间的关系得到了明显的改善，一些员工甚至开始形容他"平易近人"，说和他一起工作很轻松愉快。

想要提高你的地位、增加你的魅力，有时候你所要做的仅仅是稍微改变一下办公室的摆设即可。然而，大多数经理人的办公室摆设和老李办公室原布局相似，没有经过室内设计人员设计。通常，非专业人士很少会考虑到，这些消极的非语言信号会在不经意间传递给对方。

让室内设计师帮你重新设计你办公室的布局，就会产生意想不到的效果。

·第三节·
了解谈判对手,把握谈判方向

运用身体语言协助谈判

有谈判经验的人都知道,谈判要取得成功,仅仅靠能说会道是不够的,如果能够有效运用身体语言传达信息,再辅以恰当的说话策略,谈判的成功率就会大大提升。

1. 目光接触

在谈判时所使用的的肢体语言中,最重要的是目光接触。没有其他的肢体语言比目光接触更能传达出诚实、真心及信心了。从见到对手的那一刻起,到双方达成交易,你都要直视对手的眼睛。如果你转开目光,便给了对手不相信自己所说的话的印象。

2. 面部表情

面部表情要轻松自然,别用脸上僵硬的笑容撑着整个谈判,那可不仅让你感到难受,也使谈判对手感到不自然。谈判结束时,用友善、真诚的微笑及温暖的握手打上句号——即使谈判过程十分艰辛,也不要在脸上表现出不悦,温暖的笑容会证明你的客观性,帮助你以后的会议或讨论更平顺。

3. 手势

一般做手势时,你可以同时配上关键语句、意见,这使得你的谈判技巧更臻完美。另外,当你要使用手势时,一定要举止自然。因为人们对矫揉造作的动作反应很敏感。一旦你的对手感觉你是在跟他演戏,他就不会有所反应或者受你的影响了。

做动作要切合主题。在谈论一件小事时,你千万不能敲桌子或挥手臂,表现出很激动的样子。因为夸张的手势会造成做假的印象,而且会使你在较大议题中使用这些手势时失去作用。

用道具支持你

有经验的谈判专家往往不会空着双手进入谈判,他们深知一个道理,"所见"常常比"所闻"更有说服力,因此他们会带上一两件道具作为阐述观点时的有力支持。道具的存在会加强你的立场,你的对手对它看得愈久,它就变得愈有说服力且不可忽视。

为谈判准备必要的道具并不麻烦,任何方便携带的物品,例如照片、模型、图表、报告、DVD 等,都可以作为道具,只要可以带到谈判现场的,都可以为你所用。以照片为例,一张照片胜过千言万语。套用最近流行的一句话"有图有真相",色彩鲜艳而形象生动的图片比白纸黑字更能打动人心。在谈判中,一张恰当的照片可能比你说上 10 分钟更有效。

具体来说,道具可以从以下方面支持你:

1. 提供形象化的见证

当你向老板要求加薪,必须把你所做出的成绩落在纸面上,列出数据、图表等,例如在你的带领下部门业绩增长了多少、你为公司争取到了多少笔生意等,都要用白纸黑字的形式呈现出来,请老板过目。

2. 加强你的谈判立场

法庭上,律师常常把犯罪现场的照片作为证据,这些照片比任何言语都有效,能够迅速影响陪审团和法官的判断。

3. 削弱对手的谈判优势

当人们展示道具时,通常会站起身,扬起手,而对方仍然坐在椅子上,无形中你给对方造成压迫感,并且,当你展示道具时,对方的注意力会集中到道具上,并且顺着你的思路,反而会淡化自己的立场。

需要注意的是,并不是所有物品都适合作为道具,也不是任何情况下都可以随意使用道具。道具的使用也要讲究一定的方法,以下是几点提示:

1. 熟悉你的道具

你必须对自己将要展示的道具非常熟悉,如果是文件或者影像,一定要仔细阅读和观看,充分掌握资料。了解哪些内容是对你有利的,哪些内容可能引起对方的质疑甚至反驳,这些都要事先预备好。

2. 确保道具的质量

要检查并确保道具的质量,不要因道具质量问题而临时卡壳。如果你使用的道具是次序颠倒的复本或模糊不清的影带,不但对你没有任何帮助,还会让对手小看你。

3. 把握时机

首先，你必须明确每一样道具的用途。在对的时间使用对的道具才能具备最强大的杀伤力。如果展示的时间错误，可能白白浪费了一个好道具。具体在什么时间展示道具并没有统一的标准，得靠谈判者自己的感觉，当然，你的谈判经验越丰富，就越容易判断出最佳时机。

4. 收起道具

有的道具可以贯穿整个谈判过程，也有的道具只适合在某一时刻展示，当它完成使命之后，最好将它收起来，因为它可能吸引对方过多的注意，反而忽视了你的讲话内容。

巧用眼神取得意想不到的好效果

眼神能反映一个人的心理活动，特别是在商务交往和谈判中，眼神的巧妙运用会让谈判取得意想不到的良好效果。

2005年夏，海天集团的经理郭刚带着几位得力助手去广西与商业伙伴谈判。当谈判进行到一半时，突然陷入僵局。会议室中的气氛变得紧张起来，对方代表团虽仍有人表现得漫不经心，但谁都在用眼神较劲。

对方代表团希望郭刚对谈判条件做一些让步，然而这与郭刚的预期相去甚远。于是有将近5分钟的时间，没有人开口说话，会议室一片死寂。突然，郭刚抬起头，把眼光从对方所有人的脸上扫过，最后落在主要对手上，紧紧地盯着对方的眼睛。对方一开始露出深沉的微笑，但是，1秒钟、2秒钟……随着时间的流逝，对方终于沉不住气了，说道："老郭，看你的眼神如此坚定，我想今天我再说什么也是徒劳，这样吧，我答应你们的条件，咱们先签一份合同，然后我请大家吃饭。老郭，你这个朋友我交定了！"

在商务交往和谈判中，如果你想处于主动地位，那么就需要像郭刚一样善用眼神的力量。在商务交往和谈判中，运用眼神的技巧主要有：

如果你希望给对方留下较深的印象，你就要凝视他的目光久一些，以示自信。

如果你想在和对方的争辩中获胜，那你千万不要把目光移开，以示坚定。

如果你不知道别人为什么看你时，你就要稍微留意一下他的面部表情，便于应对。

如果你和别人四目相对，觉得不自在，就要把目光移开，减少不快。

如果你和对方谈话时，他漫不经心且出现闭眼姿势，你就要知趣暂停，你若还想做有效的沟通，那就要主动转换话题。

如果你想和别人建立良好的默契，应该用60%~70%的时间注视对方，注视的部位是两眼和嘴之间的三角区域，这样信息的传递会被正确而有效地理解。

如果你想在交往中，特别是和陌生人的交往中，获取成功，那就要以期待的目光，注视对方的讲话，不卑不亢，只带浅浅的微笑和不时的目光接触，这是常用的温和而有效的方法。

洞察对手心理的3种方法

在商务交往与谈判中，你的对手是怀着什么心理而坐到谈判桌边的，这一点是至关重要的。如果能够洞察谈判对手的心理，然后有针对性地采取谈判策略，就会在谈判中牢牢地把握主动权。俗话说："人心如面，各不相同。"人的心理状态是千差万别的，很难看透。洞察对手的心理，可以通过以下3种方法：

1. 察言观色

虽然对方的心理状态是隐秘的，但总会通过一定的形式表现出来，他们的一举一动、一言一行，都从侧面反映了他们的心理。

以握手而言，一般来说，松弛的握手表示从礼节上敷衍对方，紧紧地握手则表示真诚与高兴，主动热情的握手可表示友好的愿望，漫不经心的握手则表示对对方不感兴趣。视握手为例行公事的人一般缺少诚意，做事草率，不值得信赖；握手时掌心出汗的人易冲动，常处于紧张和不安之中；在公众场合频繁与陌生人握手的人自我表现欲很强。

另外，以走路的姿态或坐姿而言，昂首挺胸、脚步坚定、目光深邃，说明此人坚毅而充满自信，敢于承担责任。这类人在谈判中不太容易做出让步，但当双方目标接近时，又往往能果断拍板，达成协议。相反，脑袋低垂、精神恍惚、眼睛东张西望、目光狐疑、手足无措，则说明此人信心不足、意志薄弱，缺乏开拓精神。这种人在谈判中总是疑心多虑，犹豫不决，喜欢说"不"却不能说"是"。

此外，从衣着打扮、面部表情也能了解到谈判心理的一些蛛丝马迹。

2. 投石问路

仅仅从外表上观察到的心理表现，往往是肤浅的，很可能靠不住，尤其是那些深藏不露的老手，你很难从外部表现洞察到他的内心世界。这时，你不妨投石问路，诱使对手暴露他的心理、性格或意图。

你可以提出一些早就了如指掌的问题，让对方回答，这叫"明知故问"，看看你的对手是如何回答这些问题的。或者，先请对手发言，这叫"引蛇出洞"，你可从他的发言中了解其心理与性格。

3. 以静制动

在谈判开始时，你最好是不显山不露水，不动声色，先看看对方的姿态。或者故意拒绝对方的某些建议，或者对其建议不冷不热，看看对方有什么反应。通过对方所做的反应，你就可以比较清楚地了解到对手的心理。

当然，洞察对手心理的方法不止这些，也并不拘泥于这些，这就需要你在实践中积累经验，摸索其他的方法。

利用身体语言，识别谈判心理

在谈判中，除了察言观色之外，也可以通过观察对方的身体语言来判断其心理活动，最易于观察的莫过于对方的嘴部、手部和坐姿。

1. 嘴部动作

嘴是人类重要的器官之一，它是说话的工具，同时也是摄取食物和呼吸的器官，它的吃、咬、吮、舐等多种功能都决定了它的表现力，而这些往往反映出人的心理状态。一般来说，在谈判过程中可能会出现以下几种嘴部动作：

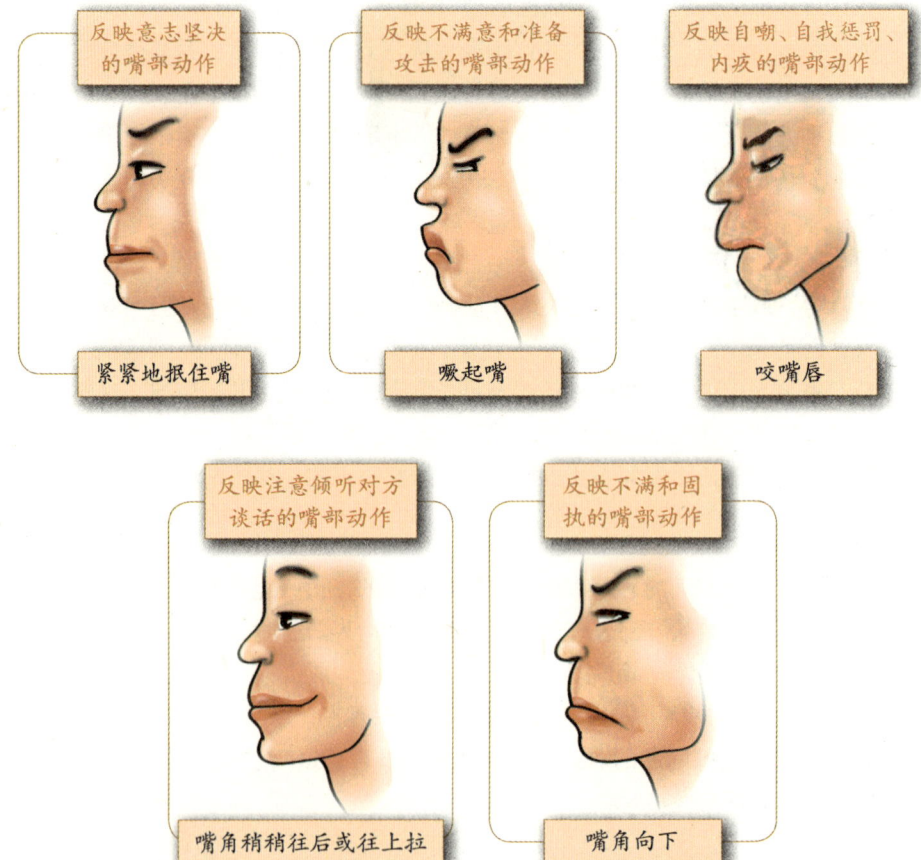

2. 手部动作

我们可以通过观察对方上肢的动作或者自己与对方手与手的接触，据此判断、分析出对方的心理活动或心理状态，也可以借此把自己的意思传达给对手。

握拳表示发出攻击的信号。

用手指或铅笔敲打桌面，或在纸上乱涂乱画，这表示对方的话题不感兴趣、不同意或不耐烦。

吸手指或咬指甲。这类动作是婴儿行为的延续，成年人做出这样的动作是个性不成熟的表现，即所谓"乳臭未干"。

两手手指并拢并置于胸的前上方呈尖塔状，表明充满信心，这种动作多见于领导者。

手与手交叉放在胸腹部的位置，是谦逊、矜持或略带不安心情的反映。

两臂交叉于胸前，表示防卫或保守的态度，两臂交叉于胸前并握拳，则表示怀有敌意。

3. 谈判中的坐姿

我们还可以通过观察坐姿来识别对方在谈判过程中的心理状态，具体方法如下：

（1）正襟危坐、目不斜视者：是力求完美、办事周密而讲究实际的人。这类人只做那些有把握的事，从不冒险行事，但他们往往缺乏创新与灵活性。

（2）侧身坐在椅子上的人：他们心里感觉舒畅，觉得没有必要给他人留下什么更好的印象。他们往往是感情外露、不拘小节者。

（3）把身体尽力蜷缩在一起，双手夹在大腿中而坐的人：往往自卑感较重，谦逊而缺乏自信，大多属服从型性格。

（4）敞开手脚而坐的人：可能具有主管一切的偏好，有指挥者的资质或支配性的性格，也可能是性格外向、不拘小节的人。

（5）踝部交叉而坐的人：当男人显示这种姿态时，他们通常还将握起的双拳放在膝盖上，或用双手紧紧抓住椅子的扶手。大量研究表明，这是一种控制消极思维外流、控制感情、控制紧张情绪和恐惧心理、表示警惕或防范的人体姿势。

（6）将椅子转过来、跨骑而坐的人：这是当人面临语言威胁，对他人的讲话感到厌烦或想压下别人在谈话中的优势而做出的一种防御行为。

（7）在他人面前猛然坐下的人：表面上是一种随随便便、不大礼貌或不拘小节的样子，其实说明此人内心不安，因此不自觉地用这个动作来掩饰自己的抑制心理。

（8）坐在椅子上摇摆或抖动腿部或用脚尖拍打地板的人：说明此人内心焦躁、不安、不耐烦，或为了摆脱某种紧张感而为之。

（9）和你坐在一起而有意识挪动身体的人：说明他在心理上想要与你保持一定距离。

（10）直挺着腰而坐的人：可能是表示对对方的恭顺之意，也可能表示被对方的言谈激起浓厚的兴趣，或者是欲向对方表示心理上的优势。

口舌之战 VS 心理之战

在谈判之中，双方为了各自公司的商业利益，展开口舌之战。每个人都步步为营，防止有闪失。其实，这场口舌之战，更是心理之战。在这个时候，如果能够从他人身上的细微之处窥视人心，则可能有事半功倍的效果。

1. 关注对方的眼部

在谈判中，双方将最先开始目光接触。而眼睛因为具有反映人内心深层心理的能力，所以能传达出更多真实的情绪。有经验的谈判者一般都会从见到对手的那一刻到握手达成交易时，都一直保持同对方的目光接触。所以，对方的眼神应该是谈判者掌握的一个重要的信号。

对方的眼睛突然睁大	那么可能是他想到了什么关键的事情，若是表情茫然甚至恐惧，说明某个事件让他处于困难甚至危险的境地，或者是你的提议让他感到威胁；若是表情兴奋，并放松，说明他对话题中的提议很感兴趣，或者说正合他意
对方转开眼睛，不看你，只是听你说话	说明一方面可能是他根本不想听，感到缺乏兴趣，另一方面可能是他在隐瞒什么，不想直视你，或者是此人性格怯懦，不敢与人目光接触，缺乏自信。相反，如果他与你直接对视，且目光凶狠，说明他想威胁你，让你接收他的条件
对方抬起下巴并垂下眼睛	说明他对你具有蔑视的态度。若是低垂下巴两眼向上望，则可能是要有求于你
对方不停地眨眼睛	则可能是因为神情活跃，对某事感兴趣，或者因为紧张腼腆而不自觉地做出的调整行为。但若是眼神飘忽不定，则要当心，他可能是想在谈判中为你设置陷阱

2. 关注对方的表情

谈判的时候，对方的表情将会是其内在心理变化的外在反映。

神色紧张，面部肌肉紧绷，露出不自然的笑容	说明他可能是情绪不安，想要借这样的笑容来调节一下情绪或者是因撒谎而使用的掩饰动作
对方一脸笑容地听从意见，并表现出"非常满意"的姿态，并说"一定考虑"等	他实际上是在敷衍你，让你放松警惕，然后再出奇招制胜
对方面无表情	说明他内心正思绪波动，只是不想被别人窥探而努力克制。而且他的表情越淡漠，说明他内心越不满，这样谈判很难继续进行
对方表情十分自信，并且嘴角不自主地撇动	这是高傲、占据优势的表现，就像是在对你说，"你没有其他选择，只能同意我"。在这种情况下，若同意对方的条件，将十分不利。所以你可以用凝重的表情回应，挫挫他们的锐气

他在想什么？手足告诉你

坐到谈判桌前，个人举止将会同以往有很大不同。人往往会借助一些手势来表达自己的意见，从而使效果更臻完美。作为谈判的一方，你应当学会趁机仔细观察对手，捕捉潜藏的信息，从而迅速得到自己想要的信息。

想做到这一点，你通常要注意以下几点：

1. 对方的举止是否自然

谈判中，如果对方动作生硬，则要提高警惕。这很可能表示对方在谈判中为你设置了陷阱。同时，还要注意他的动作是否切合主题。如果在谈论一件小事的时候，就做出夸张的手势，动作多少有些矫揉造作，欺骗意味就会增加，需要仔细辨别他们表达情绪的真伪，避免受到影响。

2. 对方的双手如何动作

在谈判中，注意对方的上肢动作，可以恰当地分析出其心理活动。

对方搓动手心或者手背	表明他处于谈判的逆境。这件事情令他感到棘手，甚至不知如何处理
对方做出握拳的动作	表示他向对方提出挑衅，尤其是将关节弄响，将会给对方带来无声的威胁
对方手心在出汗	说明他感到紧张或者情绪激动

	续表
对方用手拍打脑后部	多数是在表示他感觉到后悔。可能觉得某个决定让他很不满意。这样的人通常要求很高，待人苛刻。而若是拍打前额，则说明是忘记什么重要的事情，而这类人通常是真诚率直的人
对方双手紧紧握在一起，越握越紧	则表现了拘谨和焦虑的心理，或是一种消极、否定的态度。当某人在谈判中使用了该动作，则说明他已经产生挫败感。因为紧握的双手仿佛是在寻找发泄的方式，体现的心理语言不是紧张就是沮丧
对方心不在焉地玩弄手边的物品，如笔和纸等，甚至是自己的头发	那么说明他对判断缺乏自信。如果他交叉双臂，始终保持着一种封闭的姿态，表明他对你的立场丝毫不为所动，这样你恐怕需要换一种方法来谈判了，否则再这样继续下去，也只会是徒劳无功

3. 对方腿部和脚部如何动作

从对方的腿部动作也能搜罗出一些信息。

如果他张开双腿，表明对谈话的主题非常有自信，若是将一条腿跷起抖动，则说明他感觉到自己稳操胜券，即将做出最后的决定了。

如果对方的脚踝相互交叠，则说明他在克制自己的情绪，可能有某些重要的让步在他心中已形成，但仍犹豫不决。这时，不妨向其提出一些问题并进行探查，看是否能让他将决定说出口。

如果对方摇动脚部或者用脚尖不停地点地，抖动腿部，这都说明他不耐烦、焦躁、要摆脱某种紧张感。

如果对方身体前倾，脚尖跷起，表现出温和的态度，则说明其具有合作的意愿，你提的条件他基本能接受。

从茶杯的位置预知对方的意向

人们掩饰自己情绪的目的，主要是想为自己设立一道安全屏障，而达到这一目的最常见方法就是用手拿着一个杯子。仅用一只手来握着杯子就可以给人带来安全感，要是用两只手握杯，就能为那些感到不安的人设立起一道可靠的屏障。在日常生活中，几乎每个人都会使用这样的姿势，只是很少有人明白自己这么做的真正目的。

很多具有丰富谈判经验的谈判专家在与对手进行谈判时，往往会礼貌地递给对方一杯茶。看到这一举动，很多没有参加过谈判的人心里可能会产生这样的疑问：明明是剑拔弩张的谈判，干吗还这样客气啊？其实，谈判专家递给对方一杯茶是具有深刻含义的，一方面是为了表示对对方的尊敬，另一方面，也是最重要的，就是可以通过观察对方摆放茶杯的位置来随时了解其谈判态度，即有诚意进行谈判，还是根本就没有诚意进行谈判，以便掌握谈判的主动权。

一般来说，在谈判的过程中，如果接受茶的一方在听完对方的陈述后，感到有些疑惑、不确信，或者完全不相信，他往往就会把手中的茶杯放在身体的左侧（见图1），从而形成一道屏障，以示自己不能接受对方所说的话，或是提出的条件。有经验的谈判专家看见此种情形后会迅速调整谈判思路，或是降低对对方的要求，在看见对方做出一些积极反应后，再与之进行深入谈判。反之，当接受茶的一方在听完对方的陈述后，把手中的茶杯放在了身体的右侧（见图2），有丰富经验的谈判专家在看见对方的这一举动后，心里肯定高兴万分，因为对方的这一举动表示其接受他的要求或观点。此种情况下，谈判专家就会适当逐步提高对对方的要求，一旦发现对方身体或脸色出现某种不满的征兆后，他就会立即结束此次谈判，与对方马上签合约。

可见，如果你下次去参加谈判时，可别小看了对方递给你的任何一件东西，说不定你在处理或放置这些物品的同时，已经无意识地把自己的态度传递给了对方。

图1

图2

小动作，泄露其下一步行动

谈判进入实质阶段后，双方都会主动提出一些条件进行协商。通常这些条件并不能立刻达成意向性协议，这时，话题该怎样谈下去？下一个，又轮到谁提出新条件？想知道答案吗？根据下列动作，你就能判断哪一方要采取行动了。

1. 谈判时清嗓子

谈判陷入僵局时，有的人会开始清嗓子，这就是说明对方要开始表达意见了。但为了掩饰自己的紧张和不安，会先清理喉咙。为发言做准备。但如果是在谈判中清嗓子，则是对某一方的警告，表达自己的不满，表示无法接受提出的条件。

2. 谈判中五指伸开

在谈判时，将手逐渐伸开，说明他现在的心情放松，正想要陈述观点，并可能会继续做出这个动作。伸开的手指就是在释放压力，也是鼓励自己，就像小学生举手回答问题一样，赋予自己自信。

3. 谈判中身体前倾，嘴部微张

坐在谈判桌前，双方都陷入沉默，这时，如果一方代表身体靠近桌面，嘴部微微张开，就表明他已经想好条件，想继续表达看法。若不是准备充分，就说明此人性情直率，冲动，求胜心切，常常成为谈判中的主动者。

4. 谈判中，双手轻轻抱拳，放在面前

这样的动作说明此人代表还在思考，并没有做出最终的决断。他小心谨慎，计划性强，通常不会首先开口提出条件。他总怕自己吃亏，不经过深思熟虑不会轻易作决定。

5. 注意对方的外衣是否扣上

谈判专家们在对谈判过程的录像进行分析后发现，当对方解下外套扣子的时候，他们达成协议的概率将会大大增加。而有些谈判对手双臂交叉抱胸，把外套的扣子扣上，采取更加消极不合作的态度。在会议进行一半时，如果有人突然解下外套扣子的话，那么恭喜你，他同时也卸下了顾虑，你们的谈判出现了转机。

懈怠的身体，无声的拒绝

一场不顺利的谈判，将为双方的合作带来极大的困难。而双方代表的身体倦怠也将传递彼此无法沟通的信息，此时不妨暂停一下，因为还没有到下结论的时机。

下面来看一下身体倦怠的提示都包括哪些：

1. 心不在焉地玩弄物品

谈判中对方开始玩弄手边的物品，如笔或纸，甚至自己的头发，说明他对谈论的话题已经失去了积极主动的心态，认为这场谈判很乏味，希望尽快结束。

2. 沉默地吸烟

谈判的过程中，如果对方不再说话，而是沉默地吸烟，并不停地磕烟灰，说明内心有矛盾或者冲突。他很焦虑不安，为了化解内心的情绪，在寻找发泄的途径。这样的表现对继续开展谈判非常不利，可以转换话题，让对方的思维暂时跳出来。

3. 用手拄着下巴

谈判对手将手放在脸颊的一侧，身体力量集中在手上，用手拄着下巴，呈现出一副不耐烦的样子。身体的消极形象，实际上已经表明了他的"不抵抗，也不想合作"的态度。想必再继续将会议进行下去，将意义微小。

4. 摘下眼镜扔在桌面上

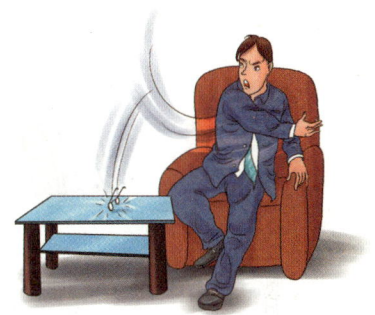

如果谈判者将眼镜取下来，并用力地扔在桌面上。很明显，他已经不能控制不满的情绪，就要爆发了。他们根本没有再和你继续谈下去的意思，所以用这种动作表示反抗。倘若此时不及时停止话题，接下来的可能就是一场"武斗"。

上半身给你的提示

处于针锋相对的双方，都希望能首先得知对方的决定，预测谈判的结果，但如何判断对方会如何决定？他们是否会选择合作？而这一切的答案，都在对方上半身的身体动作中。

1. 停止使用防卫姿态

当对方身体上有交叉的姿势存在时，就说明他还没有思路成熟，也不会轻易接受你的意见。相反，在对方双手舒展开，停止遮掩或者抚摸自己的身体，直面向你的时候，说明他已经卸除对你的防备，准备接受提出的条件。

2. 手部解纽扣的动作

谈判中途,对方开始用手轻轻解开外衣的纽扣,说明对方愿意敞开心胸接纳你的意见,让他保持这个状态,则你们离达成协议的距离不远了,并且这种表现也显示他愿意同你积极合作,争取双方的共赢。

3. 眉头上扬或上下活动

谈判对手的眉毛变化比较明显,尤其是当你提出最后的议案时,他突然双眉上扬,或者眉毛迅速上下活动。说明这个议案正是他所期待的结果,他感到非常惊喜和心情愉快。发自内心赞同你提出的决定。接下来他要说的话,可能就是"合作愉快"了。

少用"但是"转折,多用"所以"顺承

谈判的最高境界就是让谈判双方走向双赢,谈判就像分蛋糕,自己分得一定利益,同时要让对方知道他也能分得"一块",这样"蛋糕"才能越做越大,谈判方向上自己才能一直占据主导地位。在这其中,还有一个说话技巧:多用"所以",少用"但是"。

两家食品公司经过了连续两天的艰苦谈判后终于可以告一段落。在谈判即将结束的时候,甲公司觉得要了解一下乙公司对下一阶段的规划了。

"细算下来,咱们的谈判已经持续了两天了,感觉怎么样?"

"还可以,比预期的好。"

"就是说虽然有问题,但还是对接下来的新阶段充满信心?"

"差不多吧。"

"所以,按我的理解就是,咱们还有进一步发展下去的可能?"

"当然,为什么不呢?"

一定程度上讲,这个时候由"所以"引领的疑问句并不仅仅是对对方意见的总结,更是对他说出话的延续,是对两人共同点的集合。这样的说话方式能使讲话的内容充分展开,给对方留下这样的印象:我们在讨论同一个问题,至少有诸多共同语言和继续发展的可能性。

当双方在发言中多少有点矛盾时,也应这样对对方说:"咱们只是表达方式和所处的地位不同,其实说的都是一回事,所以,谈话其实还是可以继续下去的,您觉得呢?"把话引导到双方共同的目标上来,才能寻找到谈判成功的最佳途径。

相反,彼此耿耿于怀,各朝各的方向发表议论,双方在心情上都会有一种蒙受了损失的感觉,于是相互抱怨自己损失的那一部分让对方赚去了。这种状态下的谈话怎么会取得双赢的结果?

而且,当谈判经过一定阶段后,对方也会存在试探和等待心理,这个时候,如果

用词不当，会让对方有一种对立的感觉，对整个谈判进程产生不利影响。

所以，和对方交流的时候，应尽量避免使用转折连词。多用"所以"、"正因为如此"等顺接连词，这像是给对方散发一种友好信号。这里的"所以"是一种顺接，是为了让话题更顺利地进行下去。当然，谈判从来没有想象中那么容易，之所以要谈，就是还存在一定问题，故事中的双方也只是告一段落，说明接下来还会有问题需要讨论。

在这样的情况下，对方也没有说："但是，我们都明白，接下来还有问题要谈。"事先把问题摆出来是不明智的，不利于自己，也不利于整个谈判的发展。

所以，要想在谈判中获得最大利益，就要多使用带"所以"的问句，将双方的共同点更多地集合在一起，双方共赢的概率才会更大。

应对对手的10个妙招

要开启对方的心扉，还必须进一步了解对方的心理，才能有效地说服对方，达到你的社交目的。

人心藏于胸腹，不易为别人所了解，但是，不管是幸抑或不幸，人的心思却可由显现于外的表情、动作、言谈等流露出来。即使是极端型的面无表情者，其心理状态也无法完全不表现在其举止之间。下面介绍几项颇有趣味、初见面时可以了解对方心理的有效技巧：

1. 反问对方以确认其意图

如果遇到说话语意不明者，而他又回避做明确的结论，乍见似乎有理，实际并不然时，为了确认他是否为意志踌躇的人，可利用他自发的双面理论来加以辨别。在他提出强调单方结论后，应立即反问他对于另一方的理论有何看法。

2. 请坚持讲完你的话

如果与人见面时，对方表现出闻一知十的态度，你就必须先存戒心。因为对方对你的个性、情绪毫无所知，却表现出闻一知十的样子，其意义大多表示不想倾听你的谈话而拒绝的姿态。只是对方似乎碍于礼仪或情面，不好直接表明。但是，如果话刚一说出，对方就频频点头表示了解，你不要缄默，而要坚持说完你的话，让对方更加了解。

3. 对方内心不安的表征

一般情况下，见面时双方都持着该有的礼仪待人，如果对方态度异常冷淡无礼，正表明他的内心隐藏着不安，为了掩饰其不安，便采用这种扰乱战术。你可不要被对方的假面具吓退，此时以冷静的态度应付，才是上上之策。

4. "面无表情"的表情

"面无表情"的表情，正是其内心无言的表达。当人强烈的欲望无法得到满足，或心底充满敌意，或有着许多不愿为人知的情感，不敢直接表露而努力压抑时，就会变得面无表情。所以，无表情并非内心毫无所感，而是波涛暗涌，却不表现出来。

5. 对方突然多话时

人变得多话时，并非只是在他想表达自我时，与之相反，想打断或想结束某话题时也是如此。话多并不表示能言善辩，只不过是掩盖自己的内心罢了。

6. 对方特别亲切时

面对对方亲切无比的态度，如果认为自己交际成功而沾沾自喜，那真是大错特错。对方过于亲切时，必须怀疑对方是否是为了掩饰内心的不安才如此，此时，你应该若无其事地转变话题，以把握对方的真意。

7. 故意与对方的意见持反论

以了解对方的人品及思想为目的的面谈中，为了能在有限的时间内尽可能地多了解对方，有各种深层的方法可用。其中有一种被称为压迫面谈的方法，这是一种向面谈者提出令他不愉快的问题，或是将对方置于孤立状态而迫使他做二者择一的决断的方法。

8. 持续提出以"是"、"不是"不能回答完全的问题

对于人际交往，特别是要把握对方的真意时，不论有关任何一方面，都有必要让对方说出更多的话语，因此，这一方法应是一个有效的助力。

9. 对方若把话题岔开

对方将话题岔开，大致有三种情形：其一，是因为完全不留神而岔开了；其二，为突然产生出乎意料的联想而岔开；其三，则是故意将话题引到别处。

这些情形都说明说话者目前的精力已转向岔开了的话题上。因此，对于对方的谈话不要在中途打断，让他继续一段时间。如果是第一种情形的话，不久之后对方对于究竟何者才是正题也感到非常诧异。第二种情形中，因为本人并没有忘记本题，所以能自然地了解到其联想与本题的关系。而如果在隔一段时间之后仍然不能回到本题的话，就可以判断为第三种情形。依此种方法可以看到，乍看之下是很浪费时间、精力的"离题谈话"，也是了解对方心理的一个机会。

10. 不妨闲话家常

在初次见面时，适当的闲谈可以提供看清对方本意的线索。如果对方加入到闲谈中，则可视为接受你态度的表现。如果对方并不参与闲谈，那么对于你所引出的闲谈，对方应该表示出一些反应。视其反应，你就可以决定是进是退，以改变自己的战术。

第十四章
关心朋友，赢得友谊

·第一节·
如何让朋友离不开你

交友之道——礼尚往来

许多人交友处世常常涉入这样的误区：好朋友之间无须讲究客套。他们认为，好朋友彼此熟悉了解，亲密信赖，如兄如弟，财物不分，有福共享，讲究客套太拘束，也太外道了。其实，他们没有意识到，朋友关系的存续是以相互尊重为前提的，容不得半点强求、干涉和控制。朋友之间，情趣相投、脾气对味则合、则交，反之，则离、则绝。朋友之间再熟悉、再亲密，也不能随便过头，不讲客套，否则，默契和平衡将被打破，友好关系将不复存在。因此，对好朋友也要客气有礼，互相尊重。

和谐深沉的交往，需要充沛的感情为基础，这种感情不是矫揉造作的，而是真诚的自然流露。当然，我们说好朋友之间讲究客套，并不是说在一切情况下都要僵守不必要的烦琐礼仪，而是强调好友之间相互尊重，不能跨越对方的禁区。

每个人都希望拥有自己的一片小天地，朋友之间过于随便，就容易侵入这个空间，从而引起冲突。譬如，不问对方是否空闲、愿意与否，任意支配或占用对方的宝贵时间，一坐下来就滔滔不绝地高谈阔论，全然没有意识到对方的难处与不便；一意追问对方深藏心底的不愿启齿的秘密，一味探听对方秘而不宣的私事；忘记了"人亲财不亲"的古训，忽视朋友是感情一体而不是经济一体的事实，花钱不分你我，用物不分彼此等，都是不尊重朋友，侵犯、干涉他人生活的行为。偶然疏忽，可以理解，可以宽容，可以忍受。长此以往，必生间隙，导致朋友的疏远或厌倦，友谊的淡化和恶化。因此，好朋友之间也应讲究客套，保持距离，这也是给朋友以最大的尊重。

永远记住一个规律：一种行为必然引起相对的反应行为。只要你有心，只要你处处留意尊重他人，你将会获益匪浅。

古代有位大侠叫郭解。有一次，洛阳某人因与他人结怨而心烦，多次央求地方上有名望的人士出来调停，对方就是不给面子。后来他找到郭解门下，请他来化解这段恩怨。

郭解接受了这个请求，亲自上门拜访委托人的对手，做了大量的说服工作，好不容易使这人同意了和解。

一切讲清楚后，他对那人说："这件事，听说许多当地有名望的人调解过，但因不能得到双方的认同而没能达成协议。这次我很幸运，你也很给我面子，所以我才能了结了这件事。我在感谢你的同时，也为自己担心，我毕竟是外乡人，在本地人出面不能解决问题的情况下，由我这个外地人来完成和解，未免使本地那些有名望的人感到丢面子。"他进一步说，"请你再帮我一次，从表面上要做到让人以为我出面也解决不了问题。等我明天离开此地，本地几位绅士、侠客还会上门，你把面子给他们，算作他们完成此一美举吧，拜托了。"

郭解的做法就很恰当，他尊重别人，不因自己的能力而一味向人表功，而是为他人保全尊严，这样做会使双方都受益。

给友情保温

一般来说，当我们初识一个人时，交际的进展速度跟接触的频率成正比。也就是说，如果你跟某个刚认识的朋友在开始时总是经常接触的话，你们的距离很快就会拉近，形成比较亲密的群体。

所以，要保持良好的人际关系，你必须跟你现有的朋友经常保持联系。有空给远在异地的亲人、朋友打打电话、通通信，询问一下对方近来的工作、学习情况，介绍一下自己的情况，互相交流一下，这是很有必要的，这点时间绝对不能节省。

保持联系是维持友情的重要条件。当《纽约时报》记者问美国前总统克林顿，他是如何保持自己的人际关系时，克林顿回答说："每天晚上睡觉前，我会在一张卡片上列出我当天联系过的每一个人，注明重要细节、时间、会晤地点以及与此相关的一些信息，然后输入秘书为我建立的数据库中。这些年来朋友们帮了我不少。"

要与交际圈中的每个人保持密切的联系，最好的方法就是创造性地运用你的日程表。记下那些对你的朋友至关重要的日子，比如生日或周年庆祝等。在这些特别的日子里准时和他们通话，哪怕只是给他们寄张贺卡，他们也会高兴万分，因为他们知道你心中想着他们。

观察他们在组织中的变化也不容忽视。当你的朋友升迁或调到其他的组织去时，你应该衷心地祝贺他们。同时，也把你个人的情况透露给对方。去度假之前，打电话问问他们有什么需要。

当他们处于人生的低谷时，打电话给他们。不论朋友中谁遇到了麻烦，你都要立即打电话安慰他，并主动提供帮助。这是你支持对方的最好方式。

充分地利用你的商务旅行。如果你旅行的地点正好离你的某位朋友很近，你可以与他共进午餐或晚餐。

只要是朋友的邀请，不论是升职派对，还是他女儿的婚礼，你都要去露露面。

人际关系的往来必须是"经常性"的，接触愈频繁，彼此的交情就愈深厚。因此，绝不可忽略了所谓的"礼尚往来"。

如果有人在私下批评你："这个家伙，只会在有事情的时候才想到来找我。"那么，你的人际关系成绩就不及格了。

万一由于自己的疏忽，而发生了这种情形，你要赶紧设法补救，最好的方法，就是亲自登门造访。因为时间、地点等有所不便，你可以直接以电话或书信，和对方取得联系，并向对方解释自己疏于联络的原因，以求得对方谅解。往后，最重要的就是要重拾交情，并继续维持下去。

为了不使好不容易才建立起来的人际关系毁于一旦，你就要不嫌麻烦地打电话、写信以及登门拜访。其实，这些对你来说，都是不费吹灰之力的事情，在维持彼此交流及沟通情谊的前提下，你又何乐而不为呢？

该拒绝的就要拒绝

朋友之间常常有事相托相求，这是正常的。但也有的人相托相求的事情常常超出原则范围和客观事实。比如，超过你的主观承受能力，违背自己的主观意愿等。此时，应该拒绝的就要干脆拒绝。

对一般朋友而言，假使对方的要求不合理便不假思索地加以拒绝，是很容易做到的。但是当好朋友向你提出过分的要求而你又无法满足对方时，你就会感到左右为难，处在一个进退维谷的尴尬境地。此时你可针对不同情况，采取巧妙的拒绝方法。

对好朋友提出的请求、条件、愿望无法满足，你千万不能闪烁其词、拐弯抹角，而是要给予对方一个直截了当、简洁干脆的拒绝来表明你的态度，同时向他解释清楚你所处的境地和要办成这件事所无法克服的困难，不要使对方心存幻想。

有这样一对从小一起长大的"铁杆"哥们儿——小王和小刘。

小王大学毕业后在某区人事局供职，小刘则被分配到一家企业工作。一天，小刘携带礼品来到小王家，开门见山地说："老朋友，我想跳槽换个工作。现在我那家工厂产品没销路，效益差、收入低。请你无论如何帮这个忙。"他俩是患难知己，帮忙也在情理之中，但小王只是一般干部，对小刘的要求实在是力不从心，于是便对小刘如实说道："我虽在人事局工作，但人微言轻。加之现在的人事决定权都下放到企业，你这个忙恐怕很难帮得上。你还是想想其他办法吧。"小刘转而寻求其他的门路，终于如愿以偿。虽然小王曾拒绝过他，但他深知小王的苦衷，很能理解小王，至今他们还保持着良好的友谊。

案例中，小王知道自己能力有限，便直接、爽快地回绝了小刘。这既免去了一旦答应无法兑现的苦恼，也使朋友有机会另找门路。拒绝他人，理由一定要充分可信，不要让对方产生"关键时刻不帮忙"的想法。要是你自不量力，口头允诺下来，但最终无法办到，反而会给对方产生"帮忙不卖力"的误解，导致好朋友之间产生隔阂。

朋友的请求一旦超越了自己的能力，一定要拒绝，否则会伤害彼此的友谊。

另外，对一些有违意愿的事情不拒绝，以后就会有更多的相似事件发生，影响与朋友之间的交往。

拒绝朋友，不要觉得面子上过不去，一味地犹豫和推诿，这样反而会造成麻烦。做不到的事情干脆拒绝，当然拒绝也要讲究策略，更不能因为朋友提出的要求是不符合原则的就教训指责，只要礼貌地拒绝就行了。

富兰克林·罗斯福在海军部门工作时，有一位在杂志社的朋友向他打听潜艇基地的秘密。

他微笑着问友人："你能保证保守秘密吗？"

朋友以为大功告成，就慷慨地承诺："能。"

不料罗斯福仅仅告诉他3个字："我也能。"

罗斯福通过巧妙的引导，与朋友达成共识，从而拒绝了朋友的请求。

拒绝朋友之托应该讲究方式方法，不要态度生硬。可以耐心劝导，言明利害关系，可以据实说明情况，使朋友了解你的难处，也可以迂回婉转处置，巧借其他方法帮助完成朋友委托之事。好朋友的交情不是一朝一夕所能建立的，它需要双方长期的理解、宽容、互助来共同维系，我们要珍惜它、爱护它。当对方的要求不合自己的愿望时，就要学会如何得体地拒绝朋友。

真诚是待友的第一要务

孔子说："君子坦荡荡，小人长戚戚。"我们应该真心对待自己的朋友，以君子的胸怀与朋友相处，潇洒一些，大度一些，快乐将永远陪伴着你！

古人常说："千金易得，知己难求。"要想交到真正的朋友确实很难，但是，一分耕耘一分收获，只要你对朋友付出了真心，你也会得到朋友的真心回报。

东汉时，有一位名叫荀巨伯的人。有一次，收到一封急信，说一位朋友得了重病。朋友远在千里之外，故荀巨伯赶了好几天的路。可是当他到了友人所住的郡地时，却发现此地被胡人围住了。他潜入城池去看望朋友，朋友对他说："谢谢你在这个时候还来看望我。现在城被胡人围住了，看样子是守不住了。我是一个快要死的人了，破不破城对我来说是无关紧要的；你没有必要留在这里，趁现在能想办法，你赶快走吧！"荀巨伯立刻说道："你这是什么话？朋友有难当共为，现在大难临头，你却要我扔下你不管，自己逃命，我怎么能做这等不义之事？"

胡人攻破城之后，一路打进来，挨户搜索，但见家家户户凌乱不堪，空无一人，却有一个院子井然有序。于是进去，见到了安坐的荀巨伯，大发威风说："我们大军所到之处，所向披靡，你是何人，竟敢不望风而逃，难道想独当其锋不成？"荀巨伯对他们说："你们误会了。我并不是这城里的人，到这里只是来看望一个住在这里的朋友。现在朋友病重，危在旦夕，我不能因为你们来了就丢下他不管。你们如果要杀的话，请杀我，不要杀我这位已痛苦不堪、无法救治的朋友。"胡人听了瞠目结舌。半晌，一位头领看了看手中的大刀，发言道："唉，我们是一群不懂得道义的人。像我们这样的人，怎么可以在这样一个崇尚道义的国家里胡乱闯荡？走吧！"胡人竟因此退走，一郡得以保全。

生活中有许多人抱着"有事有人，无事无人"的态度，把朋友当作受伤后的拐杖，复原后就扔掉。此类人大多会被抛弃，没人愿意再给他帮忙。

与朋友真诚相待，应做到以下几点：

1. 同舟共济，互相帮助

2. 有共同兴趣，交往投机

人们一起共事时，大家同舟共济，互相支持、互相帮助、互相关照，是最容易产生感情认同的。特别是在困难环境中，彼此相依为命、共度难关，此时形成的深情厚谊，可能会令人终生难忘。

有时候共同的爱好、兴趣，也可能成为彼此交情的纽带。比如，都爱下棋，在路边棋场相识，成了棋友；都爱垂钓，在湖边相遇成了钓友。这样共同的东西把彼此召唤到一起，在共同切磋中，便结下了友情。

3. 绝不持"一次性交际"的想法

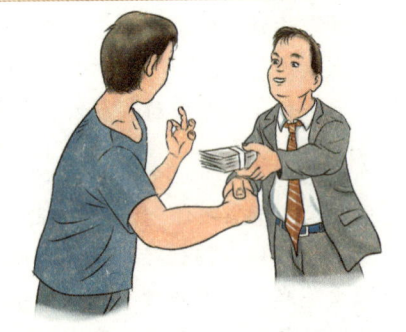

在某些"实用型"人物的眼中，所谓的"人情"便是你帮我的忙，我马上找个理由回帮，就像借债还钱，概不赊欠。实际上，当人家确实有困难而无能为力的时候，你不妨再次主动伸出援助之手。这种"后继有人"的交际行为能够赢得更大的"人情效应"，即使受助者一时无力给你回报，但你的行为风范，你的崇高秉性，已被更多的人所知晓。

要记住，虚伪狡诈的人难结良友，让人讨厌；真诚的朋友给人一种安全感，招人喜欢。对好友坦诚相待，真诚相帮，你得到的将会比付出的多得多。

记住有关对方的小事，让他感觉被重视

希望获得别人的关注是人类的天性之一，每个人都渴望受到别人的关注和重视，渴望成为人们谈话的焦点。我们在与人相处的过程中，不要只考虑自己的内心感受，更要注意满足别人的这种心理需求，例如，记住朋友的一些小事，关心他生活中的小细节和小烦恼，可以让朋友感觉被重视。

一次，威廉·比尔登门拜访当时的共和党领袖马可·汉纳。比尔对汉纳有些偏见，因此，对谈话并不表现出十分的热情。然而，比尔发现在整个交谈过程中，汉纳

从头到尾都在讲关于比尔的事情：关于比尔的父亲，关于比尔对政治纲领的意见等。

汉纳说："你来自俄亥俄州吧？你的父亲是不是比尔法官？他是民主党的……"汉纳像是在和一位世侄交谈一样说："嗯，你父亲可是个非常厉害的角色，害得我的几个朋友在一次石油生意上损失不小！"

在整个谈话过程中，汉纳不时地讲到许多关于比尔的小事。就这样，当谈话结束的时候，比尔对于汉纳的反感已经烟消云散了。几天后，威廉·比尔甚至成了汉纳忠诚的支持者。在此后的几年中，威廉·比尔最愿意做的事情就是为自己曾经最厌恶的汉纳服务。

由此可见，在与人交往的过程中，努力记住对方的小事，并且在适当的时候让对方知道你记住了关于他的事情，能够让对方获得一种被人重视、被人关注的心理满足感，进而对你产生好感。并且，你所记住的事情越是微小、不起眼，当对方得知你记住了他们时，对方获得的心理满足感就越大，对你产生的好感也就越大。

通过记住有关对方的小事来获得对方的好感，是一个非常有效的社交心理策略，无论对方是大人物还是普通人，这个方法都同样有效。以访问大人物而闻名的新闻记者马可森说："当你将大人物们曾经说过的话复述出来的时候，他们的心情就会显得格外好，对你也会表现得格外友善。"

那些善于交际的人都十分明白这种策略所带来的好处，他们总会在适当的时刻顺便问一两句对方的个人事情，以表示他们将对方正在做的事、对方的喜好记挂在心上，让对方感觉这些小事他们早该忘记但是却没想到他们还挂在心上，从而让对方的心理产生非常愉悦的感受，进而对他们产生好感。

这个方法实施起来很容易，然而，或许正是因为它的容易，人们才常常忽略它，总是记得与自己有关的事，而忘记他人的事。因此，从现在开始，努力记住那些和朋友有关的事情吧，一旦那些在对方看来微不足道的小事从你口中说出时，你就在无形中靠近了对方。

和朋友说话也要有分寸，玩笑不可太过分

朋友之间互相开玩笑原本是件有趣的事情，可若是口无遮拦、毫不避讳地开玩笑，反而会伤了朋友情面，甚至因此而失去一个朋友。每个人都有自己的忌讳，人人都讨厌别人提及自己的忌讳。说话时如不小心就会冲撞了对方，引起别人的反感，有的甚至招来怨恨。所谓"说者无心，听者有意"，自己随口而出的一句话可能正好在别人的伤口上撒了把盐，让人恨得牙痒痒。

小马先天秃头。一天，大家在一起聊天，得知小马的发明专利被批准了。直肠子的小何快嘴说道："你小子，真有你的，真是热闹的马路不长草，聪明的脑袋不长毛。"说得大家哄堂大笑，小马的脸也红了起来。

小何原本是想夸奖小马，然而他的一句"聪明的脑袋不长毛"正好戳到小马秃头

的痛处，夸奖不成，反而遭人埋怨。

生活中那些懂得幽默、会开玩笑的人特别受欢迎，被大家当作"开心果"。他们凭借一个得体的玩笑，不仅给他人带来了欢乐，而且能迅速获得别人的好感。但是，开玩笑也要有分寸，并不是所有的场合都适合开玩笑，并不是所有的话题都可以用来开玩笑，如果把握不好开玩笑的"度"，不仅会得罪人，甚至会酿成悲剧。报纸上刊载过这样一件事：

李某和几个朋友一起喝酒，几两酒下肚后，朋友和李某开起了玩笑："瞧你这丑样，你那儿子倒很漂亮，莫不是你媳妇跟别人生的？"这本来是句玩笑话，李某却偏偏是个小心眼的人。回家后，李某就跟妻子找碴："你说！我长得是啥样，为什么这孩子却是那模样？到底是不是和我生的？"他边说边逼近妻子，冷不防从妻子怀里抓过孩子，拎着小腿，把孩子扔到床上，又顺手抓起枕头压在了哭叫不已的孩子的脸上，可怜的孩子顿时没有了哭声。见此情景，妻子极力想救孩子，却被丈夫打倒在炉灶前。急恨交加中的妻子顺手抓起炉灶旁的炉钩，死命地甩向李某。只听李某"哎呀"一声，松开了枕头，慢慢地瘫倒在地上。妻子从地上爬起来，不顾一切地向儿子扑了过去，急忙掀去枕头，看到儿子的小脸憋得青紫，已经奄奄一息了。再看丈夫，他倒在地上，一动不动，一股液体顺着他的右腮淌下。原来她甩过去的炉钩的尖端，刚好嵌进李某的右边太阳穴，她见状吓得昏了过去。

只因朋友的一句玩笑话，顷刻间，好端端的三口之家毁于一旦。这就是乱开玩笑没有分寸的恶果。

开玩笑时，务必要考虑这个玩笑带来的后果，绝不要信口开河，随意乱说。不然，发生意外时，只会让我们后悔莫及。

·第二节·
如何把陌生人变成朋友

善待陌生人

我们每天都会遇到许多陌生人，他们是我们生命中的匆匆过客。然而陌生人有时候也会影响我们的生活，所以读懂陌生人，与和你有接触的陌生人建立友谊，或者防范陌生人，都是人生处世的必须。

与陌生人接触是人拓展关系必经的一步，朋友都是从陌生到熟悉一步一步发展过来的。与陌生人融洽相处的能力不仅能为你增加更多的朋友，还能让你的交际能力大为提高。

多年来，阿迪斯以记者身份往返世界各地，他和陌生人的谈话有许多是他毕生难忘的。他说："这就好像你不停地打开一些礼物盒，事前却完全不知道里面有什么。老实说，陌生人的吸引人之处，就在于我们对他们一无所知。"

我们过去从来没有见过的人，可以帮助我们认识自己。因为我们可能对一个陌生人说出我们时常想说但又不敢向亲友说的心里话，他们因此成了我们认识自己的一面新镜子。

如果运气好，和陌生人的偶遇还会发展成为天长地久的友谊。仔细想来，我们的朋友哪一个原来不是陌生人？所以，阿迪斯说："世界上没有陌生人，只有还未认识的朋友。"

如何对待陌生人，是一个值得大家关注的问题，因为有些时候陌生人也会影响到我们的生活。

战国时代有个名叫中山的小国。有一次，中山的国君设宴款待国内的名士。当时正巧羹不够了，无法让在场的人全都喝到。有一个没有喝到羹的人叫司马子期，此人怀恨在心，到楚国劝楚王攻打中山国。楚国是个强国，攻打中山国易如反掌。中山国被攻破，国王逃到国外。他逃走时发现有两个人手拿武器跟随他，便问："你们来干什么？"两个人回答："从前有一个人曾因获得您赐予的一壶食物而免于饿死，我们就是他的儿子。父亲临死前嘱咐过，如果中山国有任何事变，我们必须竭尽全力，甚至不惜以死报效国王。"

中山国君听后，感叹地说："怨不期深浅，其于伤心。吾以一杯羹而失国，以一壶食得士二人。""给予不在乎数量多少，而在于别人是否需要。施怨不在乎深浅，而在于是否伤了别人的心。我因为一杯羹而亡国,却由于一壶食物而得到两位勇士。"

究竟怎样对待陌生人,结交陌生人,并无一定之规。

对于一个身陷困境的穷人,一枚铜板的帮助,可能会使他握着这枚铜板忍耐住极度的饥饿和困苦,或许还能干一番事业,闯出自己的天地。

对于一个执迷不悟的浪子,一次促膝交心的帮助,可能会使他建立做人的尊严和自信,结束自己放浪形骸的生活,成为一个有用之才。

就是在和平的日子里,对一个正直的举动送去一缕赞许的眼神,这一眼神就是正义强大的动力。对一种新颖的见解报以一阵赞同的掌声,这一掌声就是对新思想的巨大支持。

对一个陌生人很随意的一次帮助,可能会使那个陌生人突然悟到善良的难得和真情的可贵。说不定他看到有人遇到难处时,会很快从自己曾经被人帮助的回忆中汲取勇气和仁慈。其实,人在旅途,既需要别人的帮助,又需要帮助别人。

也许没有什么能比乐于助人这一善举更能体现一个人宽广的胸怀和慷慨的气度。不要小看对一个失意的人说一句暖心的话,对一个跌倒的人轻轻扶一把,对一个无望的人赋予真挚的信任。对自己而言是举手之劳,而对一个需要帮助的人来说,就是醒悟,就是支持,就是宽慰。相反,不肯帮助别人的人,总是太看重自己丝丝缕缕的得失,这样的人目光中不免闪烁着麻木的神色,心中也会不时地泛起一些阴暗的沉渣。别人的困难,他可当作自己得意的资本;别人的失败,他可化作安慰自己的笑料;别人伸出求援的手,他会冷冷地推开;别人痛苦地呻吟,他却无动于衷。至于路遇不平,更不会拔刀相助,也许他还会有十足的理由。自私,使这种人吝啬到了连微弱的同情和丝毫的给予都拿不出来。

这样的人没有给人帮助倒是其次,可怕的是他不仅可能堕落成一个无情的人,而且还会沦落为一个可怜的人。因为他的心里除了只能容下一个可怜的自己以外,对整个世界都不会关注和关心,其实,他也在一步步堵死了自己所有的路,同时也在拒绝所有的帮助。

所以,我们要善待陌生人,这样我们的世界就会充满阳光,人与人也才能和睦相处。

从打招呼开始

与陌生人结识,不妨从打招呼开始。

在你奔波忙碌时,必然会遇见许多与你业务有关的人。这些人中有的知道姓名,有的甚至连姓名都不知道,见面时,也不过说两三句有关业务的话,甚至于有时你只是跟他们点一点头。例如,你到某大厦去接洽事务,经常遇见那个大厦的电梯司机,或是你到货仓去提货,经常遇见那个货仓的守门人,或是你到某银行存款,经常遇见那个柜台后面的出纳员等诸如此类人员,你不知他姓甚名谁、何方人氏,但他们或多或少都与你的业务有点关系。

你怎样对待这些人呢？你用什么态度和他们打招呼？这是一个很微妙也是很实际的问题。你是把他们当作一个机器配件，根本不把他们当作跟你一样的人，依然神气活现、作威作福，大摆你的架子呢，还是对他们谦恭有礼、和蔼亲切，把他们当作你的朋友呢？

有许多人为了谋生出来工作，待遇很低，工作既辛苦，又单调、繁重，平常已经是受累受气，心烦意乱，如果你对他们神气活现，或是不理不睬，他们对你也不会有什么好感，办起事来，也不愿给你方便。换句话说，如果你的态度不好，那么就会到处碰到不方便。但是如果你把他们也当作朋友来看待，对他们给予尊敬与关怀，他们即使不知你的姓名，但一看见你的面容，听到你的声调就已经有了好感，这时，他们就像吸进一股清风，精神为之一振。既然对你印象很好，那么，他们就好像出于本能一样，在图自己的方便之外，也会兼顾到你的方便。电梯司机会多等你几秒钟，货仓的守门人会替你找搬运工友。银行、保险公司、邮局、物业公司的职员们，都会在你需要的时候，给你或大或小的方便。

有一个业务推销员，一次要去拜访一位房地产公司的老总。房地产公司有位前台小姐叫钟晓慧。钟晓慧作为一位接待小姐，每天都要接触不少的访客，她可以清楚地区分哪些人亲切或哪些人不亲切。推销员要想见到老总，必须先过了她这一关。

第一次拜访时，推销员以锐利的眼神专注地看着她胸前的名牌标志，然后神采奕奕地和她打招呼："钟小姐，我是李总的朋友，我有很重要的私人事情要和他谈。""对不起，今天李总吩咐不见客。"钟晓慧一点都不给他面子。

第二天，推销员又来了。他这次改变了风格，在彼此熟悉之后，他说道："呀，改变发型了，很配合你的风格嘛，以后就叫你'晓慧'好了。晓慧，我今天有重要的事情得跟李总谈，请转告一声。"他说完后热切地看着钟晓慧。钟晓慧这次变得非常爽快，立刻带他去见李总。

实际上，如果你能到处结交业务上的朋友，有许多业务就可以很迅速、顺利地办妥，不但省去了许多手续上的麻烦，并可以避免许多不必要的损失。

对与陌生人结识的第一面，你还应学会对他微笑。微笑是内心愉悦在脸上的自然流露。在人际交往中，没有什么东西能比一个灿烂的微笑更能打动人了。

如果你对别人抱以友好的态度，对社会抱有希望，自然会笑口常开，久而久之，微笑就成为你生活的一部分。当你遇见别人时，往往心里想："啊！看到你，真高兴！"并把这种心情表现在脸上，你就会满面春风。

笑是一个畅通无阻的通行证。无论你在什么地方，无论你在做什么，在人与人之间，微笑作为一种最为普通的身体语言，能够消除人与人之间的隔阂。人与人之间的最短距离是一个可以分享的微笑。因此，在与陌生人交往时，记住带上你的微笑。

第一个 5 分钟的攀谈法

人们在第一次相遇时，需要用多少时间才能成为朋友？美国伦纳得·朱尼博士在所著的一本书中说："交际的关键，就在于他们相互接触的第一个 5 分钟。"朱尼博士认为，人们接触的第一个 5 分钟主要是交谈（见图 1）。在交谈中，你要对所接触的对象谈的任何事情都感兴趣。无论他从事什么职业，讲什么语言，以什么样的方式，对他说的话都要耐心倾听。如果你这样做了，你会觉得整个世界充满无比的情趣，你将交到无数的朋友。

图 1

许多人同陌生人说话都会感到拘谨。建议你先考虑一个问题，为什么你跟老朋友谈话不会感到困难。很简单，因为你们相当熟悉。相互了解的人在一起，就会感到自然协调。而对陌生人却一无所知，特别是进入了充满陌生人的环境，有些人甚至怀有不自在和恐惧的心理。你要设法把陌生人变成老朋友，首先要在心目中建立一种乐于与人交朋友的愿望，心里有这种要求，才能有行动。

以到一个陌生人家去拜访为例：如果有条件，首先应当对要拜访的客人做些了解，探知对方一些情况，比如他的职业、兴趣、性格。

当你走进陌生人住所时，你可凭借你的观察力看看墙上挂的是什么。国画、摄影作品、乐器……都可以推断主人的兴趣所在，甚至室内某些物品会牵引起一段故事。如果你把它当作一个线索，就可以由浅入深地了解主人心灵的某个侧面。当你抓到一些线索后，就不难找到开场白。

如果你不是要见一个陌生人，而是参加一个充满陌生人的聚会，观察也是必不可少的。你不妨先坐在一旁，耳听眼看，根据了解的情况，决定你可以接近的对象，一旦选定，不妨走上前去向他做自我介绍，特别对那些同你一样，在聚会中没有熟人的陌生者，你的主动是会受到欢迎的。

应当注意的是，有些人你虽然不喜欢，但必须学会与他们谈话。当然，人都有以自我兴趣为中心的习惯，如果你对自己不感兴趣的人不瞥一眼，一句话都不说，恐怕也不是件好事。别人会认为你很骄傲，甚至有些人会把这种冷落当作侮辱，从而产生隔阂。和自己不喜欢的人谈话时，第一要有礼貌；第二不要谈论有关双方私人的事，这是为了使双方自然地保持适当的距离，一旦你愿意和他结交，就要一步一步设法缩小这种距离，使双方容易接近。

在你决定和某个陌生人谈话时，不妨先介绍自己，给对方一个接近的线索。你不一定先介绍自己的姓名，因为这样人家可能会感到唐突。不妨先说说自己的工作单位，也可问问对方的工作单位。一般情况下，你先说说自己的情况，人家也会相应告诉你他的有关情况。

接着，你可以问一些有关他本人的而又不属于秘密的问题。对方有一定年纪的，你可以向他问子女在哪里读书，也可以问问对方单位一般的业务情况。对方谈了之后，你也应该顺便谈谈自己的相应情况，才能达到交流的目的。

和陌生人谈话，要比对老朋友更加留心对方的谈话，因为你对他所知有限，更应当重视已经得到的任何线索。此外，对他的声调、眼神和回答问题的方式，都可以揣摩一下，以决定下一步是否应进一步发展。

如遇到那种比你更羞怯的人，你更应该跟他先谈些无关紧要的事，让他心情放松，以激起他谈话的兴趣。和陌生人谈话的开场白结束之后，特别要注意话题的选择。那些容易引起争论的话题，要尽量避免，为此当你选择某种话题时，要特别留心对方的眼神和小动作，一发现对方厌倦、冷淡的情绪时，应立即转换话题。

在与人聚会时，常常会碰到请教姓名的事，"请问您尊姓大名"。你要牢牢记住对方的姓名，对方说出姓名之后，你应立即用这个名字来称呼他，当你碰到一个可能已经忘记了的人，你可以表示抱歉，"对不起，不知怎么称呼您"，也可以说半句"您是——""我们好像——"意思是想请对方主动补充回答，如果对方想跟你交谈他会自然地接下去。

顺利地与陌生人攀谈，给人一个好印象，谁都可能成为你的朋友。

没话时也要找话

与陌生人攀谈时，要善于寻找话题。有人说："交谈中要学会没话找话的本领。"所谓"找话"就是"找话题"。写文章，有了个好题目，往往会文思泉涌，一挥而就；交谈，有了个好话题，就能使谈话融洽自如。

与陌生人开口交谈关键是要找到共同点。你可以从对方的服饰、举止、谈吐看出他的心情、精神状态和生活习惯。开始谈话前首先寻找对方与自己的相同之处。例如，他和你一样都穿了一双耐克气垫运动鞋，你可以以耐克鞋为话题开始你们的谈话。与陌生人交谈，你最好寻找对方也熟悉的人和事，以此牵线搭桥，引出话题。尤其是双方都与之关系很深的人和事。当谈到此类话题时，你们之间的距离就会很快缩短。

与陌生人交谈，还可以巧妙地借用彼时、彼地、别人的某些材料为题，借此引发交谈。有人善于借助对方的姓名、籍贯、年龄、服饰、居室等，即兴引出话题，常常会收到好的效果。

与陌生人交谈时，还可以先提一些"投石"式的问题，在大略了解后再有目的地交谈，便能说得更加自如。如在聚会时见到陌生的邻座，便可先"投石"询问："你和主人是老乡还是老同学？"无论问话的前半句对，还是后半句对，都可循着对的方面交谈下去；如果问得都不对，对方回答说是"老同事"，那也可谈下去。

如果能问明陌生人的兴趣，循趣发问，便能顺利地进入话题。如对方喜爱象棋，便可以此为话题，谈下棋的情趣，车、马、炮的运用，等等。如果你对下棋略懂一二，那肯定谈得投机。如果你对下棋不太了解，那也正是个学习机会，可静心倾听，适时提问，借此大开眼界。

引发话题的方法很多，诸如"借事生题"法、"即景出题"法、"由情入题"法等，可巧妙地从某事、某景、某种情感，引出一番议论。引发话题，类似"抽线头"、"插路标"，重点在引，目的在导出话茬儿。

如果觉得实在没有什么好说，可以考虑以下话题：

1. 谈谈周围的环境

如果你十分好奇，你自然会找到话题。有一次，一个陌生人审视周围，然后打破沉默，开口说："在鸡尾酒会上可以看到人生百态！"这就是一句很有趣的开场白。

2. 提出问题

许多难忘的谈话都是从一个问题开始的。比如问别人："你每天的工作情况怎样？"通常人们都会热心回答。

与陌生人交谈要积极寻找话题，但要注意，此时的话题不宜海阔天空，否则会给对方留下轻浮、不可信任的印象，影响交谈的进行。另外，要尽量多给对方说话的机会，自己尽可能退居配角的位置上，且不时为对方寻找话题，以免冷场。

3. 坦白说明你的感受

例如你可能在晚餐会上暗自嘀咕："我太害羞，与这种聚会格格不入。"或是刚好相反，你认为许多人讨厌这种聚会，但是自己很喜欢。

不管你怎么想，你要把你的感受向第一个似乎愿意洗耳恭听的人说出来。这个人可能就是你的知音。无论如何，坦白说出"我很害羞"或"我在这里一个人也不认识"，总比让自己显得拘谨、冷漠好得多。

最健谈的人就是勇于坦白的人。这还有一个好处，如果你能坦诚相见，对方也会无拘束地向你吐露心声。

第十四章 关心朋友，赢得友谊

消除陌生感

众所周知，与陌生人相处，最要紧的是消除对方的戒备心理，设法给他留下好印象，让别人觉得你这个人有情有义、有志有趣。唯有如此，对方才乐于和你交往，你也才会和他和睦相处。

毕竟陌生人不比朋友，与之接触难免有拘谨感，这里教你如何消除陌生感，拉近彼此的距离，让你与陌生人轻松相处。

1. 理解对方

在和陌生人交往之前，尽量对其性格、兴趣和爱好等有一个全面的了解，以便在相处过程中理解对方。在交谈中，尽快找出对方的兴趣所在，投其所好，把话题集中在对方身上，他自然会视你如故人。

2. 寻找共同点，把握交往度

坚持求同存异的原则，在交流中多寻求双方在兴趣和爱好方面的共同点，以便迅速地增进友谊。另一方面，避免犯交浅言深的毛病。开始与对方交谈时，不可要求彼此有深入的沟通，人与人之间要慢慢建立友谊。

3. 留心倾听

怎么做才能使谈话投机呢？要记住这一点：你对人家好奇，人家也对你好奇，你能增加他们的生活情趣，他们也能增加你的生活情趣。有些人认为自己害羞或平淡无奇，他们会说："我没有什么值得一谈的事情。"这样说是错的。事实上，大多数人都是有趣的。

多罗西·萨尔诺夫在其著作中写道："实际上，即使一个充满缺点、脑筋糊涂和变化无常的人，也有其令人惊奇之处。"

4. 多称呼对方的名字

每个人都对自己生来就一直使用着的名字非常熟悉，当被人以亲切的口吻称呼名字时，会觉得非常温馨，会产生一种特别的效果。而且被称呼的次数越多会越高兴，并且对对方会产生好感。由此可见，亲切地称呼对方的名字，可以有效解除对方的戒备心理。

所以在交谈中可以多使用对方的名字，比如可以说："××您也是这样吗？"等等。或是用"您""你"等第二人称单数频繁称呼对方，这样可以消除对方的戒备心理，使他接受你。

363

5. 赞美对方

　　有直接赞美和间接赞美：直接赞美要诚恳、热情；间接赞美要有分寸。注意赞美一定要自然，恰到好处。一定要分场合，不然你的赏识和赞美会适得其反。

6. 保持微笑

　　别忘记保持微笑，这样可以给人一种和蔼可亲的感觉，使对方觉得你和他交往是热情而诚恳的。不可自以为是、心高气傲，应当诚心诚意与对方交谈、交流。

7. 培养幽默感

　　在适当的时候讲一个笑话，不但能缓和紧张的情绪，更会增添愉快的气氛。

8. 注意谈吐与风度

　　不可故作惊人，搬弄是非，到处讲别人的隐私。与陌生人相处要摆正自己的姿态，调整自己的策略，既不能狂傲放肆，也不能卑微拘谨。要把自己视为一个平常人，不偏不倚、不高不低，这样才能收到彼此共融的效果。